YANTAI DIQU
ZAOSHU HONGFUSHI PINGGUO
GAOXIAO ZAIPEI JISHU

烟台地区
早熟红富士苹果
高效栽培技术

姜中武　主编

U0246049

中国农业出版社
北京

主　　编　　姜中武

副 主 编　　郭善利　郝玉金　刘学卿　李元军　张新忠

　　　　　　宋来庆　赵玲玲　刘美英　慈志娟　王国平

参编人员　（按姓氏笔画排序）

　　　　　　于　青　　王　鹏　　王小非　　王义菊　　王永奇

　　　　　　王建萍　　王新语　　田长平　　由春香　　刘　洁

　　　　　　刘大亮　　刘兆伟　　刘维正　　刘禄强　　刘翠玲

　　　　　　孙承峰　　孙妮娜　　孙燕霞　　苏佳明　　杜晓云

　　　　　　李　晶　　李延菊　　李庆余　　李芳东　　李美玲

　　　　　　李艳梅　　李湘楠　　李媛媛　　李慧峰　　沙玉芬

　　　　　　宋世志　　张　序　　张　硕　　张学勇　　张洪胜

　　　　　　张振英　　张焕春　　赵　明　　侯建海　　姜青梅

　　　　　　徐晓厚　　高　瑞　　唐　岩　　薛晓敏

前　言

　　富士苹果在长期的栽培过程中，产生了大量的早熟芽变品种，如红将军、弘前富士、昌红、晋早富、望山红、早熟富士王、烟农早富、国庆红等。这些早熟富士品种，成熟期较普通富士品种早 30～45 天，果实外观近于富士，可以实现中秋和国庆两节市场的鲜果供应，市场价格较好，早熟富士品种在我国生产上得到了大面积的推广应用，成为生产上主要栽培的苹果品种类型。然而，近年来，以红将军、新红将军、弘前富士为代表的早熟富士系品种病毒病发生较为严重，尤其是果实花脸型锈果病毒病，给果农造成了极大的经济损失，影响了果农发展早熟富士苹果品种的积极性，限制了早熟富士品种种植面积的增加。

　　本书是烟台农业科学研究院苹果课题组对近年来早熟富士苹果研究的一个全面总结，是全体课题组成员共同工作的结果，目的是解决制约早熟富士苹果生产的瓶颈问题，促进中熟苹果产业发展，优化全市苹果品种结构，全面提升烟台苹果的市场竞争力，进一步巩固和发展烟台苹果在全国果业第一品牌的优势地位，推动烟台苹果产业供给侧结构改革。

　　本书共分为五章，第一章概述了烟台地区早熟富士苹果产业发展现状、面临的主要问题、发展的前景和对策；第二章概述了在烟台地区引种种植的早熟富士苹果，包括国外引进品种和国内育成品种；第三章研究了砧木类型、叶面喷肥、授粉品种、化学疏花疏果、采收期和贮藏期等因素对早熟富士苹果产量和果实品质的影响；第四章研究了红将军品种叶片再生、病毒检测和脱毒技术、海棠实生砧木苗带毒率以及乔化、矮化中间砧、矮化自根砧、抗轮纹病中间砧早熟富士苗木繁育技术；第五章结合研究结果和生产实际，提出了烟台地区早熟富士苹果标准化生产技术规程。

　　由于水平有限，书中的缺点和错误难免，敬请广大读者批评、指正。

编　者

2018 年 8 月

目 录
CONTENTS

第一章

概　述 ·· >

一、早熟富士苹果品种来源情况

富士品种以国光和元帅为亲本杂交育成，1939 年杂交，1962 年命名并登记，1965 年引入我国。苹果是遗传性高度杂合的多年生木本植物，芽变频率较高，在栽培过程中极易产生芽变，人们利用芽变的普遍性和多样性，获得了大量新的栽培品种，据统计全世界主推苹果品种中大约有一半来自于芽变育种。富士苹果品种在长期的栽培过程中，产生了大量的变异类型，在我国各苹果产区获得了推广利用。

从调研统计结果看，富士苹果品种的芽变变异性状表现在各个方面，有植株形态特征的变异，果实大小、风味、果肉色泽的变异，生长结果习性和物候期的变异，适应性和抗逆性的变异等。形态突变主要表现在树体的冠幅大小、枝条长短、果实大小等方面，如长枝品种变短枝品种、果实扁圆变高桩；品质方面的变异以果实或果肉颜色变异为主，果实不爱着色到易上色、条纹红色变浓红色、果肉由白色变异为红色等；成熟期芽变性状表现为果实成熟时期的改变，如晚熟富士变异为早熟富士；抗逆性变异主要表现为二倍体变异为多倍体。

红富士品种成熟期较晚，在长期的栽培中产生了大量的早熟芽变品种。'红将军''弘前富士'是日本选育出的早生富士芽变；我国果树科研推广机构也选育出了大量的早熟富士系品种，如'昌红''晋早富''红锦富''望山红''早熟富士王''烟农早富''国庆红'等。这些早熟富士品种，成熟期较普通富士品种早 30～45 天，果实外观近于富士，可以实现中秋和国庆双节市场的鲜果供应，市场价格较好，因此早熟富士品种在我国生产上得到了大面积的推广应用，成为生产上主要栽培的苹果品种类型。

二、烟台地区早熟富士苹果发展现状

红将军、新红将军等早熟富士品种，一直是烟台地区主要栽培的中晚熟苹果品种。根据烟台市果茶工作站统计结果，自 2005 年以来，烟台地区早熟富士苹

果种植面积和产量逐年增加，2017 年全市早熟富士种植面积 18.20 万亩*（表 1-1）、产量 47.47 万吨（表 1-2），分别是 2005 年的 2.46 倍和 9.63 倍，在全市的种植面积和产量所占比重已分别由 2005 年的 3.13％、1.85％，增加到目前的 6.45％和 8.29％，成为烟台地区仅次于富士、嘎拉的第三大主栽苹果品种类型。从种植品种来，主要还是以红将军、新红将军为主，约占早熟富士系品种的 85％，其他品种还有早熟富士王、弘前富士、凉香、清明、昂林等。

表 1-1　早熟富士苹果品种种植面积变化情况

年份	早熟富士面积（万亩）	苹果总面积（万亩）	所占比重（%）	年份	早熟富士面积（万亩）	苹果总面积（万亩）	所占比重（%）
2005	7.39	236.25	3.13	2012	15.16	271.75	5.58
2006	7.63	244.81	3.12	2013	15.74	265.39	5.93
2007	11.34	248.95	4.56	2014	16.54	272.20	6.08
2008	11.86	252.10	4.70	2015	19.49	282.61	6.90
2009	13.55	254.60	5.32	2016	19.70	280.50	7.02
2010	13.58	260.30	5.22	2017	18.20	282.09	6.45
2011	14.34	266.25	5.38				

表 1-2　早熟富士苹果品种产量变化情况

年份	早熟富士产量（万吨）	苹果总产量（万吨）	所占比重（%）	年份	早熟富士产量（万吨）	苹果总产量（万吨）	所占比重（%）
2005	4.93	266.50	1.85	2012	28.56	492.58	5.80
2006	5.06	364.72	1.39	2013	29.98	452.12	6.63
2007	10.34	344.55	3.00	2014	29.52	411.40	7.18
2008	15.69	435.10	3.61	2015	46.10	566.02	8.14
2009	16.42	377.00	4.36	2016	46.40	577.30	8.04
2010	23.25	455.80	5.10	2017	47.47	572.85	8.29
2011	24.96	452.80	5.51				

三、早熟富士品种发展中存在的主要问题

早熟富士系品种在烟台地区的种植面积持续增加，但从近几年的实际种植推广趋势看，果农新植果园仍以烟富系列、2001 富士等晚熟富士品种为主，早熟富士系品种的增加趋势变缓。经对市场进行连续几年的调查，认为影响早熟富士

---

*　亩为非法定计量单位，1 亩≈667 米²。下同。——编者注

品种大面积推广的主要因素包括以下几个方面。

1. 早熟富士苹果病毒病发生较为严重 近年来，以红将军、新红将军、弘前富士为代表的早熟富士系品种病毒病发生较为严重，尤其是果实花脸型锈果病毒病，发病果实没有任何食用和商品价值，且到目前为止，还没有有效的化学防治药剂。植株果实表现出花脸症状后，为控制病毒病的蔓延，只能将感病植株刨除，因果实病毒病造成的刨树毁园现象时有发生，给果农造成了极大的经济损失，影响了果农发展早熟富士苹果品种的积极性，限制了早熟富士品种种植面积的增加。

2. 早熟富士品种种性问题 从品种的种性看，早熟富士系品种虽然外观和富士相近，但目前主推的早熟富士品种自身存在一定缺点：①果实的硬度较低、果肉较松，果实的贮藏性差，常温下 15～20 天，果实销售以鲜果为主；②在进入成熟期后，红将军、弘前富士等品种存在一定的落果现象；③早熟富士品种的树势比富士偏弱，"大小年"结果现象较富士严重，砧穗组合不合理。

3. 果品销售受年份和市场因素影响较大 自早熟富士品种在烟台地区推广以来，一直是立足于"丰富中秋节和国庆节两节苹果鲜果市场的首选品种"，正常年份，烟台地区早熟富士苹果的成熟期为 9 月 15～20 日。但 2010—2014 年的中秋节分别是 9 月 22 日、9 月 12 日、9 月 30 日、9 月 19 日和 9 月 8 日，每年度的阳历日期均不一样，最早和最晚能相差 22 天。而如果中秋节时间较早，为满足中秋节苹果鲜食的市场需求，收购商会提前收购红将军苹果，果农在果实未达到充分成熟时，就摘果销售，造成果实糖度低、风味较淡，影响了果品市场竞争力。同时，9 月份是梨、葡萄、桃等大宗水果集中成熟上市期，消费者可供选择的水果种类较多，早熟富士鲜果市场受到一定影响，限制了早熟富士品种的大量发展。

四、早熟富士苹果品种对策与前景分析

1. 继续加强早熟富士系品种选育，丰富品种类型 通过引种、芽变选种和杂交育种相结合的方式，选育成熟期介于嘎拉和富士之间、耐贮性强的早熟富士品种。一是利用引种评价途径。广泛收集国内外科研单位选育出的早熟富士系新品种，在烟台地区建立中早熟富士品种资源保存圃和区域试验园，对早熟富士系品种进行优中选优。二是利用芽变选种途径。利用烟台地区富士种植面积优势，广泛开展群众性的富士芽变选种工作，建立富士苹果芽变品系复选圃，选育变异性状稳定、综合性状优良的早熟富士芽变新品系。三是利用杂交育种途径。利用富士苹果为亲本，和抗病、优质、耐贮的皮诺娃、太平洋嘎拉、华硕等品种进行杂交育种，筛选符合选种目标的早熟富士类型品种。

2. 加强早熟富士系品种脱毒研究，培育脱毒良种苗木 目前全市苹果以晚

熟的富士和早熟的嘎拉品种为主，中熟品种所占比重少。从果实的成熟期、果实品质来看，早熟富士系苹果品种仍然是目前最好的中熟苹果品种，且收购商对果品的等级要求较松，果品市场销售价格较高，近几年每千克鲜果的销售价格为6.4~8.4元，种植效益较高。亟须加强早熟富士系良种的脱毒研究，培育脱毒良种苗木，从根本上解决早熟富士品种携带病毒病问题。

3. 开展早熟富士高效栽培技术和贮藏保鲜技术研究 针对全市新建果园特点，如老果园重茬改建和矮砧集约栽培模式，开展与早熟富士品种相匹配的适宜抗重茬砧木和矮化砧木的砧穗组合筛选研究，使繁育的早熟富士苗木能够适应现代集约栽培模式的需要和全市老龄果园更新改造的需要；加强早熟富士品种整形修剪、花果管理、土肥水管理等方面的配套技术研究，提高树体的丰产稳产能力和改善果实品质，增加果农收益和早熟富士品种的市场竞争力；开展早熟富士贮藏保鲜技术研究，延长早熟富士的货架期，提高果品销售收益。

第二章

早熟富士苹果品种 ·····························>

一、国外引进早熟富士品种

1. 早生富士

早生富士苹果是 1988 年招远市赴日本果树考察团引进的苹果新品种，经多年高接观察，具有良好的丰产性和早熟性，是一个优良的中熟品种。1998 年由烟台市果树研究所姜中武同志主持完成的"早生富士苹果优质丰产栽培技术研究"获烟台市科技进步二等奖。

植物学性状 1 年生枝条赤褐色，斜生，皮孔圆形，浅褐色，微凸，大小稀密不规则，茸毛中多，平均节间长 2.63 厘米，萌芽率 75%～80%，高接成枝率 7%，树势强旺，高接当年二次枝萌芽率 80% 左右。2 年生枝灰褐色，皮孔圆形，微凸，大小排列不规则。3 年生枝粗壮，皮孔长圆形，微凸，茸毛中多。叶片椭圆形，绿色，叶面光滑，先端渐尖，基部较圆，叶缘复锯齿，中深，叶背面茸毛较多，黄褐色，叶脉突起，平均单叶面积 19.9 厘米^2，幼树叶片为 23.98 厘米^2，叶柄平均长 2.8 厘米，较细。花芽（顶花芽）圆锥形，中大，鳞片较松，茸毛较多。叶芽三角形，中大，茸毛较多。花朵较大，粉红色，一般每花序 5 朵花，开花较整齐，中心花较边花早开 2～4 天，优质短枝比中长果枝花早开 3～5 天。

果实圆形或扁圆形，果形指数 0.83，果萼广，中深较缓，萼洼中深，广而缓，萼片小，半开或闭合反卷，果皮光滑，果面底色黄绿，成熟时条纹红色，果点圆形、较密，果皮蜡较多，中厚，果肉黄色，致密，脆，果汁多，酸甜适度，贮藏后香味浓，品质和普通红富士相当。平均单果重为 213.9 克，大果可达 355.0 克。果实采收时可溶性固形物含量 13%～15%，硬度 8.1～9.4 千克/厘米^2；果实 9 月中下旬成熟，可贮藏到来年 5 月份，没有采前落果现象。

早生富士为富士的早熟优质芽变，抗病性与一般红富士相同，除防治食叶害虫及早期落叶病外，重点防治果实病虫害及枝干病害。2～3 年生即有大量腋花芽结果，但腋花芽结的果果形指数小，果形不正；4 年生叶丛枝大量结果，亩产可达 1 800 千克，品质好。

2. 红王将

红王将是日本山形县东根市矢荻良藏氏从早生富士中选出的着色系枝变，于1993年登记。植物学特征和红富士相近，成枝力强，生长势旺，高接后伤口愈合能力强，第二年很少有腋花芽结果现象，嫁接后第三年结果株率为100%。

果实较普通富士大，平均单果重300～400克；果形比普通富士端正，企斜果少，长圆形，果形指数0.82～0.92；果面条纹不明显，底色黄绿，果点小，全面着红色；鲜亮，无果锈，无裂果，商品率较红富士高。果肉黄白色，味美多汁，甜酸适口，贮藏后香味浓。在烟台地区不套袋果8月中旬开始着色，9月中下旬成熟；果实硬度同红富士。耐贮性稍差于红富士。在常温存至翌年2月底，恒温库可贮存至翌年4月底。

3. 红将军

山东省农业科学院威海分院1996年从日本中岛天香园直接引进，并选育成功。

1年生枝条红褐色，斜生，绒毛中多，节间平均长2.5厘米左右，新梢细长，停止生长较晚；多年生枝条粗壮，灰褐色；叶片椭圆形，绿色，叶面光滑，先端渐尖，基部较圆，叶缘复锯齿，叶背面绒毛较多，黄褐色，叶脉突起；花芽圆锥形，中大，叶芽三角形，中大，一般每花序5朵花，开花较整齐，中心花比边花早开2～3天。

果实近圆形，个大，较端正，平均单果质量250克，最大400克以上，果形指数0.86。果面光洁，无锈，蜡质中多，底色黄绿，着鲜红色条纹或全面鲜红色；果肉黄白色，肉质细脆，汁多，风味酸甜浓郁，稍有香气；果肉硬度9.6千克/厘米^2，含可溶性固形物13.5%～15.9%，含酸量0.32%，维生素C含量为13.7毫克/千克，品质上等。采收期烟台地区9月中旬果实成熟，果实耐贮性强，自然贮存可达春节前后。

红将军树势强健，冠体中大，树姿较开张。萌芽率达70%以上，成枝力强，一般抽枝3～4个。高接树2～3年开始结果，坐果率高，丰产性能好。结果树的枝类组成为：短枝69.5%，中枝16.9%，长枝12.0%，以腋花芽和短果枝结果为主，长果枝结果比例低，果苔副梢连续结果能力中等。

4. 凉香

凉香（Ryoka no kisetsu）是日本培育的一个早熟富士系苹果品种，烟台市农业科学研究院于2003年从辽宁省果树研究所引进该品种，在烟台范围内进行区域试验。经多年引种观察，该品种果实近圆形，果个大，平均单果质量239.0克；果面鲜红色，外观漂亮；果肉细腻多汁，风味酸甜适度，有香味；成熟时果实可溶性固形物含量13.8%，果肉硬度8.3千克/厘米^2，品质上等；在烟台地区9月中下旬成熟，能满足中秋和国庆两节市场供应，适于在烟台及其周边地区推广栽植。

（1）植物学性状。凉香苹果树势中庸，树姿半开张，枝条较硬，主干侧枝明显，干性较强。6年生树高4.2米，干周38厘米，干高80厘米，冠径4.0米×3.8米，主枝13个；多年生枝条灰色，一年生枝条红褐色，皮孔圆形，中密，枝条萌芽率80％；叶片椭圆形，绿色，叶片中厚，平均长9.4厘米，宽5.9厘米，叶缘锐锯齿，刻痕中深，叶尖渐尖，叶片平展，叶姿水平，叶柄长3.0厘米，幼叶淡绿色，花白色。

表2-1　品种的植物学性状分析

品种	叶片长度（厘米）	叶片宽度（厘米）	叶柄长度（厘米）	单叶面积（厘米²）	当年生枝条节间长度（厘米）
凉香	9.4±0.5	5.9±0.1	3.0±0.2	42.6±2.2	2.5±0.2
红将军	8.8±0.4	5.7±0.2	2.4±0.1	42.2±2.3	2.6±0.3
富士	8.6±0.3	5.4±0.1	2.5±0.1	39.2±1.3	2.7±0.2

（2）果实经济性状。凉香果实近圆形，果形指数0.86，果个大，平均单果重239.0克。果实底色黄绿，片红色，着色面积达85％以上，果面光滑，蜡质中厚，果点中大、中密，外观漂亮；果顶平，萼片宿存、半开，萼洼中深、中阔，梗洼中深、中阔；果柄平均长度为2.2厘米，柄粗0.31厘米，果肉黄白色，肉质松脆，口感甜酸，多汁，可溶性固形物含量平均为13.8％，采收时果实硬度为8.3千克/厘米²，果实五心室，心室不开放，8粒种子，种子褐色。果实耐贮性好于同时期成熟的红将军品种，自然条件下可贮藏30天，冷藏可至翌年3月。

表2-2　品种的果实经济性状评价分析

品种	果柄长度（厘米）	单果重（克）	果形指数	可溶性固形物（％）	果实硬度（千克/厘米²）
凉香	2.4±0.03	239.0±5.6	0.86±0.03	13.8±0.3	8.3±0.1
红将军	2.5±0.03	232.3±4.6	0.83±0.05	13.5±0.4	7.9±0.2
富士	2.7±0.04	242.3±5.4	0.84±0.06	14.3±0.5	8.9±0.2

（3）生长结果习性。凉香树势中庸，6年生海棠砧树体干周35厘米，冠径3.8米×3.5米，丰产果树以短枝结果为主，自然授粉条件下，花序坐果率达到76.0％，花朵坐果率达到51.2％；早果性强，3年生幼树即可形成花芽，6年生果树亩产3 250千克。

表2-3　品种生长结果习性评价（6年生）

品种	冠径（厘米）	干周（厘米）	枝条萌芽率（％）	花序坐果率（％）	花朵坐果率（％）	单株产量（千克）
凉香	3.8×3.5	35.0	70.2	76.0	51.2	53.6
红将军	3.6×3.4	36.5	83.3	85.2	36.7	51.5
富士	4.0×3.8	37.5	75.2	95.0	36.2	58.5

（4）主要物候期。在烟台地区，凉香品种的萌芽期为 4 月 5～7 日，初花期 4 月 21～23 日，盛花期 4 月 24～27 日，9 月中下旬果实成熟，果实发育期 115 天。

表 2－4　品种的主要物候期情况

品种	萌芽期 （日/月）	初花期 （日/月）	盛花期 （日/月）	落花期 （日/月）	果实成熟期
凉香	5/4～7/4	21/4～23/4	26/4～28/4	29/4～30/4	9 月中下旬
红将军	5/4～8/4	20/4～22/4	25/4～28/4	27/4～30/4	9 月下旬
富士	6/4～8/4	20/4～22/4	25/4～27/4	27/4～30/4	10 月中下旬

（5）栽培技术要点。经多年栽培和苗木繁育试验，凉香与我国常用的八棱海棠、平邑甜茶等实生砧以及 M9T337、MM106 等自根砧有较好的嫁接亲和性。在平原地或具有很好的水浇条件；矮砧适宜发展地区，可发展 M9T337 苗木的"矮砧宽行集约"栽培模式，栽培株行距为 1.5 米×4.0 米，树形采用高纺锤形；在土层比较瘠薄、缺乏水浇条件的山区丘陵，还应采用八棱海棠等深根系的实生砧木苗木，采用"乔砧宽行高干集约栽培"模式，株行距 3.0～4.0 米×5.0 米，树形采用自由纺锤形。

凉香属于早熟富士系品种，不易与红富士品种互作授粉树，可选用专用的海棠授粉品种，也可与嘎拉、美国 8 号、红露等品种互为授粉树。建园时建议采用起垄栽培模式，行间种植黑麦草或鼠茅草，有条件的果园可安装肥水一体化设施或微喷灌溉设施，提高肥水利用效率。为提高果实品质，秋施基肥时，建议每株盛果期的树可增施 3.0 千克的稻壳炭肥。果实管理方面，应严格疏花疏果，合理控制产量，进行套袋栽培，果袋选用内红外褐双层纸袋，果实采收前 10～15 天摘袋。

5. 弘前富士

弘前富士是日本青森县北郡板町富士果园中发现的易着色富士品种，属条纹早熟富士品种。

弘前富士属于长枝型品种，一年生枝条淡褐色，细长，多年生枝条黄褐色；皮孔多，圆形或椭圆形，黄褐色，微突出；叶片中大，叶缘复锯齿，先端渐尖，叶脉突起，叶柄淡紫红色，每花序大多为 5 朵花，花蕾红色，初开时淡粉红色，开放后白色。枝条萌芽率 55%，成枝率 31%。花序自然坐果率 68%，花朵坐果率 24%。

果实属中大型果，近圆形，果形指数 0.88，单果重 220～320 克，果面底色黄白、条状浓红，着色鲜艳；果肉黄白色，汁液多，甜酸适口，可溶性固形物含量 14.7%，硬度 7.8 千克/厘米^2；9 月中旬成熟，果实生育期 145～150 天，比长富 2 号早熟 40～50 天，无采前落果现象。常温下存放 3 个月风味不变，冷库条件下可储藏至翌年 3 月。

6. 清明

清明是由日本秋田县平鹿町的伊藤善明利用金冠与富士杂交选育而出的新品种。其外观漂亮，品质优良，容易栽培管理。1995 年 5 月获得了日本农林水种苗登记，登记号为第 4479 号。

树姿较开张，1 年生枝条红褐色，皮孔圆形，不规则；嫩梢上绒毛中多，节间平均长 2.41 厘米。叶片椭圆形，叶尖渐尖，较薄，浓绿色，复锯齿状；叶芽成三角形。顶花芽花冠较大，腋花芽花冠稍小，花瓣白色微带粉红，每花序有 5 朵花。

果实圆至长圆形，果个大，平均单果重 260 克，最大单果重 350 克；果柄较长，果面光洁，底色绿，果实鲜红色，蜡质中多，有光泽，美观，无果锈，果粉少；果肉黄白色，致密多汁，松脆爽口，甘甜味浓，品质上等。适当提前采收果实亦无涩味，可溶性固形物含量 15.8%，果实硬度 7.4 千克/厘米^2，常温下可贮藏 30 天。

树势中庸，3 年生树干周 18.8 厘米，冠径 2.5 米×2.8 米，新梢平均长 61 厘米，萌芽率高 64.5%，成枝力中等；易形成短果枝，以中、短果枝结果为主，腋花芽结果能力强，早果、丰产性能好，2 年生树开花株率 95%，3 年生株产 11.2 千克，花序坐果率 80.6%。无采前落果现象。在烟台地区，4 月 25 日左右盛花，8 月下旬苹果开始着色，9 月中旬成熟。

该品种抗苹果斑点落叶病，抗蚜虫，对叶螨抗性也较强。在栽培技术上要增施有机肥，花前、幼果膨大期叶面喷施 2～3 次 0.3%～0.5%尿素，7 月 15 日至 8 月 25 日每 20 天喷 1 次 0.5%磷酸二氢钾或 500 倍光合微肥。留单果，叶果比以 35～40：1 为宜。夏季，采取疏、刻、割、扭等措施促发分枝，缓和树势。幼树冬剪宜轻剪长放，疏密，结果后适度回缩，改善光照条件；果实套袋宜选用透气性良好的双层果袋。重点加强对苹果轮纹病等病害的防治。

7. 昂林

昂林（Korin）系日本从富士×津轻杂交种中选育的中熟苹果品种，1995 年获日本农林水产省登记注册。

植物学特征。1 年生枝条灰褐色，皮孔圆形，不规则，嫩梢上绒毛中多，节间平均长 2.93 厘米，叶芽三角形，贴伏于枝条；叶片椭圆形，深绿色，中厚，叶缘复锯齿，叶尖渐尖，新梢中部叶片平均长 9.9 厘米、宽 6.8 厘米；花粉红稍带白色，每花序有花 5 朵。

果实经济性状。果实近圆形，果形端正，果个大，平均单果重 330 克，最大 390 克，果形指数 0.91，果柄较短；果实全面着亮红色，直至果实萼洼部分，着色成熟一致，无果锈，果粉少，光洁美观；果肉黄白色，多汁，肉质致密，酸甜适中，松脆爽口，含可溶性固形物 15.3%，果实硬度 11.5 千克/厘米^2；耐贮运性较好,常温下可自然存放 35～40 天。

生长结果习性。该品种幼树生长旺盛,树姿较开张,4 年生树干周 19.5 厘米,树高 2.9 米,冠幅 2.5 米×3.0 米,1 年生枝条长 72.4 厘米,平均粗度 0.85 厘米;萌芽率中等 52%,成枝力中等 31.5%,以中短枝结果为主,花序坐果率 85.1%,花朵坐果率 28.5%;2 年生树开花株率 85%,3 年生树株产 9.5 千克,4 年生树株产 18.9 千克,在烟台地区 9 月下旬果实成熟。

昂林苹果抗斑点落叶病、轮纹病,对金纹细蛾、叶螨抗性也较强。幼树期适量增施优质厩肥和果树专用复合肥,控制氮肥用量,防止虚旺徒长;昂林属大型果,幼果膨大期和着色前期应加强肥水供应。该品种易成花,易坐果,需严格疏花疏果,宜留下垂单果;树形以纺锤形为宜,树高 3.0～3.5 米,侧分枝控制在 15～20 个;修剪上应重视夏季修剪,采取疏、刻、拉、割等措施,促发分枝,缓和树势;幼树冬剪以长放为主,结果后适度回缩,及时更新,改善光照。

二、国内选育早熟富士品种

1. 早熟富士王

山东省烟台市牟平区观水新优苗木科研所和烟台市农业科学研究院果树科学研究所从乳山市崖子镇马石店村张家圈园片宫照积的苹果园内选出系着色系富士的早熟浓红型芽变,原代号'95－3'。2013 年通过烟台市科技局组织的专家验收和鉴定,定名为'早熟富士王'。

该品种休眠季枝条深紫红色,皮色明显比红将军、烟富 3 号深;皮孔椭圆形较稀、小;叶芽三角形、贴生,花芽大、饱满;叶片卵圆形,叶片平均长 9.95 厘米,宽 5.38 厘米;叶柄长 2.52 厘米,叶柄粗 0.19 厘米,叶片厚度 0.02 厘米,平均叶面积 36 厘米^2;枝条粗度 0.82 厘米,节间长度 1.89 厘米,新梢长度 65.03 厘米;叶缘裂刻中深,锯齿较钝,属半短枝型品种。

果实长圆形,果形指数 0.89;果个大,平均单果重 327.8 克,果梗、梗洼与富士相同;果实底色黄绿,果面着色均匀、鲜红色;套袋果初摘袋时着条纹红色,而后转为浅红、深红色,兼有条纹,树冠内膛亦着色良好。全红果率(着色面达 80% 以上为全红果)达 78.5%;上色快,着色期集中。8 月下旬开始着色,9 月上旬着色达 2/3,9 月中旬即达全红。果肉黄白色,肉质细脆,果肉硬度 9.8 千克/厘米^2,汁多;含可溶性固形物 15.1%,总糖 12.35%,含酸 0.32%;果实风味酸甜浓郁,稍有香气,品质上等。采收期在 9 月 10 日前后,无采前落果现象。果实延迟至国庆节采收,由鲜红色变为深红色但不发紫,且仍无落果现象。果实贮藏性强,自然贮藏可达春节前后。

生长势略强于红将军。树势较开张,萌芽率高达 61.38%,成枝率中等,为 35.42%;初果期以长果枝、腋花芽结果为主,随树龄增加,逐渐转为短果枝结果为主，易抽生 1~2 个果台副梢；花序坐果率 95%，花朵坐果率 36.2%；采前不落果，丰产性强。高接后第二年成花，第三年平均株产 21.2 千克，第四年株产 57 千克。

早熟富士王果个大、果形端正、高桩、着色指数高、内在品质极为优良，采前落果极少。其树势较旺，成花容易，坐果率高，丰产性强，综合经济性状明显优于同期成熟的日本早熟富士同类品种红将军。

2. 华帅

华帅是中国农业科学院郑州果树研究所以新红星为母本，富士为父本，进行育种的晚熟优良苹果品种，1976 年杂交，1984 年确定为优系，1996 年通过河南省新种审定。烟台市农业科学研究院果树所于 2003 年春引进华帅品种接穗，嫁接八棱海棠实生砧木苗上；2004 年春季定植于烟台市农业科学研究院苹果品种资源圃。经多年观察试验，华帅是一个优良的红色大果型中晚熟苹果品种，适宜在烟台地区进行推广栽植。

植物学性状。华帅枝条直立，底部夹角较小，多年生枝条黄褐色，1 年生枝条红褐色，皮孔长圆形，一年生枝节间平均长度 2.13 厘米，短枝性状明显；叶片长椭圆形，浓绿色，表面光滑，中厚，平均长 10.8 厘米，宽 4.7 厘米，叶缘锐锯齿，刻痕深，叶尖渐尖，叶片平展，叶姿斜向上，叶柄长 3.0 厘米，幼叶淡绿色；花芽圆锥形，花白色，花瓣上端着淡粉色，花瓣较宽，花瓣边缘相互重叠，每花序 5 朵。

表 2-5　品种的植物学性状分析

品种	叶片长度（厘米）	叶片宽度（厘米）	叶柄长度（厘米）	单叶面积（厘米^2）	当年生枝条节间长度（厘米）
华帅	10.8±0.2	4.7±0.1	3.0±0.1	43.5±2.5	2.1±0.1
红将军	8.8±0.4	5.7±0.2	2.4±0.1	42.2±2.3	2.6±0.2
长富 2 号	8.6±0.3	5.4±0.1	2.5±0.2	40.7±3.1	2.7±0.1

果实经济性状。华帅苹果果实近圆形，果形指数 0.81，平均单果重 276.8 克，大小匀称。果实果面底色黄绿色，套袋果全面着条纹鲜红色，美观漂亮；果实花萼反卷，萼洼中深、中阔，梗洼深、阔；果柄长，平均 3.27 厘米。果皮较厚，果点小、中密，果面光亮；果心小，果肉乳白色，肉质中粗、多汁，果实硬度 8.2 千克/厘米^2，风味酸甜，可溶性固形物含量为 14.2%，香味浓郁，品质上等，无采前落果现象。

生长结果特性。华帅树势健壮，树冠中大，树体圆锥形，枝条粗壮，萌芽率高，成枝率中等；极易成花，早果性强，坐果率极高，丰产性好，长、中、短枝均可结果，但以短果枝结果为主。

表2-6　品种的果实经济性状评价

品种	颜色	果柄长度（厘米）	单果重（克）	果形指数	可溶性固形物（%）	果实去皮硬度（千克/米²）
华帅	条纹鲜红	3.3±0.12	276.8±6.7	0.81±0.06	14.2±0.2	8.2±0.3
红将军	鲜红色	2.5±0.03	232.3±4.6	0.83±0.05	13.8±0.4	7.9±0.2
长富2号	条纹鲜红	2.7±0.04	242.3±5.4	0.84±0.06	14.3±0.5	8.9±0.1

表2-7　品种的生长结果习性调查（7年生）

品种	冠径（厘米）	干周（厘米）	枝条萌芽率（%）	花序坐果率（%）	花朵坐果率（%）	单株产量（千克）
华帅	3.2×3.3	44.6	86.2	75.5	38.2	78.5
红将军	3.4×3.6	38.5	83.3	85.2	36.7	74.3
长富2号	4.0×4.0	42.0	75.2	95.0	36.2	76.0

主要物候期。在烟台地区，一般年份，花芽萌动期为4月6~8日，叶芽萌动期4月9~11日，花序露出期4月16~18日，4月21~23日初花期，4月23~27日盛花，5月1日前后落花，9月底至10月初果实成熟，晚于红将军品种，早于红富士品种。

表2-8　品种的主要物候期情况

品种	萌芽期（日/月）	初花期（日/月）	盛花期（日/月）	落花期（日/月）	果实成熟期
华帅	6/4~8/4	21/4~23/4	25/4~28/4	28/4~1/5	9月底10月初
红将军	5/4~8/4	20/4~22/4	24/4~27/4	27/4~30/4	9月中旬
长富2号	6/4~8/4	20/4~22/4	24/4~27/4	27/4~30/4	10月中旬

适应性和抗逆性。该品种适应性强，对土壤、气候、肥水无严格的要求。在同样管理条件下，植株树体对腐烂病的抗性较强，不抗枝干轮纹病。抗寒和抗早期落叶病能力中等；对苹果苦痘病的抗性较差。

表2-9　品种抗逆性评价

品种	枝干轮纹病	腐烂病	斑点落叶病	苦痘病	抗寒性	抗花期霜冻能力
华帅	— —	++	+	— —	+	— —
红将军	— —	—	+	— —	— —	— —
长富2号	— —	—	+	— —	— —	— —

注：— —为高感病；—为中度感病；+为中度抗病；++为高度抗病。

栽培技术要点。在烟台地区，华帅适宜的砧木为八棱海棠，与品种嫁接亲和力强。华帅具有短枝性状，不适宜用M9自根砧作砧木，矮化栽培时可选用M26

中间砧或 M7、MM106 自根砧。该品种不抗枝干轮纹病，可选用高抗苹果轮纹病烟砧 1 号作高干中间砧，以提高品种的抗轮纹病能力。授粉品种可选择苹果专用授粉品种，也可选用嘎拉作授粉树，树形可选用自由纺锤形或小冠疏层形。

华帅易成花，结果早，坐果率高，果个大，管理时要严格疏花疏果，合理调节负载量，要先疏花序，按每 15～20 厘米留 1 个花序；坐果后进行疏果，每个花序只保留中心果。同时要保持良好的肥水条件，必须重施基肥，加强追肥，以保持养分充足，使树体健壮；冬季修剪以疏剪长放为主，结合夏季疏、拉、扭等办法缓和树势，改善树体光照条件。华帅果实易发生苦痘病，追肥时应重点加强钙肥的合理补充，在果实生长发育期最好喷 3～4 次叶面钙肥，以减少苦痘病的发生。华帅在不套袋的情况，果实着色差，表面粗糙，生产上应采用套袋栽培，选用内红外褐双层纸袋。华帅品种对枝干轮纹病的抗性较差，生产上应重点加强防治。春发芽前，刮除枝干轮纹病斑，并涂药防治。

3. 玉华早富

陕西省果树良种苗木繁育中心选育出的早熟富士系苹果新品种，2015 年通过了陕西省果树良种审定。

植物学特性。乔化品种，树冠高大，幼树树姿直立，生长势强，树冠扩展快，新梢生长量大，结果后树姿开张，与富士相似；多年生枝粗壮，黄褐色，皮孔椭圆形，较多，微凸，黄褐色；新梢长，中粗，黄褐至赤褐色；皮孔圆形，赤褐色，微凸，大小稀密不规则，茸毛中多，节间平均长 2.58 厘米，枝条基部皮孔较密，茸毛少。

叶片中大，平均长 7.87 厘米，宽 5.28 厘米，长卵圆形，百叶重 89.4 克，绿色到浓绿色，叶片光滑，先端渐尖，叶基较圆，叶缘复锯齿中深；叶背茸毛较多，黄褐色，叶脉突起，叶柄中长，中粗，淡紫红色，有小托叶，叶柄离层处呈紫红色；叶芽中大，圆锥形，茸毛较多，贴伏，暗红褐色，顶花芽呈圆锥形，中大，鳞片较松，茸毛较多，腋花芽多着生在粗壮新梢顶部，比一般叶芽饱满肥大，茸毛多；每花序一般有 5 朵花，花期整齐，中心花比边花早开 1 天左右。

果实经济性状。玉华早富果实圆形到近圆形，果形指数 0.88，果皮薄韧，有蜡质；底色黄绿或淡黄，着条纹状鲜红色，果面光洁，无锈，果点较大，圆形，明显，黄到黄白色；果梗中粗，梗洼中深，较广而缓，萼片小半闭合；果实大果型，合理负载前提下，平均单果重 231 克，最大果重达 304 克，与晚熟富士相当，但整齐度、优果率要比晚熟富士高，其中 80% 的果实横径集中在 75～82 毫米，优果率超过 60%；果肉黄白色，肉质致密细脆，果汁多，有香味；果心小，种子褐色卵圆形，采收时果实硬度 13.7%，可溶性固形物含量 14.8%，总糖含量 12.9%，可滴定酸含量 0.36%，每百克维生素 C 含量 6.5 毫克，品质上等；玉华早富室温下可贮存至春节，冷藏条件下可贮存至翌年 4 月份。

生长结果习性。玉华早富树势强健，树冠扩展迅速，结果后树姿较开张，8年生乔化树采用主枝、主干多点插接，第三年即可达到原有树体大小，枝条平均长度71厘米，粗度0.51厘米，长放下，萌芽率55%，成枝率17.3%，长中短枝比例27.3∶33.8∶38.8；栽植中间砧苗的3年生树高3.5米，冠径3.2米，干周18.3厘米，枝条平均长度71厘米，粗度0.57厘米，长放下萌芽率58%，成枝率15.8%，长中短枝比例11.8∶29.8∶58.4。与晚熟长枝富士相比，具有较好的早果性，正常管理条件下，高接树第二年平均株产3.5千克，折合亩产280千克，4年生乔砧树成花株率达31%，5年成花株率达100%；中间砧幼树定植第三年成花株率达45%，第四年成花株率达100%。花序自然坐果率平均68%，花朵坐果率24%，无采前落果；果台副梢连续结果能力强于晚熟富士，大小年结果现象不明显，丰产稳产。

玉华早富继承了富士的一些特点，对肥水要求高，如果负载量过大会造成大小年结果。因此要严格进行疏花疏果；基肥在苹果采收后及时施入，以农家肥为主，配适量速效氮肥和磷肥。和其他晚熟富士一样，对早期落叶病抗性较弱，前期应采用大生、多氧霉素、农抗120交替使用；套袋后增喷波尔多液，以加强对该病的防治；该品种萼片半闭合，在某些年份易感霉心病，可在花期前后增喷1次20%三唑酮1 500倍液，可有效预防霉心病的发生。

4. 新红将军

山东省果茶技术指导站选育出的早熟富士品种。

果实经济性状。新红将军果实近圆形，果个大，平均单果重235克，最大350克，果形较端正，果形指数0.86，果实整齐度好，多数果实横径在75～83毫米，商品果率高；果面光洁、无锈，底色黄绿，蜡质中多，被鲜红色彩霞或全面鲜红色，条红，着色明显好于红将军；果肉黄白色，肉质细脆爽口，果肉硬度9.6千克/厘米^2，汁多，含可溶性固形物14.9%～15.5%，含糖14.32%；风味酸甜，稍有香气，品质上等，耐贮运。

物候期。新红将军在烟台地区3月下旬萌芽，4月15日前后展叶，4月28日前后进入盛花期，8月中旬果实开始着色，9月上旬为最佳成熟期，成熟期较为一致，果实生育期140天左右，11月中旬落叶，树体生育期225天左右。

开花结果习性。新红将军幼树生长健壮，成冠早，分枝多，容易形成短果枝和腋花芽，比红将军早果性更强。丰产性好，3年生树产量可观，4年生树即进入丰产期。

适应性和抗病虫性。新红将军树势健壮，叶片肥厚，角质层较厚，适应性广。通过在不同地势、不同土壤条件下栽植的生长结果情况来看，对土壤与地势要求不严，抗旱，无采前落果现象，是适应性非常广的优良中熟苹果品种。乔化砧木适宜栽培密度3～4米×4～5米，春栽秋栽均可，宜采用自由纺锤形或小冠疏层形整枝，全园套袋，肥水、病虫害防治等与红将军相同。

5. 昌红

河北省农林科学院昌黎果树研究所于 1990 年在昌黎县河南庄村发现的富士系品种岩富 10 号芽变，经连续高接鉴定，其变异性状稳定，2002 年通过河北省林木品种审定委员会品种审定。

果实圆形，果形指数 0.88，平均单果重 287 克，果皮鲜红色，着色果率高。果肉淡黄色，肉质细、脆，汁液多，风味甜酸爽口，品质明显优于红富士，可溶性固形物含量 17.5％以上，总酸含量 0.38％，果实硬度 8.0～8.4 千克/厘米^2；果实生育期比红富士短 35 天左右，仅需 145 天左右；耐贮，在冷库贮藏 6 个月，烂果率 2％以下。

幼树生长势较强，结果树生长势中庸，萌芽力、发枝力强，易形成中、长发育枝，且中、长发育枝甩放处理后很容易形成花芽，坐果率高；初结果树一般长枝占总枝量的 25％，中枝占 45％，短枝占 30％；盛果期树长枝占 15％，中枝占 50％，短枝占 35％；当年新梢生长高峰出现在落花后 15～20 天，此期要避免肥水刺激，避免引起新梢旺长，造成落果，且影响花芽分化。昌红苹果易形成腋花芽，但所结果实略小。苗木定植后第三年开始结果，第四年株产 15～20 千克，第 5～6 年进入盛果期；昌红适应性强，在我国北方大苹果产区均可栽植，栽植行株距 5 米×3 米，树形可采用细长纺锤形或自由纺锤形，幼树树姿直立，应注意开张枝条角度。抗早期落叶病，但不抗苹果轮纹病和苹果腐烂病。

6. 晋富 1 号

山西省农业科学院果树研究所从红王将品种中选育出的早熟红色芽变新品种。

植物学特征。晋富 1 号植物学特征与红王将基本相同或相近，树姿半开张，幼树干性较强，嫁接树干性偏弱，结果后易开张下垂结果，为长枝型品种。

果实经济性状。晋富 1 号的果个大小、可溶性固形物含量与红王将品种基本相近，但果形较端正，没有斜果现象，其平均果形指数为 0.87；平均果重 208 克，最大可达 284 克，果实近圆形，梗洼平浅，果顶圆滑；果实底色浅黄，阳面果面鲜红色，颜色较红王将浓，片红着色，有光泽，果皮较厚；果肉浅黄色，果汁较多，可溶性固形物含量 14.8％～15.2％，果肉硬度 7.8～8.3 千克/厘米^2，早熟特性明显，比红王将提早 1 周着色，成熟提前 5 天左右。

生长结果习性。幼树或高接树，通常第三年结果，初结果树，以短果枝结果为主，也有腋花芽结果现象。随着短果枝的大量形成，短果枝成为主要结果单位，平均占到结果枝的 83.7％以上；3 年生幼树株产 3.5 千克，4 年生为 5.6 千克。

晋富 1 号苹果树生长健旺，越冬适应性强，果实成熟早（9 月中旬），果面片红，着色早，色彩浓，果形端正，风味品质优良，是一个综合性状优良的早熟富士系苹果品种。

7. 望山红

望山红是辽宁省果树研究所，从长富 1 号苹果中选育出的早熟浓红型芽变，1993 年发现于辽宁省盖州市团甸乡曹屯村后山果园。2004 年通过辽宁省种子局组织的专家现场验收和品种登记。

植物学特征。树姿较开张，树冠半圆形；1 年生枝红褐色，秋梢茸毛较多；叶片深绿至黄绿色，椭圆形，叶尖渐尖，叶基心形，淡绿色；叶缘钝锯齿，齿上无针刺；叶柄长 2.46 厘米、粗 2.1 毫米。顶芽中大；花芽中大，花柄长 2.1 厘米，每序花朵数 5.4 个；花瓣在大蕾期为粉红色，盛开时为白色，花药淡黄色，花粉黄色、较多。种子中大，褐色。

果实主要经济性状。果实近圆形，平均单果重 262 克，果形指数 0.87；果面底色黄绿，着鲜红色条纹，光滑无锈，果粉与蜡质中等，果点中大，果梗中粗、中长，梗洼中深、中广，萼洼中广、中深、有波状突起，萼片中大、闭合。果肉淡黄色，肉质中粗、松脆，风味酸甜、爽口，果汁多，微香，品质上等。可溶性固形物含量 15.3%，去皮硬度 9.2 千克/厘米^2，总糖含量 12.1%，可滴定酸含量 0.38%，每百克果肉维生素 C 含量 8.35 毫克；在烟台地区果实 9 月下旬成熟，果实发育期为 155 天左右。

生物学特性。望山红品种幼树生长势强，顶端优势明显，侧枝角度小，树体健壮。1 年生枝短截后，在剪口处多萌发 3～5 个长枝，平均长 75 厘米，粗 0.85 厘米，节间平均长 1.96 厘米，萌芽率 52%。苗木栽后 4 年开始结果。幼树以中、长果枝结果为主，大量结果后以中、短果枝结果为主。果台多抽生 1 个副梢，连续结果能力中等。自花结实能力较低，平均花序坐果率 3% 以下，授粉条件下，花序坐果率 70%～80%，花朵坐果率 50%，每花序坐果 2～3 个；采前落果较轻，丰产。

8. 丰富 1 号

江苏省丰县农林局选育出的富士早熟芽变品种，2001 年通过江苏省农作物品种审定委员会品种审定。

丰富 1 号叶片为淡绿色，叶片薄；枝条黄褐色，稍短；花雄蕊基部变为红色早，浓红色；果实长圆形，果形指数 0.87，平均单果重 270 克，最大单果重 390 克；果实底色黄白色，开始着色早，果实 8 月中旬开始着红色，呈红晕，色泽艳丽；果面光洁，果点小且色淡；果肉黄白色，肉质细、脆，汁液多，有香气，风味比原品种浓；可溶性固形物含量 14.8%，可滴定酸含量 0.34%，果实硬度 9.9 千克/厘米^2，果实成熟期比普通富士提早 20～30 天。

该品种生长势中庸，萌芽率、成枝力、1 年生枝平均节间长与富士相近。丰富 1 号生长结果习性与富士十分相似。开始结果早，长、中、短果枝和腋花芽所占的比例也与富士相近。有采前落果现象，较丰产。丰富 1 号对缺钙比较敏感，容易发生缺钙引起的生理性病害。生产上应适当多施农家肥和磷钾肥，防止或减轻苹果苦痘病的发生率。

9. 红锦富

红锦富是山西省农业科学院果树研究所从长富 2 号中选育出的早熟红色芽变品种。果实短圆锥形，单果均重 182 克，最大果重 350 克，果面底色黄绿，充分成熟时全面着色，果肉乳黄色，风味酸甜有香气，早果，丰产性好，果实较耐贮运。比长富 2 号早熟 45 天左右，2004 年通过山西省科委组织的专家验收和鉴定。

植物学特征。该品种干性较强，树姿开张。1 年生枝为红褐色，2～3 年生枝条灰褐色，皮孔椭圆或长卵圆形、中密，茸毛中多；叶芽中大，贴生；叶片长椭圆形或长卵圆形，长×宽为 9.2 厘米×5.45 厘米，色泽浓绿，叶尖渐尖，叶基楔形，茸毛中多，叶缘锯齿锐；叶柄中长，较粗，叶柄与枝条着生角度为 70°左右。花芽中大，每个花序 5～6 朵花，花冠较大，淡粉红色，花瓣近圆形，萼片较短。

生长结果习性。该品种树势较强，高接后 8 年生树新梢平均长 63.4 厘米，平均粗度 0.57 厘米；枝类比例为短枝占 50%，中枝 30%，长枝 20%；萌芽率高，成枝力中等，果枝连续结果能力强；不需采用任何夏季修剪措施就可形成花芽，且坐果率高，采前落果轻。高接树第二年见花始果，第三年丰产；定植小树 2～3 年开始见花结果，4～6 年进入盛果期，丰产、稳产性强。

果实经济性状。果实短圆锥形，单果均重 182 克，纵径×横径为 7.82 厘米×8.23 厘米，果形指数 0.95，果皮中厚，果粉少，底色黄绿，着条纹红色，着色面大于 70%；果点中大，圆形，较密；果梗中短，较粗，梗洼中深；果肉乳黄色，肉质较粗，汁液多，风味酸甜，有香气，含可溶性固形物 15.6%、总糖 13.2%、总酸 0.31%，糖酸比为 43∶1，品质上等。常温下放置 1 周无皱皮现象，一般可保存 2 个月左右。

该品种适应性强，生长健壮，较抗白粉病、早期落叶病及轮纹病等。自花结实率和坐果率均高，应注意疏花疏果。花前和花期应疏除弱花、虫花和多余花；生理落果后疏除病虫果、边果、腋花芽果和朝上果，留下垂果、中心果，一般 20～25 厘米留 1 个果，确保树体合理负载。套袋前喷 1 次杀菌剂和杀虫剂。该品种树势强旺，应加强生长季的修剪，可根据树体生长情况及时拉枝、开张角度、疏枝和扭梢，使枝条合理占用空间，及早培养成丰产树形。因花量大、坐果率高，休眠期修剪时，留枝量应适当低于长富 2 号。由于该品种成熟早，果实生长发育期短，前期加强肥水管理尤为重要。在采果后和春季萌芽前分别株施优质农家肥 20～40 千克，前期追肥以氮肥为主，辅以磷钾肥；中后期以磷钾肥为主，辅以氮肥，同时配合进行根外追肥。病虫害防治同长富 2 号，应重点防治好腐烂病、食心虫及红蜘蛛等。

10. 芝阳红

2011年，课题组在烟台市农业科学研究院苹果资源圃内种植的13年生'新世界'植株上，有一植株枝条较其他枝条节间短、粗壮、紧凑，果实颜色鲜艳，果皮光亮。2012年采集接穗，在苹果研究所品种示范园的4年生脱毒烟富3植株上进行高接换头，2013高接树即开花结果，短枝性状显著，不套袋果实果面颜色鲜艳，暂定名'芝阳红'。2014年春季采集接穗，以八棱海棠实生苗为砧木，繁育苗木；2015年分别在蓬莱、牟平和龙口建立新品种试验示范园，新植幼树第二年即零星开花结果，第三年形成产量，单株产量16.5千克。经连续观察，芝阳红苹果品种，树冠紧凑，短枝性状明显，果实颜色鲜艳，内在品质优良，成熟期在9月中下旬，较富士早3~4周，是一个优良的中晚熟苹果新品种。

植物学性状。树姿半开张，属短枝类型。成年树主干呈灰色、较光滑，一年生枝为红褐色，皮孔中大、较密，枝条前端的皮孔为长圆形。叶片中大、多为椭圆形；叶片色泽浓绿，叶面平展，叶被茸毛较少；叶片抗早期落叶病能力强。花芽圆锥形，中大，叶芽三角形，中大，一般每花序5朵花，开花较整齐，中心花比边花早3~4天。

果实经济性状。芝阳红果实近圆形，整齐端正，平均纵径7.3厘米，横径9.1厘米；果实较大，平均单果重292.8克。果实底色黄，果面着鲜红色，着色面积90%以上，果实颜色明显优于新世界。果面平滑，蜡质多，有光泽；无锈，果粉中多；果点中，稀，灰白色。果梗中短，平均长度1.2厘米，粗；梗洼深、广。萼片宿存，直立，闭合；萼洼广、缓、中深。果肉黄白色，肉质细，脆，采收时果实硬度10.4千克/厘米^2；汁液多，可溶性固形物含量13.5%，可滴定酸含量0.29%，风味酸甜适口，风味浓郁，有清香，品质上等。果实成熟后存在树上，果肉不易发绵。采收后，室温下可贮藏60天，冷藏可贮至翌年2月。

生长结果习性。幼树生长旺盛，枝条健壮、生长快，生长势强，定植幼树一般第二年即可成形。枝条节间短，枝条粗壮、尖削度小；在长放条件下，枝条萌芽率和成枝力均高于长富2号。幼树以中果枝和腋花芽结果为主，随树龄增大逐渐以短果枝和中果枝结果为主，5年生以上结果树中、短果枝结果比例占90%以上；果台副梢连续结果能力强，丰产，稳产。花序和花朵坐果率均很高，生理落果轻，在授粉树配置合理的果园无需人工授粉即可达到丰产需求。

物候期。在烟台地区4月5日前后萌动；4月20日开花，盛花期为4月25日，花期5~6d；果实9月上旬上色，9月中下旬成熟，较长富2号早3~4周。

栽培技术要点。芝阳红树冠紧凑，短枝性状明显，以八棱海棠实生砧木为基砧，定植株行距以2~2.5米×4米为宜，采用M26、M9矮化砧，株行距以1.5米×4米为宜，树形采用自由纺锤形。由于苹果品种新世界的杂交亲本为富士和赤诚，有富士亲本，不易与红富士品种互作授粉树，可选用专用的海棠授粉品种，也可与嘎拉、美国 8 号、红露等品种互为授粉树。建园时建议采用起垄栽培模式，行间种植黑麦草或鼠茅草，有条件的果园可安装肥水一体化设施或微喷灌溉设施，提高肥水利用效率。为提高果实品质，秋施基肥时，建议每株盛果期的树可增施 3.0 千克的稻壳炭肥。芝阳红品种果柄较短，套袋前要注意严格打药，并注意封严袋口，以免病菌侵入。该品种为极易着色品种，可以进行无套袋栽培，不套袋情况下果实着色良好，成熟期恰逢中秋节、国庆节期间，供应"两节"市场，具有较好的发展潜力。

11. 国庆红

'国庆红'是国家苹果产业技术体系商丘综合试验站 2009 年从'弘前富士'选出的芽变品种。果个大，平均单果重 328.0 克，果形指数 0.86，果皮底色黄绿色，着片状鲜红色，果面洁净无果锈，有较厚蜡质层，触摸有油腻感，肉质细、致密，松脆多汁，有香气，酸甜可口。去皮硬度 8.6 千克/厘米^2，可溶性固形物含量 15.5%，抗逆性强，对苹果炭疽、叶枯病免疫，高抗苹果轮纹病。于 2016 年 12 月 23 日通过河南省林木品种审定委员会审定。

'国庆红'树姿半开张，长势旺。主干灰褐色，1 年生枝红褐色，皮孔中多，圆形或椭圆形，灰白色，节间较短，平均长 2.81 厘米，多年生枝灰褐色。成龄叶片平均长宽分别为 8.89 厘米、5.62 厘米，叶片长卵圆形，叶尖渐尖，叶基楔形，叶缘复锯齿、锐、稀。叶柄长约 3.00 厘米。叶片深绿，较厚，有光泽，叶缘稍微上卷，叶背茸毛中多，叶姿斜向下。叶芽中等大，贴附。花蕾粉红色，花瓣卵圆形，浅粉色，花径 2.51 厘米，花粉量较大，花序多为 6 朵，雌蕊 1 枚，雄蕊 19～22 枚。

果实外观近圆形略扁，周正，果形指数 0.86。平均单果重 328.0 克，最大 512.0 克。果面底色黄绿色，初熟时呈鲜红色、片红，成熟时深红色，自然着色超过 80%，完熟时个别果实可达全红。果面洁净无果锈，蜡质厚，手触有油腻感。果梗长 1.80 厘米，较短，中粗。梗洼浅、中广，萼洼浅、宽，萼片宿存，顶部有明显 5 棱突起。果心中大，每个果实平均有 6 粒种子，种子较大，卵圆形，种子长 1.0 厘米、宽 0.5 厘米，褐色。果皮中厚，果肉黄白色，肉质细脆，汁液丰富，有香味，酸甜可口，风味佳。可溶性固形物含量 15.50%，每百克果肉中维生素 C 含量 5.88 毫克，可滴定酸含量 0.54%，去皮硬度 8.6 千克/厘米^2，品质佳。耐储性好，常温下贮存 3 个月，不沙化。果实生育期为 165 天左右，9 月下旬果实成熟。

'国庆红'生长势强，树势健壮直立，枝条中密，树冠圆锥形，3 年生树株高 3.25 米，东西冠径 2.12 米，南北冠径 1.69 米，干径 6.15 厘米，枝条中密，树冠圆锥形。高接后第一年枝条平均生长 80.0 厘米，最长可达 150.0 厘米，枝条粗壮，直径 0.85 厘米，最大直径达 1.20 厘米。萌芽率达 81.3%，萌芽率高，成枝力一般。幼树期主要为长果枝和腋花芽结果，随着树龄的增加逐渐为短果枝和腋花芽结果为主。早果性好，易成花，在正常管理条件下，高接树两年开始结果，嫁接苗定植后第三年即结果，丰产稳产，大小年现象极轻。

'国庆红'是中熟品种，在生长前期要重视肥水管理，重施有机肥增强树势。秋季亩施优质有机肥 3 000～4 000 千克，并混施复合肥 80～100 千克，花前亩追施氮磷复合肥 125 千克，果实膨大期以钾肥为主，并配合补充钙肥。施肥原则还是生长前期以氮肥为主，中期以磷、钾肥为主，后期以钾肥为主。该品种抗病虫害能力较强，但仍需重点防治苹果苦痘病、早期落叶病，虫害重点防治红蜘蛛、卷叶虫等。萌芽前喷 1 次 3～5 波美度石硫合剂铲除越冬病菌和虫卵。落花后套袋前可喷 2～3 次保贝钙 500 倍液、80％丙森锌 1 000 倍液、50％多菌灵 600 倍液、70％吡虫啉 10 000 倍液、25％灭幼脲 1 500 倍液、25％三唑锡 2 000 倍液。卷叶虫用 20％阿维菌素 5 000 倍液防治。该品种易得苦痘病，可结合杀菌剂、杀虫剂喷施叶面肥补钙预防苦痘病。同时果园内安装频振式电子杀虫灯、根部喷药、悬挂黄板、绑缚诱虫带等无公害措施防治害虫。

12. 烟农早富

2005 年，课题组在牟平区吕格庄镇院下村蔡玉光的果园中发现 1 棵长富 2 号结果树一主枝上所结果实比普通果实早成熟 1 个月左右。2006 年采集接穗，在烟台市农业科学研究院果树所品种资源圃内的 12 年生萌大树上进行高接，2007 年少量结果，2008 年大量结果，经连续 3 年高接观察，该芽变早熟性状十分稳定，暂定名'烟农早富'。2010 年以八棱海棠和 M9 为砧木繁育苗木，在烟台及周边地区建立新品种试验园，进行新品种区域试验。经连续多年观察，该品系具有果个大、果形端正、高桩，内在品质优良，成熟期早，无采前落果，香气浓郁等优点，具有较好的发展前景。

植物学性状。烟农早富品种 1 年生枝条红褐色，斜生，皮孔近圆形，大小稀密不规则，绒毛中多，节间平均长度 2.5 厘米；多年生枝粗壮，灰褐色；叶片椭圆形，绿色，叶面光滑，先端渐尖，基部较圆，叶缘复锯齿，叶背面绒毛较多，黄褐色，叶脉突起；花芽圆锥形，中大，叶芽三角形，中大，一般每花序 5 朵花，开花较整齐，中心花比边花早 2～3 天。

表 2-10　烟农早富与长富 2 号植物学性状比较

品种	叶片长度（厘米）	叶片宽度（厘米）	叶柄长度（厘米）	单叶面积（厘米^2）	当年生枝条节间长度（厘米）
烟农早富	9.4±0.2	5.2±0.3	2.8±0.1	31.9±1.5	2.9±0.1
长富 2 号	10.2±0.4	5.7±0.3	3.4±0.1	39.2±1.3	3.4±0.2

果实经济性状。果实近圆形，果形指数 0.89，果个大，平均单果重 261.5 克。果实底色黄绿，果面着条纹状全红色，着色面积达 85％，果面光滑，蜡质中厚，果点中大，中密，外观漂亮；果顶平，萼片宿存，半开，萼洼中深，中

阔，梗洼中深，中阔：果柄平均长度为 2.2 厘米，柄粗 0.31 厘米，果肉黄白色，肉质松脆，口感甜酸，多汁，可溶性固形物含量 13.8%，果实硬度为 8.8 千克/厘米^2，果实 5 心室，心室不开放，8 粒种子，种子褐色。果实在烟台地区 9 月中旬成熟，采前有少量落果现象，耐贮性较好，自然条件下贮藏期可达 40 天，冷藏可至翌年 3 月。

树体强健，树冠中大，树姿开张；枝条成枝力强，萌芽率 72%，一般抽枝 3～4 个；高接树第二年开始少量结果，第三年即大量结果，坐果率高，丰产性能好；高接第三年，烟农早富苹果树枝类组成为短枝 65%，中枝 16.0%，长枝 19%，以腋花芽和短果枝结果为主，果台副稍连续结果能力中等，第三年平均株产 65.2 千克。

表 2 - 11　烟农早富与长富 2 号果实经济性状比较

品种	果柄长度（厘米）	单果重（克）	果形指数	可溶性固形物（%）	果实去皮硬度（千克/厘米^2）
烟农早富	2.8±0.18	261.5±8.2	0.89±0.02	13.8±0.3	8.8±0.5
长富 2 号	2.9±0.13	272.3±6.5	0.88±0.04	14.0±0.2	8.7±0.4

主要物候期。经连续几年对烟农早富、长富 2 号的主要物候期进行调查，结果表明，早富 1 号与长富 2 号的萌芽期、初花期、开花期和盛花期等基本一致，唯有成熟期较长富 2 号提前 30 天左右。

表 2 - 12　烟农早富与长富 2 号物候期比较（2007—2017 年）

品种	萌芽期（日/月）	初花期（日/月）	盛花期（日/月）	落花期（日/月）	果实成熟期
烟农早富	5/4～6/4	22/4～23/4	25/4～27/4	28/4～30/4	9 月上中旬
长富 2 号	5/4～7/4	21/4～22/4	24/4～26/4	27/4～29/4	10 月上旬

烟农早富植株生长势强，注意拉枝控制长势，品种抗性好，便于管理。烟农早富品种适应性广，不论是土壤肥沃的平地还是低山丘陵的瘠薄地，都能早期丰产和稳产。烟台地区选用八棱海棠作为砧木，苗期生长较旺盛，对早期落叶病、轮纹病抗性较强。根据观察，该品种树势生长健壮，树体愈伤能力中等，对修剪反应不敏感，易整形修剪，便于管理。

经多年栽植试验，烟农早富苹果品种果实大型，品种的外观、口感和晚熟富士苹果品种相近，成熟期在 9 月中旬，果品市场需求量大，收购商对果品的等级要求较松，果品价格高，种植效益好，有着良好的市场开发前景。且该品系早熟性状稳定，芽变系与母株的遗传背景基本一致，只有成熟期差别很大，是探索果实提早成熟分子机制较理想的材料，可为苹果育种工作提供重要的种质资源。

烟农早富苹果栽培技术要点。经多年栽培和苗木繁育试验，烟农早富与我国常用的八棱海棠、平邑甜茶等实生砧以及 M9T337、MM106 等自根砧有较好的嫁接亲和性；在平原地或具有很好的水浇条件、矮砧适宜发展的地区，可发展 M9T337 苗木的"矮砧宽行集约"栽培模式，栽培株行距为 1.5 米×4.0 米，树形采用高纺锤形；在土层比较瘠薄、缺乏水浇条件的山区丘陵，还应采用八棱海棠等深根系的实生砧木苗木，采用乔砧宽行高干集约栽培模式，株行距 3.0～4.0 米×5.0 米，树形采用自由纺锤形。烟农早富属于早熟富士系品种，不易与红富士品种互作授粉树，可选用专用的海棠授粉品种，也可与嘎拉、美国 8 号、红露等品种互为授粉树。建园时建议采用起垄栽培模式，行间种植黑麦草或鼠茅草，有条件的果园可安装肥水一体化设施或微喷灌溉设施，提高肥水利用效率。为提高果实品质，秋施基肥时，建议每株盛果期的树可增施 3.0 千克的稻壳炭肥。果实管理方面，应严格进行疏花疏果，合理控制产量，进行套袋栽培，果袋选用内红外褐的双层纸袋，果实采收前 10～15 天摘袋。

第三章

早熟富士系苹果品质提升技术研究·········>

一、影响早熟富士苹果品质的因素分析

苹果品质主要包括果个大小与果形指数、果皮颜色和香气成分含量等感官品质指标，维生素 C、可溶性固形物、酸度、矿物质、蛋白质等理化与营养品质指标，果实硬度、褐变程度、水分含量和可食率等加工品质指标。影响品质的因素包括施肥、光照、砧木、气候等诸多方面。

1. 果实的大小、硬度　果实大小影响果实的外观，并且与果实的食用品质和贮藏能力有很大的关系。果实小，肉质变粗，品质低下；但果实过大，则硬度变小，不耐贮藏。果实硬度大小关系到果肉爽脆度和果肉贮藏力，硬度小，肉质松，不耐贮藏，但过大，则肉质发硬。从果实发育过程可以看出，果肉细胞数量和细胞容积决定着果实大小。因此，作用于前期细胞数量和后期细胞体积的内外界因素，都会对果实大小产生影响。据测定，开花时，一个苹果果实约有 200 万个细胞，到采收时则增加到 4 亿个细胞。花前细胞分裂必须达到 21 次，而花后只需分裂 4～5 次，花后 3～4 周内即可实现。因此，树体营养状况，特别是早期的营养状况，对果实大小影响很大。据日本材料报道，一株强壮树与弱树上的果实比较，后者果实大小仅为前者的 70%左右。前期如果矿质营养状况和水分供应不足对果实膨大可产生重要影响。

2. 果形指数　果形是一种商品品质，高桩的果实外表比较诱人。果形高低程度常用果形指数（纵径/横径）表示，一般苹果果形指数 0.85～0.90 以上为圆形，0.90 以上为长圆形，0.85～0.80 则为圆形，小于 0.80 则为扁圆形。近年来，消费者对果品质量的要求越来越高，除了果品内在质量以外，果实外观品质也是一个重要方面，全红、高桩果越来越受到市场的欢迎。美国蛇果及甘肃花牛苹果，之所以能在市场上经久不衰，除其果实浓红艳丽外，高桩和五棱突起是其主要的特点。果形较扁，商品性就差。

从果实发育来看，果实的全部发育过程可分为两个阶段，即细胞分裂与细胞膨大。细胞分裂阶段，细胞数量急剧增加，从开花前已经开始，开花期暂停，授粉受精后继续进行，直到盛花后 3～4 周，细胞分裂结束。从外观上看此时期果

实以纵向生长为主，果形长圆形。果实细胞膨大阶段的主要特征是细胞容（体）积和细胞间隙不断扩张。随着细胞体积和细胞间隙的增大，果实横径迅速增长，果实由长圆变为圆形或椭圆形，根据苹果品种而定。如果前期春旱严重，影响细胞纵向分裂和生长，雨期来临细胞迅速膨大，则长圆形品种果实也易变成扁形，影响果实外观品质。

对于提高苹果果形指数的研究，主要技术是应用果形剂，果形剂是类似于普洛马林的一种复合植物生长调节剂，主要成分 GA_{4+7} 和 CTK，主要用于提高苹果的果形指数，改善果实性状。金华等对富士苹果果形指数的研究结果表明，富士苹果的果形指数与果实授粉程度、累计积温、基砧或中间砧等有密切关系。红富士苹果对授粉树要求非常严格，距授粉树越近和授粉树配置越高，表现果实内发育成熟的种子就越多，各心室分布均匀，果形指数高，距离授粉树越远或授粉树配置越低而降低，果实内发育成熟的种子明显少，且分布不均匀，常形成空室，果形指数不高，尤其是无授粉树的果园果形表现最差。富士苹果从盛花到采收，日温在 5℃ 以上的累积日温与富士苹果的果形指数直线相关。累积日温大，果形指数小，累积日温小，果形指数大。所以高温年份果形较扁，凉爽年份果形指数较高。

不同砧穗组合，对苹果果形指数也有较大的影响。在乔化果园，基砧种类不同果实指数也随着不同，新疆野苹果嫁接富士品种表现果形指数最高，其次为海棠。矮化中间砧果园，应用 M_{26} 果形指数最好。这与砧木嫁接品种有关，砧穗组合会直接影响嫁接亲和力，上下运输传递物质的生长速度及上下养分传递。同时，果形指数与果实的着生部位关系密切，凡是着生在枝条的两侧，尤其是向上生长的果枝所结的果实，斜果率高达 80%，而向下着生的果实，其斜果率仅占 20%。因此，为生产高桩苹果，要少留生于侧方或背上果，多留下垂下悬果，多留中心果，少留边果。

3. 糖分含量　苹果含糖量为 7%～24%，占果实干物质的 60% 以上，是可溶性固形物的主要成分（可溶性固形物包括糖、酸、可溶性果胶、部分色素等来代表含糖量）。苹果果实中含有的糖类主要有淀粉、蔗糖、果糖、葡萄糖和少量的山梨醇。果糖占苹果可溶性总糖含量的 44%～75%，葡萄糖含量占 9%～36%，蔗糖含量占 11%～40%。可溶性糖中以果糖最甜，其甜度分别是葡萄糖和蔗糖的 2 倍和 1.8 倍，因此，果实总糖水平及果糖与葡萄糖的比值（F/G）对苹果风味及品质会产生较大影响。苹果中的果糖、葡萄糖等可溶性糖类主要贮存于液泡中，少量的蔗糖和山梨醇也发现于质外体空间中，而淀粉颗粒则贮存在造粉体中。

由于品种和果实成熟期的不同，可溶性糖组成比例存在较大差异。如富士和国光苹果均为己糖积累型果实，富士果实以积累的果糖最多，果糖/葡萄糖（F/G）值为 1.56，而国光以积累葡萄糖最多，F/G 值仅为 0.68。'苦绯甘'

品种果实中的果糖含量较高，占总糖的 75%；'瑞星'品种果实中的蔗糖含量较高，占总糖的 40%；'澳洲青苹'品种果实中的葡萄糖含量较高，占总糖的 36%。这三种糖分组成比例的差异很大程度上决定了不同品种苹果甜味和风味的差异。

在苹果生长过程中，果实内的糖以积累为主，由叶片制造的光合产物主要以山梨醇的形式运输到果实中，除少部分用于生长与各种生理活动的维持，大部分转变为淀粉或其他糖类物质储藏在果实内。果实幼果期很少积累淀粉，进入快速生长期后，果内淀粉才不断积累，在果实接近成熟期时，淀粉的含量急剧下降，果糖和蔗糖的含量急剧增加。当苹果进入成熟期时，由于淀粉酶、转化酶及蔗糖合成酶活性的提高，淀粉水解为葡萄糖、果糖和蔗糖等可溶性糖；这些可溶性糖的增加不仅使苹果成熟后具有甜味，提高苹果的风味，而且促进苹果的着色和果实细胞壁的形成。

糖是花青素合成的原料，可以通过糖代谢途径影响花青素的合成，更通过信号机制影响花青素的合成（张学英等，2004）。在苹果、梨的果皮中花青素含量与糖含量成正相关（宋哲等，2008；黄春辉等，2010）。花青素与糖通过糖基化作用形成稳定的花青苷（Comeskey et al.，2009）。杨少华等（2011）研究表明，用 60 毫摩尔/升蔗糖处理拟南芥幼苗，可以显著提高花青素和还原糖含量，促进花青素合成相关基因（*CHS*、*FLS-1*、*DFR*、*LDOX*、*BANYULS*）的转录，认为蔗糖既可以通过蔗糖特异信号途径，也可以和其他代谢糖通过其他途径共同调节拟南芥花青素的生物合成。

4. 酸含量　决定苹果酸度的有机酸主要有 3 种：苹果酸、柠檬酸、酒石酸，含量为 0.2%~0.7%，以苹果酸为主。这些有机酸都是碳水化合物的代谢产物，在成熟的过程中含酸量逐步减少，一部分用于结构物质的合成，一部分呼吸氧化分解，一部分为钾、钙等中和成为有机酸盐，因此成熟的果实酸味大减。果实的风味不仅决定于糖、酸的绝对含量，与糖、酸含量之比（称糖酸比）关系更为密切，只要糖酸比适当，即使酸、糖含量较低，品质也很好。

李宝江等（1994）认为苹果风味品质主要决定于果实糖酸含量配比关系，果实糖酸比主要取决于含酸量，苹果果实中最主要的有机酸是苹果酸，果实中苹果酸的积累受苹果酸代谢关键酶的调控。磷酸烯醇式丙酮酸羧化酶（PEPC）和细胞质 NAD 依赖的苹果酸脱氢酶（cyMDH）主要负责苹果酸的合成，细胞质 NADP 依赖的苹果酸酶（cyME）和 ATP 依赖的磷酸烯醇式丙酮酸羧化激酶（PEPCK）负责苹果酸的降解，其中苹果酸被 PEPCK 催化生成 PEP 后可以通过糖异生作用转化为糖。苹果酸液泡积累需要的能量主要来自液泡膜上的两个质子泵，即 H^+-ATPase（VHA）和 H^+-焦磷酸酶（VHP）。VHA 是主要的质子泵，为代谢产物和离子的次级运输提供能量。VHP 可以使果实 pH 最低达到 3.17，而 VHA 可以使柠檬果实的 pH 达到 2.15。姚玉新（2010 年）以东光×

富士苹果杂交后代为试材，研究了苹果果实中苹果酸代谢关键酶与苹果酸和可溶性糖积累的关系，结果表明，在杂交后代群体中葡萄糖、果糖和蔗糖之和随着苹果酸含量的升高呈下降趋势；苹果酸的合成是其积累的前提，但对果实酸度差异的形成不起主导作用；而负责降解的 cyME、PEPCK 和负责运输的 VHA 对果实酸度差异的形成具有重要作用。

5. 维生素及芳香物质含量　苹果富含多种维生素，每 100 克果肉中含胡萝卜素 0.08～0.3 毫克、维生素 B_1 0.01～0.08 毫克、维生素 B_2 0.01 毫克、烟碱酸（维生素 PP）0.1 毫克、抗坏血酸（维生素 C）5 毫克等。其中以维生素含量最多，通常作为评价果实营养价值的重要指标。维生素也是由糖转化合成的，因此，含糖量高的一般维生素含量也高。

苹果的芳香味是由芳香物质挥发而产生的，高级醇及高级醇与脂肪酸作用而形成的酯类物质。芳香物质是在果实成熟过程中逐步形成的，是苹果品质的重要指标之一，是决定苹果的风味和典型性的重要因素。苹果中的香气物质主要受品种、生长环境及采摘期的影响，而直接来源于不同苹果品种的香气对苹果果实的感官质量具有决定性作用。苹果香气中已鉴定出的化合物超过 300 种，分别属于醇类、醛类、羧基酯类、酮类和醚类化合物。Guadagni 等（1966）提出香气值（odor units）概念，香气值即某种香气成分的含量与其香气阈值的比值。香气值可以用来衡量一种芳香成分对果实风味的贡献大小。一般来说，香气值大于 1，则表明该成分对果实风味有贡献，香气值越大，贡献越大。在果品的芳香成分中，具有较高的香气值的芳香成分是最主要的，它们对果实的风味起主要作用，称为该果树树种（或品种）果实的特征香气成分。苹果香气中大约 20 种是特征香气成分，它们包括乙醛、（E）-2-乙烯醛、己醛、丁醇、己醇、（E）-2-乙烯醇、乙酸丁酯、乙酸戊酯、乙酸己酯、4-甲氧基烯-丙基苯、2-甲基丁酸甲酯、2-甲基丁酸丁酯和己酸己酯等（Dixon and Hewer，2000）。它们中的一些浓度很低，却对苹果特有的香味贡献巨大，如 2-甲基丁酸乙酯（Flath et al.，1967），另一些能加强香气的强度，如（E）-2-乙烯醛。

尽管苹果香气成分种类繁多，但主要部分是酯类（78%～92%）和醇类（6%～16%），含量最高的是碳链化合物：乙酸、丁酸、己酸与乙醇、丁醇、己醇的化合产物。大分子量的挥发性成分，经常带有一个或两个疏水的脂肪链，通常能被蜡质捕捉到，但通常不会在顶空部分出现（Paillard，1990）。苹果品种间香气成分和香味感官差异很大，并且似乎现有品种中不存在关键的特征性成分（Cunningham et al.，1986），如'国光'丁酸甲酯含量最高，'秦冠''新红星''金冠'和'澳洲青苹'α-法尼烯最高，'富士'己醇最高（吴继红等，2005）。根据香味物质的构成将苹果品种分成两类：一类以酯为主，称为"酯类型"，如美国的元帅系苹果，其香气成分以丁酸乙酯、乙酸乙酯、2-甲基丁酸乙酯、乙酸-3-甲基丁酯等酯类为主，这一类可进一步按酯的类型细分：乙酸酯型、丁酸酯型、丙酸酯型和乙醇酯型，黄色果皮品种主要产生乙酸酯，而红色果皮品种主要产生丁酸酯；另一类以醇为主，称为"醇香型"，如红玉、桔苹，其中，红玉苹果的香气以丁醇、3-甲基丁醇、己醇等醇类为主。苹果品种在其他香气成分的浓度上也存在差异，如 4-甲氧基烯丙基苯，它在一些品种的顶空挥发物中占 0.27%。

6. 果实色泽　色泽是果实重要的商品品质，是由各种不同的色素引起的。它与果实成熟期光照、温度、钾素含量、环境水分含量密切相关。色泽是果实外观品质中的核心指标，对果实及其加工产品的商品价值有重要影响。冯国聪（2009）研究认为，苹果的色泽发育是个复杂的生理代谢过程，并受到很多因素的影响，如品种、光照、温度、土壤、树体营养等，在生产中要根据不同种类、品种苹果的色泽发育特点和机理，进行必要的调控，通过选择着色好的品种、增施有机肥、改善通风透光条件以及套袋、转果等综合措施，来改善苹果的着色，达到本品种的最佳色泽程度，这对着色品种尤为重要。色素积累是果实色泽形成的物质基础，色素的种类和含量决定了果实的色质和呈色深度。类胡萝卜素和花青苷为多数成熟果实中最主要的色素。近年来，模式植物类胡萝卜素和花青苷合成途径已基本明了，合成基因大多得以分离，影响色素积累的遗传、发育和环境因素已较清晰，关键调控位点及机制有所阐明，调控花青苷合成的转录因子研究也取得进展，研究显示色素积累及调控机制存在多样性。

二、苹果砧木类型对红将军苹果果实品质的影响

近年来国内外研究表明，砧木对苹果果实的品质影响较大，砧木不同，果实的口感和风味也存在较大差异。朱利军等（2008）以嫁接在乔化砧木山定子和矮化砧木 77-34（中间砧）的幼龄珊夏苹果为试材，研究不同砧木和树形对珊夏苹果产量和果实品质的影响，结果表明矮化中间砧组合的产量和外观品质优于乔化砧木。李岩等（2001）通过比较不同中间砧组合的新红星苹果产量与品质，结果表明 MM106 砧木组合的品质最好，产量也最高，M_2 砧木的较差。选择适宜的砧木是实现苹果丰产、优质栽培的基础条件。因此，探讨不同砧穗嫁接对苹果果实品质的影响，对实现我国苹果优质高效生产具有重要的意义。近年来，我国在苹果砧木方面的研究主要集中在品种选育和抗逆性方面，对其上品种的果实品质的影响研究也主要集中在矮化中间砧对苹果果实品质的影响方面，而关于不同苹果自根砧木对红将军苹果果实品质的影响却鲜有报道。本试验以 4 种不同砧木为试材，研究不同的砧穗组合对红将军苹果果实品质和香气物质的影响，以期为生产上筛选适宜的苹果砧穗组合提供参考。

1. 试验材料与方法

烟台市农业科学研究院苹果课题组于 2011—2013 年研究了不同砧木对早熟

富士品种'红将军'果实品质和风味物质的影响。试验品种于 1998 年定植，栽植品种为'红将军'，砧木分别为：八棱海棠砧 [*Malusp prunifolia* （Willd.）Borkh]、M_9 自根砧、MM106 自根砧木、M_{26} 自根砧木和中间砧木，试验园栽植密度 2 米×4 米，自由纺锤形整枝。试验果园 2004 年进入初果期，常规管理，管理水平较高，单株负载量控制在 30～40 千克。

每种砧穗组合选择长势较好、负载量相近的试验树 5 株为试材，每处理 3 次重复。2010—2012 年的采样日期分别为 9 月 15 日、16 日和 22 日，分别在 4 个不同方位随机采取树体中部外围果实 8 个，每处理 32 个果，带回试验室清洗后，进行不同指标的测定。采用游标卡尺测定果实的纵径和横径，果形指数为纵径与横径之比；果实质量采用称重法测定；果实硬度用 GY-1 型硬度计测量。可溶性糖的测定参照 GB 6194—86，用斐林试剂法测定；可滴定酸含量参照 GB 12293—90，用 NaOH 滴定法测定。各指标为 3 年测定结果的平均值。

果实香气物质的提取和测定参照王海波等方法进行，分别利用 Perkin Elmer Turbo Matrix 40 Trap 顶空进样器和 Shimadzu GCMS-QP2010 气相色谱-质谱联用仪进行果实香气物质成分提取与测定。定性方法：通过检索 NIST05 质谱库，结合保留时间进行定性分析；定量方法：选择 3-壬酮为内标，按峰面积归一化法计算各成分相对质量百分含量。

2. 不同砧木对红将军果实品质的影响

研究结果表明：不同砧木对红将军苹果单果质量有显著影响（表 3-1），其中以八棱海棠单果质量最大（258.13 克），其次为 M_{26} 中间砧（240.5 克），MM106 单果质量最小（188.48 克）；不同砧木对红将军苹果果形指数影响较小，其果形指数介于 0.79～0.83，海棠砧和 M_{26} 中间砧上的红将军果实稍扁，与其他 3 种砧木有显著差异。砧木对果实的硬度影响较大，以 M_{26} 中间砧木的果实硬度最高，其次为 M_9 自根砧木和 M_{26} 自根砧木，以海棠砧的果实硬度最低。

不同砧木对红将军苹果的可溶性固形物的影响不同，以 M_{26} 自根砧木和 M_{26} 中间砧木较高，其次是 M_9 自根砧木和 MM106 自根砧木，最差的为海棠砧木。砧木对果实可滴定酸含量也有较大影响，以 M_{26} 中间砧木最大，其次为 M_9 自根砧木和 M_{26} 自根砧木，以海棠砧的最低，海棠砧木比 M_{26} 中间砧低 0.2%。从果实可溶性糖含量看，以 M_{26} 自根砧木的可溶性糖含量最高，其次为 MM106 自根砧和 M_{26} 中间砧，以海棠砧的最低，海棠砧的比 M_{26} 自根砧的低 2.75%。糖酸比是反映果实风味的重要指标，不同砧木对其影响较大，以 MM106 自根砧木最高，以 M_{26} 中间砧木最低，MM106 自根砧是 M_{26} 中间砧的 1.69 倍。

表 3-1　不同砧木嫁接对红将军苹果果实品质的影响

砧　木	单果质量（克）	果形指数	可溶性固形物（%）	硬度（千克/厘米²）	可滴定酸度（%）	可溶性总糖（%）	糖酸比
海棠	258.13±4.2a	0.79±0.07b	13.0±0.4c	7.4±0.3d	0.26±0.02c	12.30±0.5d	48.31±3.2b
M9 自根砧	197.55±5.3b	0.83±0.06a	14.3±0.5b	8.1±0.2b	0.33±0.02b	13.17±0.6c	40.94±2.7c
MM106 自根砧	188.48±4.1c	0.82±0.08a	14.2±0.3b	7.4±0.3d	0.28±0.03c	14.44±0.3b	52.58±1.8a
M26 自根砧	204.90±3.7b	0.82±0.07a	14.8±0.3a	7.7±0.3c	0.32±0.04b	15.05±0.4a	46.80±2.3b
M26 中间砧	240.50±5.1a	0.79±0.07b	14.6±0.4a	8.4±0.2a	0.46±0.03a	14.42±0.5b	31.18±1.9d

3. 不同砧木对红将军苹果果实挥发性成分及含量的影响

通过对不同砧木上红将军苹果果实挥发性物质测定，共鉴定出 32 种挥发性化合物，其中醇类 6 种，酯类 21 种，醛类 1 种，烃类 2 种，酮类 1 种、有机酸类 1 种，成分检出率为 74.88%～86.54%（表 3-2）。5 种嫁接组合中共有的成分有 12 种，含量较多的包括 2-甲基丁基乙酸酯、乙酸己酯、乙酸丁酯、乙醇、1-己醇、2-甲基-1-丁醇等酯类和醇类成分。不同砧木嫁接的红将军的果实中还含有一些特有成分，如 M9 自根砧嫁接的红将军果实中检测出 2（Z）-已烯-1-醇；MM106 自根砧红将军中检测出丁酸丙酯、己醛、2-甲基-丁酸丙酯；M26 自根砧红将军中检测出戊酸乙酯、2，2，4，6，6-五甲基-3-庚烯。说明不同苹果砧木对品种香气种类存在明显的影响。

表 3-2　不同砧木对红将军苹果果实挥发性成分及含量的影响

化合物类别	香气成分	含量（微克/克）				
		M9 自根砧	MM106 自根砧	M26 自根砧	M26 中间砧	八棱海棠
醇类	乙醇	0.060	0.066	0.053	0.068	0.080
	1-丁醇	0.002	0.007	0.003	0.009	0.004
	2-甲基-1-丁醇	0.008	0.012	0.005	0.021	0.012
	2-甲基-环戊醇	—	—	—	0.001	—
	2（Z）-己烯-1-醇	0.001	—	—	—	—
	1-己醇	0.011	0.011	0.006	0.013	0.007
酯类	乙酸乙酯	0.002	0.006	0.003	0.003	0.008
	乙酸正丙酯	—	0.004	—	0.002	0.004
	乙酸-2-甲基丙酯	—	—	—	0.001	—
	丁酸乙酯	0.006	0.016	0.012	0.011	0.027
	丙酸丙酯	—	0.001	—	0.002	—
	乙酸丁酯	0.006	0.034	0.012	0.034	0.028
	2-甲基丁酸乙酯	0.003	0.016	0.004	0.005	0.032

（续）

化合物类别	香气成分	含量（微克/克）				
		M_9 自根砧	MM106 自根砧	M_{26} 自根砧	M_{26} 中间砧	八棱海棠
酯类	2-甲基丁基乙酸酯	0.052	0.082	0.054	0.139	0.165
	丁酸乙酯	—	—	—	0.002	—
	丁酸丙酯	—	0.003	—	—	0.003
	戊酸乙酯	—	—	0.001	—	0.002
	乙酸戊酯	0.001	0.003	0.003	0.006	0.005
	3-甲基-2-丁烯-1-醇乙酸酯	—	—	—	—	0.002
	2-甲基-丁酸丙酯	—	0.004	—	0.002	0.004
	丁酸丁酯	—	0.002	0.001	0.001	0.001
	己酸乙酯	0.005	0.002	0.006	0.007	0.027
	4-己烯-1-醇乙酸酯	—	—	—	—	0.002
	乙酸己酯	0.049	0.104	0.060	0.082	0.080
	2-甲基丁酸丁酯	—	0.002	—	—	—
	丁酸己酯	0.001	0.003	—	0.001	0.001
	2-甲基丁酸己酯	—	0.003	—	—	0.003
醛类	己醛	—	0.330	—	0.002	—
烃类	环庚三烯	—	—	—	0.001	—
	2，2，4，6，6-五甲基-3-庚烯	—	—	0.24	—	—
酮类	4-叔-丁基-2-（1-甲基-2-硝乙基）环己酮	—	—	—	—	0.002
有机酸类	甲基丙醇二酸	0.014	—	0.018	0.031	—

注："—"表示未检测到或不存在。

不同砧木的嫁接组合对红将军果实香气成分含量影响较大，如红将军苹果特征香气成分为乙酸己酯，在 M_9、MM106、M_{26} 自根砧以及海棠砧的果实中的含量分别为 0.049 微克/克、0.104 微克/克、0.060 微克/克和 0.080 微克/克；1-己醇在海棠砧的红将军苹果果实中的含量为 0.007 微克/克，而在 M_9 自根砧、MM106 自根砧和 M_{26} 中间砧木组合中的相对含量分别为 0.011 微克/克、0.011 微克/克和 0.013 微克/克，均显著高于海棠砧。不同类型的砧木间的红将军苹果香气成分也表现出了种类的差异，2（Z）-己烯-1-醇仅在 M_9 自根砧的红将军苹果中检测到，而己醛在 MM106 和 M_{26} 中间砧的红将军苹果中检测到。

嫁接方式对苹果果实香气成分和含量具有明显影响。对 M_{26} 自根砧和中间砧上的红将军苹果测定结果表明，与 M_{26} 自根砧相比，M_{26} 中间砧嫁接显著增加了红将军苹果香气成分。M_{26}自根砧红将军果实中共检测出 16 种香气成分，而 M_{26}中间砧红将军果实中检测出 25 种。而且某些主要香气成分含量在 M_{26}自根砧和中间砧存在显著差异。如 2-甲基-1-丁醇乙酸酯在 M_{26}自根砧中的含量是 0.054微克/克，而在 M_{26}中间砧的含量达 0.139 微克/克；乙酸己酯在 M_{26}自根砧的含量是 0.060 微克/克，而 M_{26}中间砧的相对含量是 0.082 微克/克。

将检测结果按香气成分类别进行分类统计（表 3-3）。结果表明，不同砧木嫁接对红将军苹果果实中不同种类的香气成分物质含量存在较大影响。如醇类含量以海棠砧的红将军含量最高为 0.126 微克/克，M_{26}自根砧的最低为 0.067 微克/克；而酯类物质浓度以海棠砧的红将军含量最高为 0.401 微克/克，M_9自根砧含量最低为 0.125 微克/克。醛类和烃类化合物以 M_{26}中间砧含量最高，分别为 0.002 微克/克和 0.001 微克/克；酸类化合物以 M_{26}中间砧含量最高为 0.031微克/克。

表 3-3　不同砧木嫁接对红将军苹果果实香气类别及含量的影响

单位：微克/克

化合物类别	M_9自根砧	MM106 自根砧	M_{26}自根砧	M_{26}中间砧	海棠砧
醇类	0.083	0.096	0.067	0.114	0.126
酯类	0.125	0.283	0.157	0.302	0.401
醛类	0	0.001	0	0.002	0
酮类	0	0	0	0	0.002
酸类	0.014	0	0.018	0.031	0
烃类	0	0	0.001	0.001	0

4. 结果与讨论

砧穗组合对苹果果实品质和香气成分影响较大。同样立地条件下，不同苹果砧木影响果实品质的主要原因可能有以下三点：

一是不同砧木通过产生不同的内源激素含量影响果实大小。不同砧木产生的内源激素不一样，闫树堂等研究表明不同矮化中间砧对红富士果实大小、果实细胞数量和内源激素含量存在显著的影响。本研究结果也表明，不同砧木的红将军果实大小存在显著差异，以八棱海棠砧木和 M_{26} 中间砧木上的果实最大，以MM106 自根砧木的果实最小。

二是通过根系吸收和向地上部运输的矿质营养不同而影响果实品质。李天忠等研究表明，不同砧木吸收的无机营养能力以及向地上部运输的速率和程度差异较大。王丽琴研究也表明，矮化砧木的干物质、碳素分配在地上部的比例明显高于乔化砧木。王海宁研究了不同砧木嫁接的富士幼树 C 和 N 的分配利用特性，研究表明，树体吸收的碳素和氮素在各器官间的分配规律相同，但是同一器官不同砧木的分配比率存在显著差异。本研究结果以乔化砧木八棱海棠砧木的红将军苹果果实内在品质较差，而 M_{26} 自根砧和中间砧的较好。

三是砧木可以影响树体光合能力，进而影响叶片光合产物向果实的转移。王丽荣等研究了不同砧木对红富士苹果生长发育的影响，结果显示砧木不同，红富士苹果幼树的生长量不同，叶片厚度和栅栏组织也存在显著差异。张建光研究了不同砧木上品种的光合特性，结果表明嫁接在 M_{26} 上的 3 个品种的光合效能显著高于嫁接在 M7 和 B9 砧木。本研究的结果显示，可溶性固形物以 M_{26} 自根砧木和 M_{26} 中间砧木的最高，而以八棱海棠砧的最低，这可能与上述原因有关。关于不同砧木影响苹果果实品质的原因还要做进一步的试验研究。

矮化砧木栽培能增加苹果果实的香气成分。苹果的整体香气与香气物质含量和种类有关，香气成分种类多的品种整体香气更浓。本研究结果表明，仅 M_{26} 中间砧的红将军苹果香气成分种类高于海棠砧，M_9、M_{26} 和 MM106 自根砧的红将军香气组分均低于海棠砧的红将军苹果；但是一些红将军的特征香气成分的含量在不同砧木间存在着明显差异，矮化砧穗组合中的一些主要香气成分含量均明显高于海棠砧穗组合，表明矮化砧木栽培改变苹果香气的主要原因可能不是通过增加香气成分种类，而是改变了果实特征香气的含量。

三、叶面喷施磷酸二氢钾对红将军苹果叶片性状、果实品质和香气成分的影响

磷酸二氢钾是一种无氯磷钾复合肥料，养分含量高，具有良好的物理和化学稳定性，是目前盐指数最低的化学肥料，对作物安全，不会灼伤叶片和根，可用于叶面肥和无土栽培的营养液。磷酸二氢钾可用于浸种、拌种、沾根、灌根、叶面喷施。作为叶面喷施，在作物生长中后期喷施，喷施浓度在 0.1%～0.6%。本试验重点研究了不同时期叶面喷施不同浓度的磷酸二氢钾，对红将军苹果叶片、果实品质和香气成分的影响。

1. 材料与方法

试验在烟台市农业科学研究院试验园进行，品种为红将军，砧木为八棱海棠，树龄 18 年，栽植株行距 4 米×6 米，树势中庸。在生长季节，分别叶面喷施 0.2%、0.4%和 0.6%的磷酸二氢钾（KH_2PO_4），以喷清水作对照。每处理 10 株树，重复 3 次。在 5 月 10 日至 9 月 10 日每隔 30 天喷施一次。9 月 16 日采收果实，各处理均在树冠外围中部随机采摘 100 个果实，用于品质和香气成分指标测定。

8 月 12 日开始测定叶片指标，随机选取树冠内外、围功能叶片，光合速率与蒸腾速率测定时间为 9～11 点，利用美国 Li-cor 公司生产的 LI-6400 型便携式光合测定仪测定。光合测定条件为固定光源，光强 1 000 微摩尔/（米²·秒），

CO_2 浓度（380±5）微升/升空气，温度25℃，相对湿度75％，每处理选取50
个叶片，重复3次，取平均值；利用电子天平称百叶重，每处理重复5次，取平
均值；利用手持式叶绿素计SPAD－502 plus测量叶片中叶绿素的相对含量，每
处理测定100片叶，3次重复，取平均值。

　　常规果实品质指标在烟台市农业科学研究院试验室测定。每处理随机取30
个果实用于测量果实硬度与单果质量，利用GY－1型硬度计测定果实硬度。各
指标取30次测定的平均值。每处理随机取10个果实用于可溶性糖、可滴定酸和
维生素C含量的测定，可溶性糖的测定参照GB 6194—86，用斐林试剂法测定；
可滴定酸含量参照GB 12293—90，用NaOH滴定法测定；维生素C含量的测定
参照GB 6195—86，用2,6-二氯靛酚滴定法。测定结果为3次重复的平均值。

　　果实香气成分在山东农业大学园艺学院中心实验室测定。果实挥发性成分的
提取和测定参照王海波等的方法，果实挥发性成分的提取与测定分别利用Perkin
Elmer Turbo Matrix 40 Trap顶空进样器和Shimadzu GCMS-QP2010气相色谱-
质谱联用仪，采用静态顶空气相质谱色谱联用技术进行。挥发性成分的定性方
法：未知化合物质谱图经计算机检索同时与NIST05质谱库相匹配，并结合人工
图谱解析及资料分析，确认各种挥发性成分，按峰面积归一化法求得各化合物相
对质量百分含量。

2. 结果与分析

　　（1）红将军果实常规品质分析。与对照相比，叶面喷施磷酸二氢钾对果实的
单果重具有一定的影响，喷施0.2％、0.4％磷酸二氢钾的处理果实单果重略有
增加，喷施0.6％浓度的处理果实单果重有显著提高。喷施磷酸二氢钾的果实的
可溶性固形物含量略有增加，分别增加了0.3％、0.9％、0.5％；可溶性固形物
含量不随喷施浓度增加呈现规律性变化。可溶性总糖含量分别增加0.026％、
0.162％和0.041％。试验结果表明：叶面喷施磷酸二氢钾能增加果实的单果重、
可溶性固形物、可溶性糖含量，对果实的维生素C、可滴定酸及硬度无影响（表
3-4）。

表3-4　不同浓度磷酸二氢钾对红将军苹果果实品质的影响

处理	单果重（克）	可溶性固形物（％）	硬度（千克/厘米²）	可滴定酸度（毫摩尔/克）	可溶性总糖（％）	维生素C含量（％）
CK	258.5±7.5	11.2±0.67	7.6±0.31	0.217±0.008	8.280±0.22	0.228±0.06
0.2％	262.4±6.2	11.5±0.80	8.0±0.41	0.211±0.007	8.306±0.37	0.232±0.08
0.4％	263.9±7.6	12.1±0.83	7.6±0.28	0.222±0.010	8.442±0.22	0.271±0.17
0.6％	265.3±7.3	11.7±0.64	7.8±0.36	0.215±0.006	8.321±0.27	0.186±0.03

　　（2）喷施磷酸二氢钾对树体叶面的影响。叶面喷施磷酸二氢钾对红将军苹果
叶片各指标具有一定影响，喷施0.2％、0.4％、0.6％浓度的磷酸二氢钾与对照

相比较百叶重分别增加了 6.9 克、7.4 克、7.8 克，与对照相比各处理的光合速率也有提高，0.2％、0.4％两个处理不明显，喷施 0.6％浓度的处理光合速率增加了 1.3 微摩尔/（米²·秒），处理对红将军叶片的蒸腾速率也有提高，无规律性变化。试验结果表明：叶面喷施磷酸二氢钾对红将军苹果叶面生长具有积极作用，可提高叶片百叶重、光合速率、蒸腾速率，但是对叶面的叶绿素含量无影响（表 3-5）。

表 3-5　不同浓度磷酸二氢钾对红将军苹果叶片的影响

处理	百叶重（克）	叶绿素（SPAD 单位）	光合速率［微摩尔/（米²·秒）］	蒸腾速率［毫摩尔/（米²·秒）］
CK	85.5±2.5	59.8±4.7	20.6±1.3	1.88±0.08
0.2％	92.4±2.2	60.7±5.1	20.8±1.4	2.01±0.07
0.4％	92.9±2.6	58.5±2.9	20.8±1.8	1.98±0.10
0.6％	93.3±2.3	59.7±3.8	21.9±1.3	2.05±0.06

（3）叶面喷施磷酸二氢钾对红将军苹果果实挥发性香气的影响。对喷施不同浓度磷酸二氢钾的红将军苹果果实香气成分进行了测定（表 3-6）。结果表明，叶面喷施不同浓度的磷酸二氢钾能增加果实香气成分的种类，清水对照处理中检测出香气成分 27 种，喷施 0.2％、0.4％、0.6％浓度的磷酸二氢钾处理检测出香气成分分别为 30 种、31 种、32 种。

酯类香气成分为红将军苹果果实的主要香气成分，叶面喷施磷酸二氢钾增加了红将军苹果果实香气成分中酯类的种类和含量。清水对照的处理中检测出酯类成分种类 17 种，成分相对含量为 43.49％；喷施 0.2％的磷酸二氢钾，检测出酯类香气成分 20 种，香气成分总相对含量为 43.75％；0.4％和 0.6％浓度处理的果实中分别检测出酯类香气成分 20 种和 22 种，香气成分总相对含量为 48.05％和 53.02％。红将军果实的酯类主要特征香气成分为乙酸己酯、己酸己酯、己酸丁酯、乙酸丁酯、2-甲基丁基乙酸酯、2-甲基丁酸己酯等。除己酸己酯外，各处理随喷施浓度的增加，各主要特征香气的相对含量呈逐渐增加趋势。

4 个处理同时检测出醇类香气成分 3 种、醛类香气成分 2 种，清水对照醇类香气成分含量为 6.42％，喷施 0.2％、0.4％、0.6％浓度处理的含量为 7.32％、8.00％、8.74％。醛类香气成分清水对照含量为 6.02％，喷施 0.2％、0.4％、0.6％浓度处理的含量为 6.2％、7.29％、7.44％。醇类和醛类香气成分的相对含量随喷施磷酸二氢钾浓度的增加而增加。

对照和喷施 0.2％、0.6％浓度磷酸二氢钾处理分别检测出烷类香气成分为 4 种，喷施 0.4％浓度的处理检测出 5 种烷类香气成分。从表 3-6 可以看出，清水对照中含量较大的香气成分为 α-法呢烯，含量达到 40.58％，随着喷施磷酸二氢钾喷施浓度的增加，处理中 α-法呢烯成分含量明显减少，说明喷施磷酸二氢钾可使红将军果实中 α-法呢烯的成分减少。

表 3-6　不同处理的红将军苹果果实香气成分含量（相对含量％）

香气成分	CK	0.2％	0.4％	0.6％
乙酸己酯	7.52	9.37	9.19	13.10
己酸己酯	13.82	10.97	12.39	11.03
己酸丁酯	4.72	4.13	5.71	5.15
乙酸丁酯	3.28	4.17	3.87	4.91
2-甲基丁基乙酸酯	5.26	5.69	6.12	6.79
2-甲基丁酸己酯	4.81	4.44	5.74	5.07
丁酸丙酯	0.55	0.65	0.66	0.91
2-甲基丁酸丁酯	0.67	0.61	0.61	0.63
2-甲基己酸丁酯	0.17	0.16	0.18	0.13
己酸丙酯	0.18	0.48	0.77	1.09
丙酸己酯	0.33	0.43	0.34	0.51
辛酸 2-甲基丁酯	0.25	0.18	0.23	0.13
庚酸辛酯	0.21	0.1	0.14	0.14
9-癸烯酸丁酯	0.21	0.15	0.17	0.08
辛酸己酯	0.64	0.29	0.42	0.15
丙酸丁酯	—	0.45	0.28	0.55
乙酸戊酯	—	0.41	0.28	0.46
2-甲基丁酸丙酯	—	0.33	0.33	0.43
丙酸戊酯	—	—	—	0.11
甲酸庚酯	—	0.09	—	—
丁酸丁酯	—	—	—	1.09
己酸戊酯	—	—	0.57	0.36
庚酸丁酯	0.82	0.65	—	—
2-甲基丁-2-烯酸己酯	0.05	—	0.05	—
乙酸正丙酯	—	—	—	0.20
2-甲基 1-丁醇	1.34	1.53	1.96	2.62
正己醇	4.97	5.71	5.84	6.05
1,3-辛二醇	0.11	0.08	0.20	0.07
正己醛	1.14	1.21	1.73	1.81
2-己烯醛	4.88	4.99	5.56	5.63

（续）

香气成分	CK	0.2%	0.4%	0.6%
八甲基环八硅氧烷	0.97	1.30	2.22	2.50
十甲基环戊硅氧烷	1.49	0.06	3.10	0.42
十二甲基环己硅氧烷	0.79	1.50	1.54	1.18
三环己烷	0.24	0.14	0.22	0.32
环辛基硅氧烷	—	0.06	—	0.06
α-法呢烯	40.58	35.37	33.88	26.32

3. 结果与讨论

现有的研究结果表明，磷酸二氢钾是一种高浓度的磷钾复合肥、优质无氯钾肥，既提供磷也提供钾，适用于各种土壤和作物，磷酸二氢钾的盐值极低，是理想的叶面肥料。叶面喷施磷酸二氢钾补充了植株体内的磷钾含量，现代果园施肥氮肥施用量普遍过大，有研究表明，苹果施肥应控制氮肥施用量，适当增加磷肥和钾肥的施用量，对果树树体进行磷、钾的补充。叶面喷施磷酸二氢钾可使果树叶片的百叶重、光合速率、蒸腾速率显著增加，陈汝、王金政等研究表明叶面肥配合施用更有利于树体的生长发育。叶面喷施磷酸二氢钾可以有效补充植株体内的磷、钾含量，对果树生长具有积极作用。研究表明，磷几乎参与光合作用各个阶段的物质转化、光合产物运转和能量传递。在干旱条件下施磷可增加叶片的呼吸速率，Lauer 认为少量的磷会提高植株光呼吸或光下的暗呼吸活性。在适合的范围内随着施磷量的增加，植株的株高、茎粗、干重和叶面积随着施磷量的增加而增加。张振英等研究表明，适量增施钾肥不仅可以增加单果重，还可增加可溶性固形物含量，果实的着色面积提高。

本试验结果表明，叶面喷施磷酸二氢钾可增加果树叶片质量，叶片的光合速率、蒸腾速率对植株的生长具有积极的作用。同时，叶面喷施磷酸二氢钾可提高红将军苹果果实的单果重、可溶性固形物、可溶性糖含量，但影响效果不显著。在本试验的喷施浓度范围内，随喷施浓度的增加，果实挥发性物质种类和含量呈增加趋势，果实中挥发性物质 α-法呢烯的含量大量减少，α-法呢烯是一种挥发性的倍半萜类物质，是苹果、梨等果实香气的重要组成成分之一，具有许多重要的生物学功能，是诱导虎皮病发生的重要因素，因此适度降低 α-法呢烯含量对果实品质具有积极作用。

四、喷施叶面肥对红将军苹果果实品质的影响

苹果外观品质主要是色泽、表光以及果个大小，内在品质主要与糖、酸、维生素 C 含量及风味物质有关。叶面施肥是迅速调节植物营养，补充果实养

分，提高果实品质的重要手段之一。本试验旨在探讨不同叶面肥对红将军苹果外观品质和内在品质的影响，筛选出应用效果较好的叶面肥指导果农在生产中应用。

1. 材料与方法

试验园位于烟台市福山区港城西大街 26 号烟台市农业科学研究院的品种试验园内，试验园面积 1.2 公顷，土层深厚，土壤肥沃，水浇条件好。砧木为八楞海棠，株行距 4 米×6 米，树形自由纺锤形整形，树高 3.5 米左右，树龄为 17 年生，果园常规管理，壁蜂授粉，人工疏果，进行全套袋栽培。供试品种为红将军。供试叶面肥为重庆神农科技有限公司生产的奇农素（含氨基酸的水溶性肥料，氨基酸≥10％，锌、硼≥2％）、磷酸二氢钾（韩国独资，潍坊晶园肥业有限公司生产的含 N、P_2O_5、K_2O、活性钙、稀土微量元素，总养分≥98％）。

实验设置 2 个处理，分别喷施奇农素、磷酸二氢钾，对照使用清水。奇农素按照厂方提供的最佳使用浓度为 0.067％、磷酸二氢钾按照常规使用的最佳浓度为 0.33％，每处理随机选取树势、负载量相似的 5 株树从苹果谢花后开始喷第一遍，以后每隔 10 天喷一遍，共喷 3 次，对照为喷清水。4 月 28 日喷第一遍，5 月 8 日喷第二遍，5 月 19 日喷第三遍。2015 年 9 月 15 日采取成熟果实，在各处理的每株树东、西、南、北四个方位的树体中部外围，随机取试验果实 20 个，每处理取 100 个果，进行果实品质指标测定。

果实常规品质的测定指标与方法。果实品质测定在烟台市农业科学研究院苹果育种实验室进行，每处理随机取 30 个果实用于测量果实纵径、横径、硬度、可溶性固形物含量与单果质量。果实纵径、横径和果柄长度利用电子数显游标卡尺进行测量。果形指数根据纵径与横径计算果形指数，果形指数＝纵径/横径。果实硬度利用 GY-1 型硬度计测定。果实可溶性固形物含量利用 LB50T 型手持式糖度计测量果实可溶性固形物含量。可溶性糖含量采用菲林试剂法测定。可滴定酸含量采用氢氧化钠滴定法测定。维生素 C 含量采用 2,6-二氯靛滴定法测定。

香气成分的测定指标与方法。果实挥发性成分的提取和测定参照王海波等的方法，果实挥发性成分的提取与测定分别利用 Perkin Elmer Turbo Matrix 40 Trap 顶空进样器和 Shimadzu GCMS-QP2010 气相色谱-质谱联用仪，采用静态顶空气相质谱色谱联用技术进行。挥发性成分的定量方法：未知化合物质谱图经计算机检索同时与 NIST05 质谱库相匹配，并结合人工图谱解析及资料分析，确认各种挥发性成分，按峰面积归一化法求得各化合物相对质量百分含量。

2. 结果与分析

（1）喷施叶面肥对红将军苹果常规品质指标的影响。从外观色泽看，喷施磷酸二氢钾处理的果实着色好于其他两个处理，喷奇农素处理的果实着色与喷清水对照区别不大。喷奇农素的果实平均单果重最重，磷酸二氢钾和清水对照果实质量差别不大；3 个处理的果形指数差异都不大；果实的可溶性固形物含量，喷施磷酸二氢钾的处理最高，其次是喷施奇农素的；果实硬度，喷施奇农素的硬度最高，对照最低；果实可溶性糖含量，喷施磷酸二氢钾处理最高，其次为喷施奇农素处理，对照最低；可滴定酸含量，喷施奇农素处理最高，对照最低；维生素 C 含量，喷施磷酸二氢钾处理最高，其次为喷施奇农素处理。综合比较，喷施磷酸二氢钾对提高红将军苹果的常规品质效果最好（表 3-7）。

表 3-7　喷施叶面肥对红将军果实常规品质的影响

处　理	单果重（克）	果形指数	可溶性固形物（%）	硬度（千克/厘米²）	可溶性糖（%）	可滴定酸（%）	每100克中维生素C（毫克）
奇农素	289.8±8.6	0.87±0.01	13.6±0.6	7.8±0.5	9.31±0.62	0.26±0.11	2.22±0.56
磷酸二氢钾	283.5±9.6	0.86±0.02	14.6±0.7	7.6±0.7	9.58±0.58	0.24±0.13	2.53±0.48
清水（CK）	282.5±8.8	0.85±0.01	13.3±0.5	7.2±0.5	9.04±0.56	0.22±0.14	1.67±0.52

（2）喷施叶面肥对果实风味物质的影响。喷施叶面肥对红将军果实风味物质的测定结果表明，3 个处理的红将军苹果果实的香气成分有一定的差别，但主要的香气成分还是酯类、醇类、醛类、烯类，主要的酯类物质为己酸己酯、乙酸己酯、己酸丁酯、异戊酸己酯等。叶面喷施奇农素、磷酸二氢钾能提高主要酯类物质的种类和含量，喷奇农素、磷酸二氢钾、清水对照的酯类物质总数分别为 23 种、22 种、18 种；酯类物质的含量分别为 70.92%、64.94%、62.19%，喷奇农素、磷酸二氢钾的红将军果实中含有丁酸丁酯、丙酸丁酯、乙酸戊酯、甲基丁酸丙酯、2-甲基辛酸丁酯，而清水对照则不含。醇类物质中，喷施叶面肥的正己醇的含量也高于清水对照，喷奇农素、磷酸二氢钾、清水对照的含量分别是 1.68%、2.16%、2.34%；叶醛（具有大众习惯的苹果清香气味）含量，喷叶面肥的也高于对照，喷奇农素、磷酸二氢钾、清水对照的含量分别是 3.52%、3.48%、2.88%；而烯类物质中的 α-法呢稀的含量，喷清水对照的高于喷叶面肥的，喷奇农素、磷酸二氢钾、清水对照的含量分别是 13.18%、19.58%、25.15%。α-法呢稀与苹果虎皮病发生有关，喷施奇农素、磷酸二氢钾降低了苹果中 α-法呢稀的含量，从而降低了苹果贮藏过程中虎皮病发生。

表 3-8　喷施叶面肥对红将军果实风味物质的影响

名　　称	相对含量（%）		
	奇农素	磷酸二氢钾	清水
酯类合计	70.92	64.94	62.19
N-乙酸丙酯	0.07	—	—

（续）

名　　称	相对含量（%）		
	奇农素	磷酸二氢钾	清水
醋酸丁酯	0.95	0.74	0.28
2-甲基丁基乙酸酯	0.93	0.55	0.22
2-甲基丁酸酯	—	—	0.04
丁酸丙酯	0.3	0.13	—
丙酸丁酯	0.07	0.06	—
乙酸戊酯	0.06	0.06	—
甲基丁酸丙酯	0.11	0.04	—
乙酸己酯	7.04	7.83	6.02
2-甲基丁酸丁酯	0.25	0.43	0.17
己酸丙酯	0.54	0.28	0.18
丙酸己酯	0.37	0.32	0.21
2-甲基丁酸戊酯	—	0.04	—
己酸丁酯	16.06	16.56	14.72
异戊酸己酯	19.05	18.6	14.5
2-甲基丁酸己酯	0.35	0.18	4.98
庚酸丁酯	—	0.86	0.82
（E）2-甲基己烯酸甲酯	0.06	0.05	0.05
苯甲酸丁酯	—	0.08	—
己酸戊酯	0.94	—	
己酸己酯	21.29	17.27	18.82
3-环戊基丙酸，2-甲基丙酯	—	0.07	0.06
三环戊基丙酸戊酯	—	—	0.06
2-甲基辛酸丁酯	0.35	0.18	
庚酸辛酯	—		0.21
己酸辛酯	0.27	—	—
丁基葵烯酸酯	0.85	0.12	0.21
反-2-乙酸己酯反式辛酸甲酯	0.08	—	—
（E，Z）反-2-顺-4-癸二烯酸乙酯	0.1	—	—
辛酸己酯	0.83	0.49	0.64
醇类合计	5.25	4.83	3.45
（S）-2-甲基-1-丁醇	3.14	2.49	2.34
正己醇	1.68	2.16	0.97

（续）

名　　称	相对含量（%）		
	奇农素	磷酸二氢钾	清水
1，3-辛二醇	0.43	0.07	0.11
辛醇	—	0.08	
1，2-二甲基十八烷二烯醇	—	0.03	
2-乙基-1-己醇	—	—	0.03
醛类合计	4.94	4.92	4.06
己醛	1.42	1.44	1.18
2-己烯醛（叶醛）	3.52	3.48	2.88
烯类合计	13.24	19.65	25.22
环庚三烯	0.06	—	—
α-法呢烯	13.18	19.58	25.15
三甲基乙酸香芹烯	—	0.07	—
金合欢烯	—	—	0.04
环氧化红没药烯	—	—	0.03
烷类合计	5.65	5.66	5.08
二苯基二羟基硅烷	—	0.06	—
八甲基环四硅氧烷	0.9	0.96	1.47
十甲基五硅氧烷	4.31	4.47	3.28
正十四碳烷	—	0.08	—
3-氟乙酸基十五烷	—	—	0.03
2，6，113-甲基十二烷	0.06	—	0.06
反式3，6二乙基己烷	0.38	0.09	0.24

对喷施叶面肥各处理的香气成分类别及总的含量进行分类汇总，结果表明，喷施磷酸二氢钾处理的香气种类最多，其次是喷施奇农素处理的，清水对照的香气成分种类最少；酯类的含量以喷施奇农素处理的含量和种类最多，其次是喷施磷酸二氢钾的处理，喷清水对照的酯类类别和含量最少，红将军属酯香型苹果品种，叶面喷施奇农素和磷酸二氢钾能增加红将军苹果的香气。

表3-9　喷施叶面肥各处理的香气成分类别及含量

香气类别	奇农素		磷酸二氢钾		对　　照	
	种类	百分比（%）	种类	百分比（%）	种类	百分比（%）
酯类	23	70.92	22	64.94	18	62.19

（续）

香气类别	奇农素		磷酸二氢钾		对 照	
	种类	百分比（%）	种类	百分比（%）	种类	百分比（%）
醇类	3	5.25	5	4.83	4	3.45
醛类	2	4.94	2	4.92	2	4.06
烯类	2	13.24	2	19.65	2	25.22
杂环类	4	5.65	5	5.66	5	5.08
合计	34	100	36	100	31	100

3. 结果与讨论

根据香味物质的构成，苹果可以分为两类：一类为酯香型，包括元帅系品种、富士、金冠等，其主要香气成分以酯类为主；另一类为醇香型，如红玉苹果品种，其特征成分以醇类物质为主。本试验测定结果表明，红将军苹果喷施奇农素、磷酸二氢钾、清水对照的酯类物质总量分别是 70.92%、64.94%、62.19%，是主要的香气物质，因此红将军苹果为酯香型，喷施奇农素、磷酸二氢钾的红将军果实中的酯类物质种类和总量都大于清水对照，所以喷奇农素和磷酸二氢钾能增加果实的香气风味。己烯醛（叶醛）具有大众习惯的苹果清香气味，本试验中喷奇农素和磷酸二氢钾的红将军果实中叶醛的含量高于对照，可提高苹果的清香气味。

田长平等研究认为香气物质种类及含量可作为果实耐贮性评价的指标之一。其主要原因可能是含有一种叫做α-法尼烯的挥发性的倍半萜类物质，这种物质是苹果、梨等果实香气的重要组成成分之一，具有许多重要的生物学功能，其含量与植物的冷害程度呈正相关，也是诱导虎皮病发生的重要因素。α-法尼烯在果肉细胞内产生，然后向苹果表皮迁移，在表皮角质层中积累，氧化为共轭三烯和其他氧化产物，共轭三烯聚合成不透氧的聚合物，导致有害物质积累，引发虎皮病。本试验测定结果表明，叶面喷施奇农素、磷酸二氢钾能降低α-法尼烯的含量，3个处理的含量分别是 13.18%、19.58%、25.15%，叶面喷施奇农素、磷酸二氢钾能否降低会红将军苹果贮藏期间虎皮病的发生，还需进一步试验。磷酸二氢钾一般是苹果生长后期使用，可提高果实的着色和含糖量，本试验在苹果谢花后连喷 3 遍磷酸二氢钾的效果与在苹果后期使用的效果相同，表现为果实着色好，可溶性固形物含量和总糖含量高于清水对照。

五、能百旺对红将军苹果品质和风味物质的影响

苹果品质包括果个大小与果形指数、果皮颜色和香气成分含量等感官品质指标，维生素 C、可溶性固形物、酸度等理化与营养品质指标，而树体营养、施肥

和外源植物生长调节剂等因素都会对果实品质产生较大的影响。红将军是烟台主要栽培的中晚熟苹果品种，课题组以红将军苹果品种为试材，研究了能百旺植物生长调节剂（主要成分是噻苯隆）对红将军叶片发育、果实品质和风味物质的影响，以期为优质果品生产提供技术支撑。

1. 材料与方法

（1）试验材料。试验药剂为江苏辉丰农化股份有限公司生产的能百旺（0.5%的噻苯隆）植物生长调节剂。供试品种为红将军。红将军试验园位于烟台市农业科学院的品种试验园内，试验园面积1.2公顷，土层深厚，土壤肥沃，水浇条件好。砧木为八楞海棠，株行距4米×6米，自由纺锤形整形，树高3.5米左右，树龄为17年生，果园常规管理，壁蜂授粉，进行全套袋管理。

（2）试验方法。2015年5月8日，苹果谢花后幼果期，在红将军品种上喷施能百旺植物调节剂，0.5%的噻苯隆使用浓度为0.04%。在生长季的7月用LI-6400型光合仪测定试验树的光合速率；9月用型号为SPAD-502Plus手持叶绿素仪测定试验树的叶绿素相对含量；9月15日果实成熟后随机选取处理和对照树各10株，每株东、西、南、北4个方位的树体中部外围，随机取试验果实10个，每处理取100个果，进行果实品质指标测定，利用电子数显游标卡尺测量果实纵径、横径和果柄长度；根据纵径与横径计算果形指数；利用GY-1型硬度计测定果实硬度；利用LB50T型手持式糖度计测量果实可溶性固形物含量；采用菲林试剂法测定可溶性糖含量，采用氢氧化钠滴定法测定可滴定酸含量，采用2，6-二氯靛滴定法测定维生素C含量。在济南果品研究院测定果实香气成分。

2. 结果与分析

（1）对红将军植株叶片生长的影响。喷施能百旺植物调节剂，植株叶片的百叶重、叶片叶绿色含量和光合速率均显著提高，叶片光合能力增强，叶片厚而大，制造养分的能力增强（表3-10）。

表3-10　喷施能百旺对红将军叶片质量的影响

处理	叶绿素（SPAD）	光合速率［微摩尔CO$_2$／（米^2·秒）］	百叶重（克）
能百旺	59.49	24.99	98.38
对照	57.64	24.23	84.23

（2）对红将军果实常规品质的影响。测定结果表明，叶面喷施能百旺，果实的平均单果重、果形指数、可溶性固形物含量、果实硬度、可溶性糖、可滴定酸和维生素C含量均显著提高，分别比对照高21.0g、0.04、0.3%、0.2千克/厘米^2、0.18%、0.07%和0.24毫克/100克，能够显著增大果实果个，提高果形指数和内在品质（表3-11）。

表 3-11　喷施能百旺对红将军果实常规品质的影响

处理	单果重（克）	果形指数	可溶性固形物含量（%）	硬度（千克/厘米²）	可溶性糖（%）	可滴定酸（%）	每100克果肉中维生素C含量（毫克）
能百旺	266.8	0.89	13.6	7.4	9.03	0.29	1.71
对照	245.8	0.85	13.3	7.2	8.85	0.22	1.47

（3）喷施能百旺对红将军果实香气成分的影响。测定结果表明，喷施能百旺后，红将军果实中共检测出香气成分 35 种，其中酯类物质 23 种、醇类物质 5 种、烯类物质 3 种，分别占香气成分总相对含量的 64.37%、9.29% 和 12.66%；而对照处理中，共检测出香气成分 27 种，其中酯类物质 17 种、醇类物质 3 种、烯类物质 3 种，分别占香气成分总含量的 68.63%、1.42% 和 16.38%。喷施能百旺的红将军果实中，主要酯类成分乙酸-2-甲基-1-丁酯、己酸丁酯、2-甲基丁酸己酯、乙酸己酯的相对含量分别为 13.06%、13.71%、12.65% 和 8.52%，而对照中的相对含量分别为 10.22%、14.72%、14.81% 和 5.02%。叶面喷施能百旺能显著增加果实中的风味物质种类，改变香气成分相对含量。2-己烯醛具有特殊的苹果清香气味，喷施能百旺的红将军果实 2-己烯醛相对含量为 4.36%，高于对照的 3.88%。

表 3-12　叶面喷施能百旺对红将军果实风味物质的影响

名　称	相对含量/%	
	能百旺	对照
酯类合计	64.37	68.63
N-乙酸丙酯	0.1	—
醋酸丁酯	2.44	4.28
2-甲基丁酸乙酯	0.08	0.04
乙酸-2-甲基-1-丁酯	13.06	10.22
丁酸丙酯	0.59	—
丙酸丁酯	0.38	—
乙酸戊酯	0.37	—
甲基丁酸丙酯	0.21	—
甲酸庚酯	0.13	—
乙酸己酯	8.52	5.02
2-甲基丁酸丁酯	0.95	5.17
丁酸-2-甲基丁酯	0.1	—
己酸丙酯	0.51	0.18

（续）

名　称	相对含量/%	
	能百旺	对照
丙酸己酯	0.61	0.21
3-甲基丁酸丁酯	0.06	—
2-甲基丁酸戊酯	0.05	—
己酸丁酯	13.71	14.72
2-甲基丁酸己酯	12.65	14.81
2-甲基己酸丁酯	0.09	0.17
己酸辛酯	0.26	—
己酸己酯	9.23	3.82
辛酸异戊酯	0.09	—
辛酸己酯	0.18	0.64
庚酸丁酯	—	2.82
（E）-2甲基-2-丁烯酸己酯	—	3.05
三环戊基丙酸戊酯	—	0.06
丁基癸烯酸酯	—	3.21
庚酸辛酯	—	0.21
醇类合计	9.29	1.42
2-甲基-1-丁醇	2.03	0.34
1-戊醇	0.09	—
正己醇	6.86	0.97
3-癸炔-2-醇	0.17	—
1，3-辛烷二醇	0.14	0.11
醛类合计	5.38	4.06
己醛	1.02	0.18
2-己烯醛	4.36	3.88
酮类合计	0.08	0
10-甲基-3，4，5，6，9，10-六氢氧杂环辛三烯-2-酮	0.08	—
烯类合计	12.66	16.38
环庚三烯	0.07	—
α-法呢稀	12.53	16.31
香芹烯	0.06	—
金合欢烯	—	0.04
环氧化红没药烯	—	0.03

（续）

名　称	相对含量/%	
	能百旺	对照
杂环类合计	0.07	0.33
3-氟乙酸基十五烷	——	0.03
2，6，113-甲基十二烷	——	0.06
反式 3，6 二乙基己烷	0.07	0.24

3. 结果与讨论

使用植物生长调节剂，是目前国内外苹果生产上普遍采用的一种技术措施。刘珍叶等研究了叶面喷施"926"植物生长调节剂，能够提高苹果产量，增加果实含糖量和果实着色率。薛晓敏等研究了益果灵、宝丰灵、果美丰、施威 4 种果形剂对红星苹果果实外观及内在品质的影响，认为宝丰灵 300 倍和施威 300 倍，能显著提高果形指数，并可提高可溶性固形物含量，改善果实品质。能百旺的主要成分是噻苯隆，是一种新型植物生长调节剂，属苯基脲类衍生物，具有很强的细胞分裂活性，能诱导植物细胞分裂、保花保果，加速果实发育和增产的作用，在苹果上应用能够使果实具有高桩化趋势。从本试验红将军上的应用结果看，在苹果花期到谢花后，叶面喷施噻苯隆，叶片厚大、浓绿，植株叶片的叶绿素相对含量、叶片的光合速率显著提高，增大果个，提高果形指数和可溶性固形物含量，果实中的风味物质种类也相对增加，果实内外在品质得到明显改善。

六、红将军品种化学疏花疏果试验

苹果的疏花疏果是当前苹果生产中确保果实质量和产量稳定的有效措施，但人工疏花疏果费工费时，一般要占全年管理作业的 20%～25%，因此研究化学疏花疏果对于节省人力、降低成本具有重要意义。关于化学疏花疏果，不少学者在葡萄、樱桃、梨，以及国光、红星、金冠、红富士等苹果品种上进行过探究，但截至目前还未见其在红将军苹果上的相关报道。为此，我们研究了石硫合剂、有机钙制剂两种药剂对红将军苹果的疏除效果及对果实品质的影响，旨在为苹果生产提供技术参考。

1. 材料与方法

（1）试验材料。试验于 2011 年在烟台市农业科学研究院果树研究所品种园进行。试材为 14 年生红将军，株行距 4 米×6 米，南北行向，行间人工生草，砧木为八棱海棠，土壤为壤土，树体生长、结果正常，管理水平中等偏上。试验所用药剂为石硫合剂（45%结晶粉，青岛农冠农药有限责任公司）和有机钙制剂

（课题组配制，主要成分为蚁酸钙）。

（2）试验处理。石硫合剂浓度为 100 倍，有机钙制剂浓度为 20 克/升，单株小区，10 次重复。用小型动力喷雾器于盛花期和落花期（盛花后 10 天）喷布 2 次，对照喷清水。喷后选代表性主枝调查处理花序数和花朵数，生理落果后调查坐果率和空台率。果实成熟后选 50 个有代表性果实，测量果实单果重、纵横经、果面色泽、果肉硬度、可溶性固形物含量、可溶性糖含量和可滴定酸含量。

（3）测定方法。单果重用电子台秤称量，果实纵横径用数显游标卡尺测量，果实去皮硬度用 GY－1 型果实硬度计测量，可溶性固形物含量用数显糖量计测定，果面色泽用日本产 CI－410 色差计测定，可溶性总糖测定用盐酸转化-铜还原-直接滴定法，可滴定酸测定用酸碱中和滴定法。

2. 结果与分析

（1）化学疏果剂的疏花疏果效果。两种药剂处理均降低了坐果率，石硫合剂和有机钙制剂处理花朵坐果率分别为对照的 89.40％和 91.03％，花序坐果率分别为对照的 84.45％和 87.32％。药剂处理使空台率升高，石硫合剂和有机钙制剂处理空台率分别为对照的 1.83 倍和 1.71 倍。药剂处理后单果比例大幅度升高，分别达对照的 1.41 倍和 1.55 倍；双果和其他果比例则降低，双果比例处理为对照的 92.71％和 66.80％，其他果比例处理为对照的 68.10％和 69.52％。综合比较两种药剂的疏除效果，石硫合剂的疏除效果高于有机钙制剂，坐果率和空台率前者均高于后者；留果均匀性方面则有机钙制剂优于石硫合剂，单果比例后者显著高于前者（表 3-13）。

表 3-13　化学药剂对红将军苹果的疏除效果

处理	坐果率（%）		空台率（%）	坐果比例（%）		
	花朵	花序		单果	双果	其他
石硫合剂	32.9 (89.40)	72.8 (84.45)	27.2 (183.78)	62.8 (141.76)	22.9 (92.71)	14.3 (68.10)
有机钙制剂	33.5 (91.03)	74.4 (87.32)	25.4 (171.62)	68.9 (155.53)	16.5 (66.80)	14.6 (69.52)
CK	36.8	85.2	14.8	44.3	24.7	21.0

注：括号内数字为处理与对照的百分比。

（2）化学疏果剂处理对果实品质的影响。

①对单果重的影响。由试验结果可见，化学药剂处理对单果重影响很小，石硫合剂处理平均单果重仅比对照低 0.4 克，有机钙制剂处理平均单果重比对照降低 11.7 克，降幅为 4.59％。

②对果形指数的影响。与对照相比，药剂处理使果形指数变大，果形变好。石硫合剂对果形的影响较小，增长幅度为 1.20％；有机钙制剂对果形的影响较大，果形指数增幅为 2.41％。

③对果实色泽的影响。色差计的测定指标 L* 表示亮度，其值越大，亮度越大，光洁度越好；a* 和 b* 表示色度，a* 正值越大红色越重，负值越大绿色越重，b* 正值越大黄色越重，负值越大蓝色越重。由表 3-14 可见，药剂处理较对照果面光洁度好，L* 值分别较对照提高 3.94％和 2.17％；药剂处理果面红色较对照变淡，而底色黄色较对照加重。两种药剂之间果面色泽指标相差无几。

④对果实硬度的影响。试验结果表明，药剂处理对果实硬度的影响不一。石硫合剂处理较对照果肉硬度降低，降幅为 1.0％；有机钙制剂处理较对照果肉硬度增高，增幅为 3.97％。

⑤对果实可溶性固形物含量的影响。从表 3-14 可以看出，与对照相比，化学药剂处理均使可溶性固形物含量升高。石硫合剂处理较对照可溶性固形物含量增高了 0.81％，增幅为 6.77％；有机钙制剂处理较对照可溶性固形物含量增高了 0.99％，增幅为 8.28％。

表 3-14 化学药剂处理对红将军苹果果实品质的影响

处理	单果重（克）	果形指数	果面色泽			果实硬度（千克/厘米²）	可溶性固形物（％）	可溶性糖（％）
			L*	a*	b*			
石硫合剂	254.2	0.84	68.20	18.76	26.68	8.16	12.76	11.2
有机钙制剂	242.9	0.85	67.04	18.67	26.62	8.63	12.94	11.3
CK	254.6	0.83	65.61	21.59	25.27	8.30	11.95	9.6

⑥对果实可溶性糖含量的影响。与对照相比，化学药剂处理均使可溶性固形物含量升高。石硫合剂处理较对照可溶性固形物含量增高了 0.81％，增幅为 6.77％；有机钙制剂处理较对照可溶性固形物含量增高了 0.99％，增幅为 8.28％。

⑦对果实可滴定酸含量的影响。与对照相比，化学药剂处理均使可溶性固形物含量升高。石硫合剂处理较对照可溶性固形物含量增高了 0.81％，增幅为 6.77％；有机钙制剂处理较对照可溶性固形物含量增高了 0.99％，增幅为 8.28％。

3. 讨论

石硫合剂疏花机理是灼伤雌蕊柱头，通过对花器的伤害阻碍授粉受精；有机钙制剂疏花作用是通过抑制柱头的活性而阻止受精。两者仅影响尚未经受精正在开放花的授粉受精过程。Guy witeny 提出苹果疏花剂要保证中心花坐果，疏除边花。因此本试验在喷施时期上选择盛花期及盛花后，结果表明连喷两次石硫合剂 100 倍、有机钙制剂 20 克/升，均有较好的疏除效果，花朵坐果率较对照降低 10％左右，花序坐果率较对照降低 15％左右；单果花序比例高，分别达对照的

1.41倍和1.55倍。

对化学疏除剂另一个重要要求是对果实品质没有严重不良影响。石硫合剂和有机钙制剂主要是疏花，直接杀伤花器官，对果实的影响不直接。薛晓敏等试验表明，石硫合剂对红富士单果重、果肉硬度、可溶性固形物和果实色泽等方面均没有不良影响；孟玉平等应用有机钙制剂也存在相似的结果。本试验结果显示，药剂处理果形指数、果面光洁度和可溶性固形物含量较对照存在不同程度的提高，而对单果重、果面色泽、果肉硬度等影响不大。

七、不同授粉品种对红将军苹果坐果率及果实品质的影响

不同授粉品种对果实的品质产生影响，使果实规格、形态、色泽、糖酸含量等发生改变的，被称为花粉果实直感现象，因此通过花粉直感影响果实的内外品质对苹果的发展极为重要。本文从授粉后统计早熟富士苹果的坐果率及果实品质入手，研究了各授粉品种对早熟富士苹果果实内在品质（糖、酸、可溶性固形物、香气成分、维生素C含量等）和外在品质（果形指数、果实质量、果皮颜色等）并分析其差异，以期筛选出早熟富士苹果的专用授粉品种。

1. 材料和方法

（1）试验材料。苹果的授粉试验采用的花粉主要是根据成熟期、果个大小、口感的不同各挑选几种适合的授粉树，为'皮诺瓦''红露''丰艳''红肉海棠''八棱海棠''青香''金铃''丰艳'等。本试验在山东省烟台市农业科学研究院苹果试验基地进行，果园内综合管理水平一般，外部条件基本保持一致。

（2）试验方法。采粉：于各品种在大铃铛花期选择即将开放的铃铛花，一个花序采中心花加边花1~2朵（切忌摘取整个花序），采集后置于阴凉处。次日用镊子剥取花药，在23~25℃下烘干制粉，使其花药干裂。将干燥好的花粉保存在干燥的带盖小瓶中，贴上标签后置于4℃冰箱中备用。

授粉：选取树势中庸、通风透光良好、长势基本一致的相邻红将军苹果树17株，每株选4个方位和长势基本一致的单枝，以单株为小区（授粉处理），采用随机排列的方法设置17个授粉处理。在铃铛花期，疏除过多、过密、已开及弱小的花序，使保留下的花序间距大致为20厘米，去边花保留中心花，每枝选100个花序，每个花絮留2朵即将开放的花并计数，于花开当天用笔头人工点授花粉，授粉后套袋并挂牌标记。10天后去袋进行第一次坐果率调查。

品质测定：成熟后各随机采收30个果进行内外品质的测定。果实横径、纵径采用游标卡尺测量；单果重由电子天平测得；硬度采用GY-3型果实硬度计测量；可溶性固形物采用手持糖度仪测定；可溶性糖含量用斐林试剂测定；可滴定酸采用NaOH滴定测定；维生素C含量采用2，6-二氯靛酚溶液进行测定。

所有试验测定均为 3 次重复，试验结果取 3 次重复的平均值，数据分析采用 Excel 2003 进行统计分析。

2. 结果与分析

（1）各授粉树对富士苹果坐果率的影响。对富士果树在授粉（2017 年 4 月 18 日）后 10 天进行坐果率统计，由表 3-15 可以得出，给早熟富士果树授粉，除海棠 211 以外，花朵坐果率都在 70% 以上，均可以作为授粉树。其中华硕的花朵坐果率是最高的（96.14%），红肉海棠的花朵坐果率与其相差不大（96.05%）。而海棠 211 的花朵坐果率是最低的（65.13%）。

表 3-15　不同授粉品种对早熟富士苹果授粉后的坐果率

授粉品种	花（个）	果（个）	坐果率（%）
华硕	233	224	96.14
西施红	177	170	96.05
丰艳	203	191	94.09
印度青	167	155	92.81
红肉海棠	175	162	92.57
青香	224	207	92.41
130	215	197	91.63
金铃	203	185	91.13
皮诺瓦	150	132	88.00
金都嘎拉	264	230	87.12
红露	294	251	85.37
华金	201	170	84.58
粉红女士	205	163	79.51
乔纳金	225	174	77.33
红露实生 65	188	144	76.60
红玉	201	144	71.64
海棠 211	195	127	65.13

（2）授粉树对富士苹果果实品质的影响。近年来，消费者对果实品质的要求越来越高，除了果品的内在质量以外，果实外观品质也是一个重要方面。色泽是果实重要的商品品质，是由各种不同的色素引起的，它与果实成熟期光照、温度、钾素含量、环境水分密切相关。色泽是果实外观品质中的核心指标，对果实及其加工产品的商品价值有重要影响。从外观色泽来看，红露颜色最佳，红肉海棠次之，金都嘎拉上色最差。

表 3-16 授粉品种授粉后富士苹果的果实品质

品种	果形指数	单果重（克）	可溶性固形物（%）	硬度（千克/厘米^2）	糖酸比	每 100 克果肉维生素 C 含量（毫克）
红露	0.83	166.22	18.4	6.53	61.764	3.887
皮诺瓦	0.91	249.67	14.0	6.84	48.594	3.533
丰艳	0.89	271.19	13.3	5.87	61.080	2.827
红肉海棠	0.88	251.61	15.1	6.07	54.241	2.827
乔纳金	0.92	273.04	14.1	7.04	49.325	2.591
青香	0.88	284.52	14.1	7.2	53.383	2.120
金铃	0.9	347.42	14.5	7.14	35.781	2.944
西施红	0.87	281.00	13.8	6.3	52.671	2.120
211	0.91	275.64	14.8	6.66	47.340	2.827
130	0.88	250.96	12.8	6.38	53.828	2.120
红玉	0.86	304.89	14.3	6.01	49.504	3.062
印度青	0.88	288.47	14.1	6.44	49.936	2.356
华金	0.86	241.12	12.1	5.83	58.561	2.002
金都嘎拉	0.91	256.04	12.2	6.34	48.762	2.827
红露实生 65	0.89	284.58	13.6	6.33	47.378	1.531
华硕	0.83	251.53	13.5	6.89	50.143	2.591
粉红女士	0.85	296.79	12.9	6.49	45.772	2.473

果形是一种商品品质，高桩的果实外表比较诱人，果形高低程度常用果形指数（纵径/横径）表示，一般苹果果形指数 0.85 以上为长圆形，0.85～0.8 为圆形，小于 0.8 则为扁圆形。从果形指数来看，不同授粉品种对早熟富士苹果果形指数影响较小，其果形指数介于 0.83～0.92，其中乔纳金的纵横比是最大的（0.92），说明乔纳金是高桩果实，果形周正；其次为皮诺瓦、金铃、金都嘎拉（三者纵横比一致，为 0.91）。综合比较，说明果实花粉直感现象在果型指数方面有一定影响，但差异不显著。

通过单果重比较可以看出，不同授粉品种对早熟富士苹果的单果重影响较大，其中金铃的单果重最大（347.42 克），其次是红玉（304.89 克），红露的单果重最小，只有 166.22 克。分析得出，各授粉品种对富士授粉后果实单果重差异显著，花粉直感现象明显。

采收后对各授粉品种授粉的早熟富士苹果进行可溶性糖和可滴定酸的测定。结果表明，不同授粉品种对富士苹果果实中可溶性糖、可滴定酸及糖酸比均有影响，但对可滴定酸影响稍小，其中糖酸比的比值越高，口感越好。由表 3-16 可以看出,红露、丰艳的糖酸比相差极小,分别为 61.764、61.08。但金铃的糖酸比(35.781)相对来说就小很多,因此口感最差。综合分析得出,不同授粉处理对果实内糖酸比有显著影响,花粉直感现象明显。各授粉品种对早熟富士授粉,成熟后果实中维生素 C 含量差异较大,红露的维生素 C 含量是最高的(每 100 克果肉含维生素 C 3.887 毫克),红玉和皮诺瓦的含量也均在 3.5以上。但红露实生 65 号的维生素 C 含量较低,仅为每 100 克果肉含维生素 C 1.531 毫克。

3. 讨论与结论

用不同授粉品种对早熟富士苹果进行授粉,从坐果率来看,华硕的花朵坐果率是最高的,大部分授粉品种坐果率是足够进行授粉的,但红玉的坐果率最低,低于 70%。而各授粉品种对早熟富士苹果进行授粉试验,苹果果实的硬度相差不大,均在 5.83~7.14 范围内,且硬度都不小,说明其耐贮性好。对早熟富士果树授粉果实的单果重差异较大,金铃与红玉的单果重很大,高达 300g 以上;而红露的单果重过小,仅 166.2 克。果型指数从 0.83~0.92 不等,其中果形指数在 0.88 以上的有 11 个品种,果形端正、美观。外观品质花粉直感效应明显,但无规律可循。

授粉品种对果实品质的影响主要是由于授粉受精程度的不同,该实验结果表明,授粉品种的不同对富士苹果果实内外品质均有影响。由上述分析得到,各授粉品种对富士苹果授粉,果实的单果重差异显著,其中,金铃和红玉的单果重最高,这与杜习奎的结论相符。据文献记载,苹果的风味主要取决于果实糖酸含量及糖酸比,果实风味优良的苹果品种其糖酸比在 20~60,比值越低酸味越浓,比值越高甜味越浓。在可溶性固形物指标中,红露的可溶性固形物含量最高。

综上比较赋值分析得出,红露在可溶性固形物、颜色、糖酸比、维生素 C 的指标均位列第一,皮诺瓦位居第二,但红露的单果重过小、果形指数不佳,故选用皮诺瓦给早熟富士苹果授粉果实综合品质最佳,可作为专用授粉树用于生产。

八、采收期及贮藏期对红将军苹果贮藏品质的影响

红将军苹果是日本从早熟富士中选育的浓红型芽变,其果实色泽艳丽且果实高桩,成熟期比红富士提前 30 天左右,有较强的市场竞争力,是一个优良的中熟苹果品种。随着生活水平的日益提高,消费者不仅仅关注苹果的外观品质,也越来越重视苹果的香味。本试验通过测定红将军苹果不同采收期的营养指标与挥发性香气成分等指标在贮藏过程中的变化,对不同采收期苹果的贮藏品质进行全面比较分析,探究采收期对苹果贮藏品质的影响,以期为红将军苹果适期采收提

供参考依据。

1. 材料与方法

（1）材料与试剂。中熟苹果中优质且具有特色的红将军苹果：采摘于烟台市农业科学研究院试验果园，每次采摘苹果果实 30 千克，采收后贮存于（0±1）℃冷库，在测定前 12 小时取出，放至常温后进行测定。苹果品种及采摘时间如表 3-17 所示。

表 3-17 苹果品种及采摘时间

苹果品种	编　号	采摘时间（年-月-日）
红将军	红将军（A）	2015-09-15
	红将军（B）	2015-09-22
	红将军（C）	2015-09-29

氢氧化钠（分析纯）：天津市光复科技发展有限公司；蔗糖（分析纯）：天津市科密欧化学试剂有限公司；抗坏血酸（优级纯）：天津市光复精细化工研究所；2，6-二氯靛酚（指示剂）：生工生物工程股份有限公司；FC 试剂：北京索莱宝科技有限公司。

（2）仪器与设备。TDL-60B 台式低速离心机：上海圣科仪器设备有限公司；WFZ UV-2000 紫外分光光度计：尤尼柯仪器有限公司；DS-1 型高速组织捣碎机：金坛万华仪器公司；GCMS-QP2010 型气相质谱仪：日本岛津公司；手动 SPME 进样手柄、萃取头（75μm CAR/PDMS）：美国 Supelco 公司。

（3）方法。参照农业行业标准 NY/T 2637—2014《水果和蔬菜可溶性固形物含量的测定折射仪法》测定可溶性固形物；用斐林试剂法测定可溶性糖；用酸碱滴定法测定可滴定酸；用 2，6-二氯靛酚滴定法测定维生素 C；用福林酚法测定总酚。

挥发性香气成分样品的测定步骤：将果实去核后放入组织捣碎机中捣碎，迅速称取 6 克（精确到 0.001 克）的样品放在 15 毫升萃取瓶中，并加入 0.3 克氯化钠，搅拌均匀后用橡胶隔片密封。在 60℃水浴条件下将样品瓶放置在恒温磁力搅拌器中平衡 10 分钟，之后用已经老化的纤维萃取头萃取 50 分钟。

GC-MS 的分析条件：将萃取头放于气相色谱仪进样口，在 230℃下解吸 5 分钟。色谱柱：DB-Wax（30 米×0.25 毫米，0.5 微米）；进样口温度：250℃；初始温度为 40℃，保持 3 分钟，以 8℃/分钟升温到 80℃后保持 1 分钟，以 9℃/分钟升温到 130℃后保持 1 分钟，最后以 6℃/分钟升温到 230℃后保持 5 分钟。载气为氦气，分流比为 1∶10，流速为 1.0 毫升/分钟。质谱条件：离子源温度：200℃；电离方式：EI；电子能量：70 电子伏特；质量扫描范围：33～450 质子数/电荷数。

2. 结果与分析

（1）营养指标分析。不同采收期的红将军苹果在贮藏过程中营养指标测定结果如表3-18所示。

表3-18　不同采收期苹果贮藏期间的营养品质

营养指标	贮藏时间（天）	红将军（A）	红将军（B）	红将军（C）
可溶性固形物（%）	0	$12.37^b \pm 0.05$	$12.53^c \pm 0.05$	$13.50^c \pm 0.08$
	60	$13.03^c \pm 0.05$	$12.33^b \pm 0.05$	$12.80^b \pm 0.08$
	120	$11.17^a \pm 0.12$	$12.17^a \pm 0.05$	$12.07^a \pm 0.05$
可溶性糖（%）	0	$11.43^b \pm 0.01$	$14.14^c \pm 0.01$	$16.16^c \pm 0.01$
	60	$12.71^c \pm 0.01$	$13.87^b \pm 0.01$	$14.97^b \pm 0.01$
	120	$10.82^a \pm 0.01$	$13.54^a \pm 0.01$	$13.49^a \pm 0.01$
可滴定酸（%）	0	$0.27^c \pm 0.01$	$0.25^b \pm 0.01$	$0.23^b \pm 0.01$
	60	$0.22^b \pm 0.01$	$0.24^c \pm 0.01$	$0.17^a \pm 0.01$
	120	$0.20^a \pm 0.01$	$0.21^a \pm 0.01$	$0.16^a \pm 0.01$
维生素C（毫升/100克）	0	$2.75^c \pm 0.16$	$5.13^c \pm 0.05$	$3.96^c \pm 0.05$
	60	$1.73^b \pm 0.09$	$2.03^b \pm 0.05$	$1.96^b \pm 0.05$
	120	$1.29^a \pm 0.05$	$1.46^a \pm 0.05$	$1.40^a \pm 0.05$
总酚（毫升/100克）	0	$596.94^c \pm 1.14$	$541.49^c \pm 0.97$	$391.57^c \pm 0.99$
	60	$418.09^a \pm 1.12$	$383.73^a \pm 1.12$	$322.48^a \pm 1.12$
	120	$511.63^b \pm 1.09$	$433.16^b \pm 1.09$	$347.02^b \pm 1.09$

注：不同字母表示不同成熟期间同一指标的显著性差异水平为 $p < 0.05$（Duncan's 新复极差法）。

在红将军苹果贮藏期间，果实腐烂现象极少，硬度和重量变化较小，因此主要测定了红将军苹果的营养指标。由表3-18可知，红将军（A）可溶性固形物和可溶性糖含量在贮藏期间呈现先上升，后下降的趋势，而红将军（B）和红将军（C）可溶性固形物和可溶性糖含量均显著降低（ $p < 0.05$ ），这主要是因为红将军（A）提前采收，果实内含有淀粉，这些淀粉在贮藏期间逐渐转化为糖，而后采收的红将军（B）和红将军（C）果实完全成熟，果实内含淀粉极少。由于果实在贮藏期间的呼吸作用会消耗糖，因此，后采收的苹果果实中可溶性固形物和可溶性糖含量逐渐降低。不同采收期的苹果可滴定酸和维生素C含量在贮藏期间均显著降低（ $p < 0.05$ ），有机酸作为呼吸底物被消耗，而维生素C不稳定，易被氧化，因此二者会呈现下降趋势。不同采收期的苹果总酚含量在贮藏期间均呈现先下降（ $p < 0.05$ ），后上升（ $p < 0.05$ ）的趋势。有研究表明，总酚含量下降是由于苹果呼吸代谢自然消耗，之后含量上升是因为苹果处于低温环境而做出的适应性变化，以抵抗不良环境对其呼吸的影响。苹果的总酚含量以及酚类单体

表 3－19　红将军在贮藏期间挥发性香气成分的变化

香气成分含量（微克/千克）

香气成分	保留时间(分钟)	红将军(A)			红将军(B)			红将军(C)		
		0天	60天	120天	0天	60天	120天	0天	60天	120天
(S)-丙氨酸乙基酰胺	1.399	14.1±1.2	59.3±3.8	35.1±2.1	31.7±3.1	53.5±2.4	37.0±3.5	37.5±5.1	51.6±4.3	44.0±3.5
乙醛	1.969	n.d.	13.0±1.6	6.7±0.8	n.d.	13.7±0.6	9.1±1.6	n.d.	16.4±2.2	n.d.
丁酸甲酯	4.470	n.d.	n.d.	24.1±1.4	n.d.	n.d.	29.8±3.7	n.d.	n.d.	n.d.
正乙酸丙酯	5.598	11.0±1.3	6.2±2.8	5.0±1.0	8.6±1.7	12.1±1.7	n.d.	24.1±1.7	19.4±0.4	5.6±0.3
丁酸乙酯	6.945	8.7±0.8	11.0±2.2	12.3±1.3	13.7±3.1	17.0±4.7	9.0±1.2	n.d.	31.4±6.9	7.5±2.6
丙酸丙酯	7.136	8.5±3.1	n.d.	9.9±1.3	7.3±0.8	n.d.	n.d.	11.1±3.1	29.9±4.1	n.d.
2-甲基丁酸乙酯	7.304	7.3±2.3	2.8±2.3	20±16.1	8.2±2.5	n.d.	17.2±2.1	6.8±1.5	5.2±0.3	n.d.
乙酸丁酯	7.735	152.3±32.5	621.3±71.1	501.9±64.1	194.4±22.7	576.1±52.3	392.7±24.3	328±29.8	543.3±27.5	281.6±18.1
己醛	7.951	231.2±96.7	558.2±20.7	233.1±36.1	399.3±42.2	278.1±23.9	296.3±26.9	399.4±33.5	331.1±31.8	254.9±13.1
己酸甲酯	8.668	n.d.	n.d.	11.3±2.8	n.d.	n.d.	17.6±3.8	n.d.	n.d.	n.d.
2-甲基丁基乙酸酯	8.753	269.8±30.5	489.9±37.4	386.6±41.5	367.5±52.1	810.7±26.1	531.2±68.8	587.1±47.8	887.7±66.1	406.9±74.6
丙酸丁酯	9.125	12.6±3.4	17.2±4.4	16.7±1.1	51.9±6.3	21.7±1.5	7.5±2.2	16.4±1.5	26.6±7.4	6.7±1.1
2-甲基丁酸丙酯	9.199	15.2±5.8	13.3±13	n.d.	37.4±4.8	15.0±2.2	n.d.	27.7±1.1	23.1±5.3	3.9±0.7
2-甲基丁酸丁酯	9.800	n.d.	n.d.	32.9±5.9	n.d.	n.d.	22.8±3.7	n.d.	n.d.	n.d.
1-丁醇	9.824	27.5±3.6	66.2±8.5	60.6±11.3	26.9±3.3	115.6±9.5	55.0±8.6	35.2±2.4	107.0±8.1	70.7±9.0
乙酸戊酯	10.134	12.7±2.3	56.0±5.7	23.3±3.0	14.1±2.6	51.8±3.1	25.5±2.9	31.2±4.2	56.9±6.9	23.4±4.6
1-丁基二十二烷酸酯	10.452	n.d.	n.d.	22.5±1.3	23.8±2.1	n.d.	2.9±1.4	n.d.	n.d.	n.d.
2-甲基-1-丁醇	11.186	30.0±10.4	42.6±7.4	31.4±3.6	n.d.	n.d.	n.d.	43.7±4.4	97.6±14.7	60.5±9.0
丁酸丁酯	11.242	9.0±2.8	66.1±8.7	n.d.	8.4±2.2	132.5±17.8	n.d.	19.7±2.3	25.7±2.1	n.d.

（续）

香气成分	保留时间（分钟）	红将军（A）			红将军（B）			红将军（C）		
		0天	60天	120天	0天	60天	120天	0天	60天	120天
2-己烯醛	11.453	670.9±37.8	1528.3±49.4	827.0±52.8	507.5±53.3	670.6±76.9	854.5±61.7	1022.8±103.9	1221.9±104.7	799.0±39.7
己酸乙酯	11.533	169.7±48	259.3±24.6	41.1±2.6	114.0±12.4	305.1±19.8	56.8±2.1	252.0±35.2	346.9±23.2	68.8±3.9
丁酸戊酯	11.733	n.d.	n.d.	3.0±0.9	n.d.	n.d.	n.d.	n.d.	n.d.	n.d.
1-戊醇	12.159	n.d.	12.0±1.4	n.d.	n.d.	22.4±2.2	2.2±0.2	n.d.	24.9±1.9	3.2±0.2
丁酸-2-甲基丁酯	12.250	n.d.	2.5±0.6	3.1±0.9	n.d.	4.3±0.7	n.d.	n.d.	n.d.	5.0±0.1
乙酸己酯	12.475	78.2±16.3	362.2±34.9	424.3±12.8	110.1±6.3	436.2±34.7	181.8±20.0	192.8±2.1	483.0±33.0	212.9±32.5
辛醛	12.902	8.4±1.8	n.d.	7.9±1.8	7.3±0.9	n.d.	n.d.	21.6±3.5	n.d.	n.d.
2-甲基-丁酸-2-甲基丁酯	13.395	n.d.	n.d.	4.2±1.2	n.d.	n.d.	n.d.	n.d.	n.d.	7.1±1.3
己酸丙酯	13.426	6.2±0.3	n.d.	13.6±1.2	10.1±2.9	n.d.	6.3±1.7	15.0±0.8	18.3±1.3	10.1±1.6
2-甲基丁酸戊酯	13.546	n.d.	7.9±1.2	2.8±0.1	n.d.	n.d.	1.5±0.7	n.d.	n.d.	3.6±1.6
戊酸戊酯	13.598	n.d.	n.d.	n.d.	n.d.	n.d.	12.1±2.5	n.d.	n.d.	n.d.
2-己烯-1-醇乙酸酯	13.763	42.4±10.4	35.6±3.6	18.1±2.9	49.2±6.8	56.9±4.1	28.2±2.2	108.0±9.7	31.5±4.3	10.6±1.0
丙酸己酯	13.819	n.d.	n.d.	7.1±1.2	n.d.	n.d.	n.d.	n.d.	n.d.	3.1±1.1
6-甲基-5-庚烯-2-酮	13.933	8.6±3.1	18.5±3.8	21.7±2.2	6.5±1.2	10.0±2.1	3.8±1.9	11.7±1.2	n.d.	13.9±2.5
1-己醇	14.224	209.3±98.5	261.4±17.5	110.8±21.5	136.7±45.6	377.3±47.1	91.8±6.2	191.9±26.9	439.1±51.1	139.4±19.4
醋酸	14.25	n.d.	n.d.	17.8±1.7	n.d.	n.d.	7.7±1.4	n.d.	n.d.	n.d.
壬醛	15.035	15.8±10.7	15.7±2.3	29.8±4.9	35.6±4.9	24.7±2.3	13.8±2.0	81.7±14.6	n.d.	11.4±1.5
2-己烯醇	15.254	71.9±43.8	40.5±3.6	15.6±2.8	50.0±12.4	58.7±1.9	27.4±3.5	81.7±11.0	52.0±7.9	18.1±0.4

香气成分含量（微克/千克）

（续）

香气成分	保留时间（分钟）	红将军(A)			红将军(B)			红将军(C)		
		0天	60天	120天	0天	60天	120天	0天	60天	120天
己酸己酯	15.327	22.3±9.5	39.1±8.1	135.7±26.8	14.4±5.7	114.5±9.2	96.7±7.9	24.5±2.7	65.0±5.9	81.4±4.7
己酸丁酯	15.343	n.d.	n.d.	103.9±14.4	n.d.	n.d.	74.8±8.8	n.d.	n.d.	55.2±8.8
丁酸己酯	15.386	n.d.	121.8±27.4	102.2±14.6	21.8±0.9	205.2±13.9	31.1±2.1	39.8±2.4	128.2±16.5	27.2±6.7
2-甲基丁酸丁酯	15.569	39.3±13.1	320.3±10.5	114.7±13.9	22.2±4.6	300.1±26.1	51.8±3.8	144.1±15.3	149.3±26.9	138.0±27.2
3-辛醇	15.592	n.d.	n.d.	2.7±0.7	n.d.	n.d.	7.0±1.4	n.d.	n.d.	4.6±0.3
辛酸乙酯	15.644	n.d.	n.d.	7.4±1.5	81.7±14.6	n.d.	2.9±0.6	n.d.	n.d.	11.4±1.5
2,6,10,14-四甲基十五烷甲酯	15.929	n.d.	n.d.	n.d.	n.d.	n.d.	n.d.	n.d.	n.d.	n.d.
1,2,3-三丙烷-3,5,5-三甲基己酸酯	15.95	n.d.	n.d.	n.d.	n.d.	17.4±1.6	n.d.	n.d.	n.d.	n.d.
3-甲基己酸丁酯	16.239	n.d.	n.d.	13.4±1.3	n.d.	n.d.	8.7±2.8	n.d.	n.d.	8.6±1.7
癸醛	17.269	6.4±1.2	n.d.	12.3±2.1	16.4±5.7	n.d.	7.0±0.4	34.1±2.2	n.d.	n.d.
己酸戊酯	17.373	n.d.	n.d.	3.8±1.2	n.d.	n.d.	n.d.	n.d.	n.d.	n.d.
(E)-2-壬烯醛	18.168	n.d.	n.d.	8.2±2.5	8.5±3.5	n.d.	5.2±1.1	n.d.	n.d.	3.1±0.5
1-辛醇	18.39	6.3±0.4	n.d.	8.8±0.8	n.d.	n.d.	10.2±1.6	13.6±1.7	n.d.	n.d.
(Z)-2-癸烯醛	20.388	n.d.	n.d.	32.8±5.5	n.d.	n.d.	45.1±2.9	n.d.	n.d.	n.d.
辛酸丁酯	20.44	13.5±2.6	n.d.	n.d.	82.0±9.8	n.d.	n.d.	97.4±14.9	n.d.	24.0±1.6
2-甲基丁酸	20.734	n.d.	n.d.	n.d.	n.d.	n.d.	10.5±2.5	n.d.	n.d.	n.d.
辛酸-3-甲基丁酯	21.359	n.d.	n.d.	5.1±3.3	n.d.	n.d.	n.d.	n.d.	n.d.	n.d.

香气成分含量（微克/千克）

（续）

香气成分	保留时间（分钟）	香气成分含量（微克/千克）								
		红将军(A)			红将军(B)			红将军(C)		
		0天	60天	120天	0天	60天	120天	0天	60天	120天
(Z)-3,7-二甲基-2,6-辛二烯醛	21.908	n.d.	n.d.	7.0±2.6	n.d.	n.d.	9.0±0.6	n.d.	n.d.	n.d.
α-法尼烯	22.128	154.4±19.5	205.3±19.3	1 102.3±159.6	155.6±23.3	922.6±87.2	1 007.1±97.2	86.0±4.9	387.9±39.1	1 142.7±77.2
(E)-3,7-二甲基-2,6-辛二烯醛	23.073	n.d.	n.d.	43.7±4.4	n.d.	n.d.	n.d.	n.d.	n.d.	n.d.
辛酸己酯	24.378	n.d.	n.d.	9.9±1.3	n.d.	n.d.	9.5±2.1	n.d.	n.d.	7.0±0.7
6,10-二甲基-5,9-十一烯-2-十一碳酮	24.427	11.6±2.2	n.d.	11.4±2.6	14.0±3.6	n.d.	10.7±1.6	14.0±1.8	n.d.	n.d.
3,7-二甲基-2,6-辛二烯-1-醇	25.115	n.d.	n.d.	n.d.	n.d.	n.d.	4.2±0.8	n.d.	n.d.	n.d.
3,7-二甲基-2,6-辛二烯-1-醇	25.117	n.d.	n.d.	5.4±0.1	n.d.	n.d.	n.d.	n.d.	n.d.	n.d.
1-十三醇	26.34	24.5±1.4	n.d.	n.d.	33.8±7.2	19.2±2.5	n.d.	n.d.	18.9±2.8	n.d.
壬酸	29.425	15.7±2.6	n.d.	n.d.	28.0±6.4	n.d.	n.d.	29.0±1.3	n.d.	n.d.
总计		2 385.3	5 253.5	4 680.6	2 616.9	5 643.0	4 164.4	4 029.6	5 619.8	3 963.7

注：n.d. 表示未检测到该类物质。

物质的组成与苹果加工产品的品质密切相关，以苹果果汁为例，多酚会通过酶促褐变或氧化缩合反应使果汁的色泽加深，且多酚物质含量过低，会使果汁失去特色风味，但含量过高，也会使产品产生涩感，此外，不同成熟度的苹果汁褐变能力不同，生理成熟的苹果褐变率高于完全成熟的苹果。

（2）挥发性香气成分分析。由表 3-19 可知，3 个不同采收期苹果贮藏期间，检测到的共有成分有 41 种，其中主要为：（S）-丙氨酸乙基酰胺、1-丁醇、1-己醇、2-己烯-1-醇乙酸酯、2-己烯醇、2-己烯醛、2-甲基丁基乙酸酯、2-甲基丁酸己酯、α-法尼烯、丙酸丁酯、己醛、己酸己酯、己酸乙酯、乙酸丁酯、乙酸己酯、乙酸戊酯。在这些成分中，α-法尼烯在不同采收期的苹果中均随着贮藏期的延长而增加，有研究表明，α-法尼烯与虎皮病的发生有关，此外，果实不同的采收期对虎皮病的发生也有较大影响，采收期越早，发病率越高。红将军（A）和红将军（C）中的己酸己酯随着贮藏期的延长而增加；红将军（B）中的 2-己烯醛随着贮藏期的延长而增加，己醛随着贮藏期的延长先减少后增加。其他成分随着贮藏期的延长均呈现先增加后降低或一直降低的趋势，这与不同采收期的苹果整体香气成分含量在贮藏期间的变化一致。不同采收期苹果在贮藏期间香气成分种类相对含量的变化如表 3-20 所示。

表 3-20　不同采收期苹果在贮藏期间香气成分种类相对含量

编　号	贮藏时间（天）	相对含量（%）						
		醇类	含氮化合物	醛类	酸类	萜烯类	酮类	酯类
红将军（A）	0	15.49	0.59	39.10	1.22	6.47	0.85	36.27
	60	8.05	1.13	40.26	n. d.	3.91	0.35	46.30
	120	4.82	0.75	25.24	0.38	23.55	0.71	44.55
红将军（B）	0	10.69	1.21	36.92	4.20	5.95	0.78	40.25
	60	10.51	0.95	17.49	n. d.	16.35	0.18	54.52
	120	5.16	0.89	28.81	0.18	24.18	0.35	40.42
红将军（C）	0	9.09	0.93	38.70	3.14	2.13	0.64	45.37
	60	13.16	0.92	27.93	n. d.	6.90	n. d.	51.09
	120	7.44	1.11	26.88	n. d.	28.83	0.35	35.39

注：n. d. 表示未检测到该类物质。

由表 3-20 可知，不同采收期的苹果在贮藏期间醇类、醛类、酯类和萜烯类物质的相对含量变化较大，其中醇、醛、酯类物质构成了红将军苹果的主体香气，不同采收期苹果的该三类成分变化有所差异。红将军（A）和红将军（B）中的醇类物质的相对含量随着贮藏期的延长呈现下降趋势，而红将军（C）中醇类物质呈现先上升后下降的趋势；红将军（A）中的醛类物质呈现先上升后下降趋势，红将军（B）中的醛类物质呈现先下降后上升趋势，而红将军（C）中的醛类物质呈一直下降趋势。不同成熟期苹果中的酯类物质的相对含量均随着贮藏期的延长而呈现先上升后下降的趋势。

对不同采收期苹果中各类香气成分进行主成分分析，结果如表3-21、表3-22所示，主成分一和主成分二的载荷图如图3-1所示。

表3-21　主成分分析解释总差异

主成分	特征值	贡献率（%）	累计贡献率（%）
1	2.885	41.209	41.209
2	1.704	24.344	65.553
3	1.263	18.036	83.589
4	0.598	8.541	92.130
5	0.464	6.626	98.756
6	0.087	1.244	100.000
7	0.000	0.000	100.000

表3-22　主成分载荷矩阵与特征向量

香气成分	主成分1		主成分2		主成分3	
	载荷	特征向量	载荷	特征向量	载荷	特征向量
Zscore（醇）	0.459	0.270	0.592	0.454	−0.453	−0.403
Zscore（含氮）	−0.032	−0.019	0.130	0.100	0.952	0.847
Zscore（醛）	0.874	0.515	0.000	0.000	0.117	0.104
Zscore（酸）	0.812	0.478	−0.023	−0.018	0.324	0.288
Zscore（萜烯）	−0.707	−0.416	−0.678	−0.519	−0.032	−0.028
Zscore（酮）	0.752	0.443	−0.523	−0.400	−0.166	−0.148
Zscore（酯）	−0.432	−0.254	0.777	0.595	0.056	0.050

由图3-1可知，未经贮藏的3个不同采收期的苹果分布于第一和第四象限的交界处；经过60天贮藏的苹果主要分布在第二象限，而红将军（A）分布于第一和第二象限交界处，与红将军（B）、红将军（C）相对位置较远，表明它与红将军（B）、红将军（C）苹果的香气组成差异较大；经过120天贮藏，3个不同采收期苹果均分布于第三象限，且相对位置很接近，说明不同采收期苹果经过长时间贮藏后香气成分差异较小，香气成分逐渐趋于稳定。

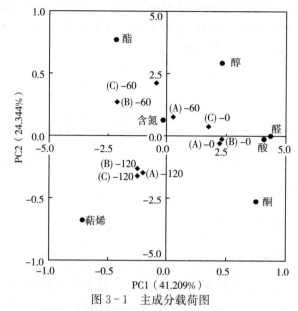

图 3-1 主成分载荷图

注：菱形点和圆点分别代表苹果种类及香气成分种类在第一、第二主成分上的投影（菱形点参照主坐标轴，位于图内部，量程为 [-5，5]；圆点参照次坐标轴，位于图外部，量程为 [-1，1]）；PC1 和 PC2 分别代表主成分一和主成分二；（A）（B）（C）分别代表红将军（A）、红将军（B）和红将军（C）；-0、-60、-120 分别代表贮藏 0 天、60 天和 120 天。

建立前 3 个主成分的线性回归方程：

PC1=0.2702×Zscore（醇）-0.0188×Zscore（含氮）+0.5146×Zscore（醛）+0.4781×Zscore（酸）-0.4162×Zscore（萜烯）+0.4427×Zscore（酮）-0.2543×Zscore（酯）

PC2=0.4535×Zscore（醇）+0.0996×Zscore（含氮）+0.0000×Zscore（醛）-0.0176×Zscore（酸）-0.5194×Zscore（萜烯）-0.4007×Zscore（酮）+0.5952×Zscore（酯）

PC3=-0.4031×Zscore（醇）+0.8471×Zscore（含氮）+0.1041×Zscore（醛）+0.2883×Zscore（酸）-0.0285×Zscore（萜烯）-0.1477×Zscore（酮）+0.0498×Zscore（酯）

式中：Zscore 均为经过标准化后的数值。

将前 3 个主成分的方差贡献率作为权重系数 α_1、α_2、α_3 建立评价模型，S=α_1×PC1+α_2×PC2+α_3×PC3 计算不同品种苹果的综合得分，结果如表 3-23 所示。

表 3-23 不同采收期苹果在贮藏期间的综合得分和排名

编 号	贮藏时间（天）	综合得分	排名
红将军（B）	0	1.20	1

（续）

编　号	贮藏时间（天）	综合得分	排名
红将军（C）	0	0.90	2
红将军（A）	60	0.49	3
红将军（A）	0	0.43	4
红将军（C）	60	0.03	5
红将军（B）	60	−0.58	6
红将军（C）	120	−0.78	7
红将军（B）	120	−0.81	8
红将军（A）	120	−0.89	9

综合得分排名先后反映出不同品种苹果间主要香气成分的差异大小，由表3-23可知，在未经贮藏的苹果中，最早采收的红将军（A）得分较低，和另外两个采收期的苹果品质有明显区别，这可能是因为苹果提前采摘，苹果仍处于发育阶段，香气成分组成和成熟后的苹果有很大差异；而红将军（B）和红将军（C）得分比较接近，这应该是果实成熟后，香气成分趋于稳定，正常采摘和延迟采摘的苹果香气成分差异不大。在贮藏60天后，不同采收期苹果得分差异较大，这可能是因为不同采收期的苹果通过自身代谢，在低温环境下做出适应性变化，导致香气成分的组成发生变化。经过120天贮藏后，3个采收期的苹果综合得分基本一致，说明经过长时间贮藏后，苹果适应了低温环境，香气成分的组成达到稳定，因此不同采收期的苹果香气成分没有明显差异。

使用SPSS Statistics 17.0分析软件，聚类方法为组间连接，度量标准为平方欧氏距离，进行个案系统聚类分析，结果如图3-2所示。

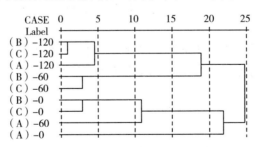

图3-2　不同采收期苹果在贮藏期间的聚类分析

注：（A）（B）（C）分别代表红将军（A）、红将军（B）和红将军（C）；−0、−60、−120分别代表贮藏0天、60天和120天。

由图3-2可知，当类间距为10时，经过120天贮藏后的不同采收期的苹果聚为一类；经过60天贮藏的红将军（B）和红将军（C）聚为一类；未经贮藏的红将军（B）和红将军（C）聚为一类；经过60天贮藏的红将军（A）和未经贮藏的红将军（A）分别聚为一类，这与主成分分析的结果基本一致，提前采摘的红将军（A）还未完全成熟，与稍晚采收的苹果差异较大，但经过 60 天贮藏后，果实逐渐成熟，因此和未经贮藏的红将军（B）与红将军（C）的香气成分组成接近，故与红将军（B）与红将军（C）苹果聚为一类。当类间距为 20 时，经过长时间贮藏的苹果聚为一类，与刚采摘时有明显差异，说明贮藏改变了苹果香气成分的组成，与新鲜苹果有较大变化。

3. 结论

提前采收的红将军（A）苹果可溶性固形物和可溶性糖含量低，但在贮藏前期有上升趋势，红将军（B）和红将军（C）苹果可溶性固形物和可溶性糖含量在贮藏期间均显著降低（$p < 0.05$）；不同采收期红将军苹果的可滴定酸和维生素 C 含量在贮藏期间均显著降低（$p < 0.05$），但提前采收的红将军苹果维生素 C 积累不足，在整个贮存期间苹果中维生素 C 含量显著降低；提前采收的红将军苹果总酚含量丰富，且在贮藏末期提前采收的红将军苹果总酚含量高于延迟采收红将军苹果的总酚含量。

在整个贮藏期间，3 个采收期苹果中检测到的共有物质有 41 种，其中主要为：（S）-丙氨酸乙基酰胺、1-丁醇、1-己醇、2-己烯-1-醇乙酸酯、2-己烯醇、2-己烯醛、2-甲基丁基乙酸酯、2-甲基丁酸己酯、α-法尼烯、丙酸丁酯、己醛、己酸己酯、己酸乙酯、乙酸丁酯、乙酸己酯、乙酸戊酯。苹果中香气的物质含量在贮藏期间变化明显，其中醇、醛和酯类物质所占比例较大，在一定程度上决定着苹果香气成分的组成。提前采收的红将军苹果香气物质积累不足，但在贮藏前期有增加趋势，在贮藏末期，贮藏时间对香气影响不明显。提前采收的苹果醇类呈下降趋势，醛类先增加后减少，酯、酮类相对稳定。经过 120 天贮藏后，不同采收期的苹果萜烯类香气物质明显增高，提前采收和正常采收的苹果检测到的香气成分数量和总含量较采收时均有了明显提升，但延迟采收的苹果与采收时几乎一致。

结合试验的研究结果，从可溶性固形物、可溶性糖等几个方面的理化指标和香气成分比较，综合分析建议长期贮藏的红将军苹果，在烟台地区的适宜采收期为 9 月 15～22 日。

第四章

早熟富士苹果品种脱毒和无病毒苗木繁育技术研究

近年来，以红将军、新红将军、弘前富士为代表的早熟富士系品种病毒病发生较为严重，尤其是果实花脸型锈果病毒病，发病果实没有任何食用和商品价值，且到目前为止，还没有有效的化学防治药剂。植株果实表现出花脸症状后，为控制病毒病的蔓延，只能将感病植株刨除，因果实病毒病造成的刨树毁园现象时有发生，给果农造成了极大的经济损失，影响了果农发展早熟富士苹果品种的积极性，限制了早熟富士品种种植面积的增加。因此亟须加强早熟富士系良种的脱毒研究，培育脱毒良种苗木，从根本上解决早熟富士品种携带病毒病问题。

一、红将军苹果离体叶片高频再生体系研究

苹果离体叶片再生技术是苹果组织培养的重点研究领域，获得高频的再生不定芽是建立苹果再生体系的重要环节。近十年来，苹果叶片再生培养技术取得了很大的进展，在乔纳金、金冠、嘎拉、北斗、长富 2 号、岩富 10 号等栽培品种（赵政阳等，1992；吴禄平等，1995；冯斌等，1998；孙清荣等，2000；臧运祥等，2004）及罗 6、P_{59}、珠美海棠等砧木品种（王艳等，2004；刘莹等，2006）上均能获得离体叶片的再生植株；但富士系列品种离体叶片再生能力最差，很难获得再生植株（师校欣等，1999）。已报道的苹果叶片再生培养中，多采用嘎拉和乔纳金品种为试材进行研究，由于富士再生效率普遍较差，尚未建立起富士苹果叶片高效再生体系，限制了再生技术在主栽品种改良中的应用。熟练掌握富士系列苹果叶片再生技术，建立高效稳定的叶片再生体系，显得尤为重要。本试验以当前发展面积大、品质优、适作育种材料的富士系早熟芽变品种红将军为试材，系统地研究了影响红将军苹果品种离体叶片再生植株的诸多因素，建立了稳定、高效的红将军品种离体叶片高频诱导再生体系，为早熟富士系列其他品种离体叶片再生体系的建立提供依据。

1. 材料与方法

（1）试验材料。红将军苹果品种采自山东烟台（国家级）苹果育种中心苹果

品种资源圃。叶片离体再生培养的外植体取自转接 3～4 代继代繁殖的试管苗新梢叶片。

（2）叶片接种培养。取培养 25～35 天的试管苗顶部 3～4 片展开的幼嫩叶片，先用剪刀将叶片两侧叶缘剪掉，再将叶片顶部 3～5 毫米处剪除，然后垂直于叶中脉剪切 2～3 刀（间隔 4～5 毫米）将叶片分为 3～4 叶块，然后将叶片近轴面（叶正面）朝下，接种在再生诱导培养基上，每瓶接种 5 个叶块，每个处理重复 6 次。

（3）培养基。基本培养基为 MS，根据师校欣等（1999）方法，预先筛选的基础上，进行诱导激素种类的替换和组合浓度的校正，采用 10 组激素组合，BA＋NAA 组合 4 个，分别为（1.0＋0.25）毫克/升、（1.5＋0.25）毫克/升、（2.0＋0.5）毫克/升、（2.5＋0.5）毫克/升；TDZ＋IAA 组合 6 个，分别为（0.5＋0.5）毫克/升、（1.0＋0.5）毫克/升、（1.5＋0.5）毫克/升、（0.5＋0.75）毫克/升、（1.0＋0.75）毫克/升、（1.5＋0.75）毫克/升。蔗糖 30 克/升，再生诱导培养基 pH 为 5.8，在 121℃下灭菌 18 分钟。

（4）培养条件。叶片接种后先进行 0～25 天的暗培养，培养温度 20℃，然后再移至光照培养室进行再生诱导培养，温度 22～25℃，光照时间 12 小时/天，光照强度 2 000～3 000 勒克斯。

（5）统计分析。在叶片接种后 20 天调查诱导分化结果。愈伤组织块数为每片叶上分化出不相连的组织块个数，叶片边缘全部着生相连愈伤组织块时按 10 计算；30 天后对再生率进行调查，叶块再生芽率（以下简称再生率%）＝再生芽叶块数/接种叶块数×100。对调查结果进行方分析，显著水平为 0.05。

2. 结果与分析

（1）影响叶片再生不定芽的因素分析。

①不同植物激素对再生植株诱导的影响。试验表明，BA 与 NAA 组合对红将军富士苹果叶片的诱导再生率最差（表 4-1），仅能产生大量的愈伤组织块，该激素组合的培养基诱导的愈伤组织细胞难以进一步分化形成再生不定芽。TDZ 与 IAA 的组合对红将军苹果叶片的再生不定芽诱导效果较好，暗处理 15～20 天后，再生芽频率和再生芽个数均较高，每片叶子上均能诱导出不定芽，TDZ 含量以 1.0 毫克/升为最佳。同时，TDZ 1.0 毫克/升＋IAA 0.50 毫克/升激素组合与 TDZ 1.0 毫克/升＋IAA 0.75 毫克/升激素组合在暗培养 15 天时，可从叶片边缘直接产生不定芽，不经过愈伤组织的胚性细胞分化而产生植株，非常适于用作转基因的供体材料。

表 4-1 不同植物激素组合对红将军叶片再生的影响

植物生长调节剂（毫克/升）				愈伤组织数（个）	每片叶出芽数（个）	再生率（%）
BA	NAA	TDZ	IAA			
1.0	0.25	0	0	6.67c	0.00d	0.00d

（续）

植物生长调节剂（毫克/升）				愈伤组织数（个）	每片叶出芽数（个）	再生率（%）
BA	NAA	TDZ	IAA			
1.5	0.25	0	0	9.73b	0.00d	0.00d
2.0	0.50	0	0	9.67b	0.00d	0.00d
2.5	0.50	0	0	9.62b	0.00d	0.00d
0	0	0.5	0.50	9.60b	1.36c	57.14c
0	0	1.0	0.50	9.60b	2.35b	70.59b
0	0	1.5	0.50	2.31d	0.00d	0.00d
0	0	0.5	0.75	1.86d	0.00d	0.00d
0	0	1.0	0.75	7.10c	5.20a	100.00a
0	0	1.5	0.75	10.00a	5.50a	100.00a

注：不同字母表示在 $p<0.01$ 水平上差异显著。余同。

在 BA 与 NAA 组合的培养基上产生的叶片愈伤组织块转接于 TDZ 与 IAA 组合培养基中，愈伤组织不能分化出不定芽，表明红将军离体叶片在 TDZ 和 IAA 组合的培养基中是直接从体细胞胚状体产生不定芽。TDZ 是一种高活性复合型细胞分裂素，用量低，对叶片再生不定芽有极大的促进作用，效率要比 BA 高出许多倍。本试验结果表明，TDZ 对较难再生的富士品种红将军的叶片诱导效果较为明显。但是，TDZ 1.5 毫克/升＋IAA 0.50 毫克/升激素组合与 TDZ 0.5 毫克/升＋IAA 0.75 毫克/升激素组合的诱导培养基中离体叶片容易褐化，仅产生极少量的愈伤组织块，褐化叶片不能被诱导产生不定芽。

②暗处理时间对叶片不定芽再生的影响。苹果叶片接种于诱导分化培养基中后尽快放入暗室进行暗培养。7～10 天后叶片的剪口处形成一些白黄色愈伤组织块，暗处理 10 天或 15 天后再进行光照培养 10 天，叶片边缘愈伤组织块上可直接分化出幼小不定芽，光照培养 20 天后可分化成完整小植株。

在红将军苹果品种离体叶片再生培养过程中，适当的暗培养是必需的（表 4-2）。在同一种诱导培养基中，未经暗处理，叶片难以分化出再生的不定芽，仅能从叶片边缘产生少量的愈伤组织块，而且不能进一步使愈伤组织细胞分化产生不定芽。暗培养时间越长，愈伤组织块生成越多，同时暗处理时间超过 20 天后，部分愈伤组织块产生淡黄色水浸渍状，具有玻璃化的现象，不利于叶片愈伤组织分化不定芽。

表 4-2　暗培养时间对红将军离体叶片再生的影响

暗培养天数	愈伤组织数（个）	愈伤组织颜色	每片叶出芽数（个）	再生率（%）
0	1.51c	乳白色	0e	0e

（续）

暗培养天数	愈伤组织数（个）	愈伤组织颜色	每片叶出芽数（个）	再生率（%）
5	2.85b	乳白色	1.15c	34.51cd
10	6.64a	乳白色	3.38b	84.53b
15	10.00a	白色	5.50a	100.00a
20	10.00a	淡黄色	0.87c	47.23c
25	10.00a	淡黄色	0.20d	11.52d

③对红将军叶片再生的影响。取叶部位和操作方式对红将军叶片再生的影响较大，将叶片依主脉方向横切3段培养，叶片中部比顶部和基部的再生能力强，为52.86%，这可能与叶片中部的细胞比两端幼嫩细胞更成熟有关，有利于分化不定芽。离体叶片未经剪切直接放置于诱导培养基上仅能在叶柄处产生少量愈伤组织，难以产生再生不定芽，叶片再生率仅为6.85%。红将军叶片离体培养过程中，适当剪切部分叶片边缘造成伤口能显著的提高叶片再生率。

表4-3　叶片不同部位对红将军叶片再生的影响

取叶部位	愈伤组织数（个）	每片叶出芽数（个）	再生率（%）
叶尖	4.67c	0.67c	26.98c
叶中部	6.34a	1.49a	52.86a
叶基部	5.69b	1.22b	43.86b
全叶	2.45d	0.13d	6.85d

（2）再生不定芽增殖与生根。叶片离体再生的不定芽在诱导叶片再生的培养基上可以进行正常的增殖，不易出现玻璃化现象，但是不定芽分化较细弱，成族丛状繁殖，部分小植株叶形变异不正常，但是转接到 MS＋BA0.5 毫克/升＋IBA0.1毫克/升的增殖培养基上，增殖效果较好，繁殖系数可达4～6倍，转接后的不定芽能够正常增殖和伸长生长。在 1/2MS＋IBA0.5 毫克/升＋NAA0.5 毫克/升＋Ac0.5 克/升＋蔗糖 2% 的生根培养基上诱导生根，光培养 15～20 天后可以诱导出白色幼小根，生根率达 86.0%。

3. 结果与讨论

培养基中的激素被认为是影响叶片再生的最重要的因素，本研究结果表明，对再生效率较低的富士系列品种红将军，与 BA 相比，TDZ 更适于红将军叶片再生，培养基中添加适宜浓度的 TDZ，可获得较高的再生效率。但 TDZ 浓度与不定芽形成数量不成正相关，高浓度的 TDZ 容易使叶片培养在暗处理阶段产生大量疏松的愈伤组织，同时使叶块发生水浸渍状。同时，TDZ 与 IAA 组合浓度的变化对红将军叶片再生率有较大的影响。TDZ1.5 毫克/升＋IAA0.50 毫克/升与

TDZ0.5 毫克/升＋IAA0.75 毫克/升的激素组合叶片不能被诱导产生不定芽。因此，适宜的 TDZ 与 IAA 培养浓度是诱导成功再生植株的关键。本研究结果表明，TDZ1.0 毫克/升＋IAA0.50～0.75 毫克/升的激素组合，红将军叶片再生率较高，且叶片可不经过愈伤组织的胚性细胞分化，直接从叶片边缘诱导产生不定芽。BA 在红将军叶片离体培养中效果不明显，不适合作为诱导处理的植物激素。

在诱导及分化过程中，前期黑暗被认为是再生成功与否的关键因素。达克东等（1996）和师校欣等（2004）认为在苹果叶片再生研究中暗培养是必要的，否则很难获得较高频率的再生不定芽。达克东等（1996）认为黑暗条件使半胚性细胞在胚性细胞在胚胎发生诱导期发育成为全能性细胞，光照影响这个过程。吴雅琴等（2006）认为，在昌红苹果叶片诱导过程中，进行一段时间的暗培养是必需的，且暗培养时间以 13～16 天较为适宜。但师校欣等（2004）研究认为，暗培养对王林、乔纳金的叶片再生不定芽并非必须，接种后完全光照培养，叶片也能再生，但经过黑暗培养能显著提高再生效率。本研究对红将军叶片再生率的研究结果，与吴雅琴等（2006）研究结果一致，适宜的暗培养时间对红将军叶片诱导是必需的，未进行暗处理的叶片不能诱导不定芽，且适宜的暗培养时间为 10～15 天，最长不宜超过 20 天。

该试验对红将军不同取叶部位叶片再生率的调查结果发现，红将军叶片中部比顶部和基部的再生能力强，有利于分化不定芽，与赵政阳等（1997）对嘎拉再生的研究结果相同。离体叶片未经剪切直接放置于诱导培养基上仅能在叶柄处产生少量愈伤组织，难以产生再生不定芽。在红将军叶片离体培养过程中，适当剪切部分叶片边缘造成伤口是再生不定芽的主要措施。

叶片高效再生不定芽是实现基因转化的前提，是获得转基因植株的关键。高效再生也是加倍的重要前提。许多苹果品种都已建立了稳定的再生系统，嘎拉系和乔纳金系品种由于再生能力很强，成为苹果基因转化的模式品种和类型（张志宏等，1997；叶霞等，2006）。富士系列品种是我国主要栽培的苹果品种，但富士系列品种的再生效率比较低，本试验建立了红将军苹果品种的高效叶片再生体系，并从叶片中直接用体细胞胚胎培养植株，这种直接从体细胞胚胎产生的再生植株，其体细胞无性系变异近似于自然变异（臧运祥等，2004），是苹果基因转化的良好受体材料。但富士品种变异类型较多，基因型复杂，影响富士系其他品种离体叶片再生技术体系的因素，还有待进一步的系统研究。

二、红将军苹果的脱毒技术研究

红将军苹果是目前生产上推广应用面积最大、最适合出口创汇的中熟优良富士苹果品种。但是近年来由于苹果病毒的浸染，特别是苹果锈果类病毒在红将军苹果上普遍发生，严重影响了果实的外观品质，进而极大地制约了红将军品种的栽培与推广应用。本研究以红将军栽培园中选择果实风味佳、内在品质优良的红将军单株为试材，对试管苗无性系建立、脱毒处理及病毒检测技术进行研究，以期为我国红将军苹果无病毒苗木生产积累经验。

1. 材料与方法

（1）试材与仪器。

①试材。脱毒实验试材采自烟台市农业科学研究院苹果品种资源圃内的优良红将军单株。病毒检测中使用的阳性对照试材取自田间的带病毒单株和保存的病毒株系，阴性对照试材取自无病毒苹果保存圃内不携带 ASSVd、ASGV、AS-PV、ApMV 和 ACLSV 等病毒的无病毒苹果单株。

②试剂。ELISA 试剂盒购自 agdia 公司，样品提取缓冲液采用试剂盒中提供的干粉，包被缓冲液、冲洗液（PBST）、底物显色缓冲液等常规试剂均使用国产分析纯药品按照试剂盒提供的含量配制。

③主要仪器。GXZ - 260B 型光照培养箱，iCycler iQ 型 PCR 分析仪，Biofuge stratos 高速冷冻离心机，ELX - 800 型酶标仪，电泳仪、电泳槽和 Gel Doc XR 型凝胶成像分析系统（美国伯乐公司）等。

（2）脱毒处理。

①变温热处理＋茎尖组织培养。将田间的品种盆栽苗转入花盆中，移至人工气候室，缓慢升高温度直至达到所需处理温度（39℃/33℃，16 小时/8 小时），培养 20～60 天，处理完成后，取植株顶端嫩芽，消毒处理后剥取茎尖，将其置于茎尖培养基中培养。在变温热处理期间，密切观察植株生长情况，及时浇水，控制空气湿度，防止根部温度过高，统计死亡率。

选取继代培养后无污染、无玻璃化现象并长势一致的试管苗（约 2 厘米），移入光照培养箱，缓慢升高温度直至达到所需处理温度（39℃/33℃，16 小时/8 小时），培养 30～60 天。处理完成时，在超净工作台上进行无菌操作，剥取植株茎尖，置于茎尖培养基中培养。

②化学处理＋茎尖组织培养。用蒸馏水将利巴韦林（购自 Aladdin 公司）粉末慢慢溶解，配成终浓度为 100 毫克/毫升的母液，过滤除菌。待高温高压灭菌后的茎尖培养基温度降至 60℃以下时，加入利巴韦林母液使每瓶培养基中利巴韦林的终浓度为 20 微克/毫升。在无菌环境下剥取茎尖，将茎尖放到配置好的化学培养基中处理 60 天，处理完成后，将其转移至普通继代培养基中培养。

③超低温处理＋茎尖组织培养。

茎尖预培养：将继代培养的带毒离体植株转入 6 - BA 1.0 毫克/毫升＋IBA 0.2 毫克/毫升＋MS 的培养基上培育 20～25 天（培养期间随机取再生芽中的单芽检测确定带毒）。取株高 1.0～2.0 厘米的再生芽，在超净工作台上将其分成单芽后，接种到 MS＋0.4 摩尔/升蔗糖＋0.4 摩尔/升甘油的培养上，预培养时间 2 天。

装载：在解剖镜下剥取含 2～3 层叶原基大小约 2 毫米的茎尖，将该茎尖放在 60％玻璃化溶液 2（PVS2，不含激素的 MS 液体培养基与 PVS2 溶液体积比为 4∶6，pH5.8）中，25℃下处理 20 分钟。

玻璃化超低温处理：经玻璃化溶液 PVS2（MS＋30％甘油＋15％乙二醇＋15％二甲基亚砜＋0.4 摩尔/升蔗糖，pH5.8）装载后的茎尖，0℃处理 100 分钟，更换 1 次 PVS2 溶液后，迅速投入液氮，保存 70 分钟。

解冻：从液氮中取出茎尖，快速置于 40℃水浴中化冻 90 秒，然后用 1.2 摩尔/升蔗糖培养液处理 10 分钟，重复洗涤一次，直至茎尖漂浮于液体表面。

恢复培养：将洗涤后的茎尖放置茎尖培养基上暗培养 7 天，然后转移至组培室光照 40 微摩尔/（米^2·秒）条件下培养。15 天后统计茎尖成活率，30 天后根据茎尖生长情况可将其移至普通分化培养基中培养。

（3）病毒检测方法。

①ELISA 法。采用 DAS-ELISA 和 TAS-ELISA 法，ASCLV、ApMV 和 ASGV 3 种病毒的抗血清试剂盒均购自 agdia 公司的产品，其具体操作步骤和 buffer 溶液含量依照试剂盒中提供的方法与参数。

②RT-PCR 法：a. 用 CTAB 法提取总 RNA。b. 去除总 RNA 中的 DNA：取 50 微升反应体系（RNA 提取液 40 微升；DNase buffer 5 微升；RNasinhibi-tor 1 微升；RNase-Free DNase 3 微升；DEPC 水 1 微升）在 37℃温浴 30 分钟降解 DNA；用等体积氯仿抽提一次；将上清转移入干净的离心管中，加入 1/10 体积的 3 摩尔/升 NaAc 和两倍体积的无水醇，－70℃放置半小时沉淀 RNA；4℃中 12 000 转/分离心 20 分钟；弃去上清，沉淀经 75％乙醇洗涤后，吹干，用 30ul DEPC 处理水溶解沉淀，－70℃保存备用。③合成 cDNA：取 RNA 5 微升和 OligadT18 5 微升，轻弹混匀，低速离心，70℃放置 10 分钟，拿出迅速放在冰上，快速离心，加入 first-strand buffer（5×）5.0 微升、dNTP（10mmol/L）2.5 微升、RNase Inhibitor 10 个单位、AMV 反转录酶 30 个单位、DEPC 水，至 30 微升，轻弹混匀短暂离心，42℃1 小时，70℃中 10 分钟中止反应。

（4）引物合成。ACLSV、ASGV、ASPV、ApMV 和 ASSVd 的引物序列设计参考唐敏（2012）和梁成林等（2014）的方法，如表 4－4 所示，由北京优博基因科技有限公司合成。

表 4－4　果树病毒检测引物序列

病毒 s	检测引物-1	检测引物-2
ACLSV	TCATGGAAAGACAGGGGCAA	AAGTCTACAGGCTATTATAATAAGTCTAA
ASGV	GCCACTTCTAGGCAGAACTCTTGAA	AACCCCTTTTGTCCTCAGTACGAA
ASPV	CGCCAAGAAATGCCACAGC	TGCCTCAAAGTACACCCCTCAGT
ApMV	TTCTAGCAGGTCTTCATCGA	CAACCGAGAGGTTGCA
ASSVd	CAGCACCACAGGAACCTCACGG	CTCGTCGTCGACGAAGG

（5）PCR 扩增。取上述反应产物 2 微升，向其中加入下列试剂：dNTP（10 毫摩尔/升）1 微升，$10\times$ PCR buffer 2.5 微升，$MgCl_2$ 1.5 微升，引物 1、2 各 1 微升，Taq DNA 聚合酶 0.3 微升，用无菌双蒸水补足 25 微升。ACLSV 的反应程序：94℃ 1 分钟，54℃ 2 分钟，72℃ 2 分钟。ASGV 的反应程序：94℃ 1 分钟，58℃ 2 分钟，72℃ 2 分钟。ASPV 的反应程序：94℃ 1 分钟，57℃ 2 分钟，72℃ 2 分钟。ApMV 的反应程序：94℃ 1 分钟，53℃ 2 分钟，72℃ 2 分钟。ASSVd 的反应程序：94℃ 1 分钟，57℃ 2 分钟，72℃ 2 分钟。扩增 25～40 循环，最后一轮延伸 7 分钟。PCR 产物在 1‰琼脂糖凝胶中电泳，EB 染色，凝胶成像系统观察电泳结果并照相记录。

2. 结果与分析

（1）离体植株无菌体系的建立。灭菌的植株入瓶后，很快会出现褐化现象，培养基呈黄褐色，这是由于苹果多酚的氧化所致，褐化程度因消毒时间及品种不同而异。其中酒精消毒时间一般为 30～50 秒，对植株的污染率及成活率影响相对较小，而氯化汞的消毒时间对植株无菌体系的建立至关重要。研究结果表明，$HgCl_2$ 处理时间短，植株的死亡率低，但污染率较高；若 $HgCl_2$ 处理时间过长，虽然污染率很低，却又会导致植株的死亡率迅速增加。早熟富士品种的最适处理时间是 11 分钟，成活率 80%。

表 4-5 $HgCl_2$ 处理对早熟富士品种死亡率及污染率的影响

0.1% $HgCl_2$（分钟）	样品数	死亡数	污染数	死亡率（%）	污染率（%）	成活率（%）
10	21	1	14	4.76	66.67	28.57
11	20	3	1	15	5	80
12	25	14	0	56	0	44
13	21	21	0	100	0	0

表 4-6 各品种在各生长阶段的培养基配方

生长阶段	MS	6-BA（毫克/升）	IBA（毫克/升）	IAA（毫克/升）	琼脂（克/升）	蔗糖（克/升）	pH
入瓶初期	1×	—	—	—	5.1～5.3	30	5.8
茎尖培养期	1×	2.5/2.0	0.5/0.4	—			
分化期	1×	0.5	0.1	—			
生根期	1/2×	—	0.15	1.5		20	

注："—"代表不添加。

在 5 组不同植物激素浓度的培养下，通过记录茎尖的萌动时间，观察茎尖的生长情况，最终确定了红将军品种的最适的茎尖培养基为（6-BA 2.5 毫克/升，IBA 0.5 毫克/升）；最适茎尖培养基是（6-BA 2.0 毫克/升，IBA 0.4 毫克/升）。

（2）苹果病毒脱除与检测鉴定结果。

①脱毒效果。利用 ELISA 和 RT-PCR 对脱毒试管苗进行检测，结果表明，二次茎尖组织培养结合 38℃恒温热处理 15 天，能够有效脱除 ASSVd、ASGV、ASPV、ApMV 和 ACLSV 5 种苹果主要病毒，脱毒率可达 81.8％～100％。另外，脱毒效果的好坏同茎尖培养时剥取的茎尖大小有密切关系，茎尖越小，脱毒率越高。热处理温度以 38℃恒温最佳，高于 38℃试管苗容易枯死，从而达不到脱毒处理的效果。

②ELISA 技术与 RT-PCR 技术对比。本试验取脱毒处理的样品试管苗叶片提取液做毒源，因此 ELISA 与 RT-PCR 检测试验发现，ELISA 法操作简单，适合做大量样品的检测，但是 ELISA 法检测时有假阳性和漏检现象，因此具有一定的局限性；RT-PCR 法检测果树病毒灵敏度高、特异性强，检出准确率高，但是所需操作技术水平高以及一定的仪器设备条件，适合做小样本量的果树病毒检测。

表 4-7　ELISA 与 RT-PCR 法检测脱毒无性系结果

病毒名称	检测方法	样品总数（个）	阴性样品（个）	阳性样品（个）	脱毒率（％）	备　注
ASCLV	TAS-ELISA	22	18	4	81.8	样品 R2、10、16、20 阳性反应
	RT-PCR	22	20	2	90.9	样品 R10、14 阳性反应
ApMV	DAS-ELISA	22	19	3	86.4	样品 R6、15、22 阳性反应
	RT-PCR	22	21	1	95.5	样品 R22 阳性反应
ASGV	DAS-ELISA	22	19	3	86.4	样品 R6、7、18 阳性反应
	RT-PCR	22	20	2	90.9	样品 R6、11 阳性反应
ASPV	RT-PCR	22	21	1	95.5	样品 R2 阳性反应
ASSVD	RT-PCR	22	22	0	100	无阳性反应

3. 小结与讨论

通过试验，获得了早熟富士品种的茎尖培养、继代培养和生根培养的培养基配方。适于红将军品种的茎尖培养基配方是 MS＋6-BA 2.5 毫克/升＋IBA 0.5 毫克/升＋5.3 克/升琼脂＋30 克/升蔗糖，pH5.8；离体植株继代培养的培养基配方为 MS＋6-BA0.5 毫克/升＋IBA 0.1 毫克/升 ＋5.3 克/升琼脂＋30 克/升蔗糖，pH5.8；生根培养基为 1/2MS＋IAA1.5 毫克/升＋IBA0.15 毫克/升＋5.3 克/升琼脂＋20 克/升蔗糖，pH5.8。

通过对盆栽苗和试管苗进行变温热处理，发现红将军品种耐高温的极限天数为 60 天，而烟富 6 号等品种的极限天数是 50 天。通过比较分析不同处理的脱毒效果，结果表明，变温热处理对 ACLSV 的脱除率最高可达 83.33％，化学处理

ASGV 和 ASPV 的脱除率均达到 100％，超低温处理后 ASSVd 的脱除率最高可达 75.61％。结合不同品种的不同病毒的脱毒率，为其搭配最佳处理组合。红将军盆栽苗的最佳脱毒处理组合为：变温热处理 60 天（ACLSV）＋化学处理 60 天（ASGV、ASPV）＋超低温处理（ASSVd）。

三、不同苹果砧木实生苗携带病毒情况检测分析

苹果病毒病不仅严重影响了树体的生长，降低了果实产量和品质以及果品贮藏性和耐运力，而且影响根系对土壤营养物质的吸收和利用，对苹果生产危害很大，培育无毒苗木是目前防治苹果病毒病的唯一有效措施。现在我国生产上普遍应用的苹果苗木均以实生苗为基础，其作为果树生产的基础，能够直接影响接穗的生长和结果。无毒苗木的生产主要通过脱毒的品种和中间砧与实生苗嫁接完成，这种生产方式的前提是保证实生苗不带病毒。长期以来，人们普遍认为果树砧木实生苗不携带病毒或带毒率很低，苹果病毒病脱除的研究对象主要集中在品种和中间砧两方面，而关于实生砧苗木的带毒情况及脱除研究较少。

本研究以 5 种苹果优良砧木实生苗为试材，对其潜隐性病毒和苹果锈果类病毒携带情况进行检测，明确实生苗的病毒携带种类和带毒率，为实生苗的选育以及脱毒苗木的大规模生产奠定基础。

1. 材料与方法

（1）植物材料。本试验于 2013 年在烟台市农业科学研究院实验室完成；供试品种为八棱海棠、福山沙果、平邑甜茶、楸子和山定子，统一定植于烟台市农业科学研究院苹果品种资源圃内园，母本树 10 年生，每品种种植 5 株；2012 年分别采集每个砧木品种上完全成熟的果实 30 千克，人工取出种子，晾干，进行冷藏处理；12 月中旬对采集的种子进行沙藏层积处理；2013 年 3 月初，在温室内对层积后的种子进行播种，种子出苗后，按照常规实生苗管理技术进行管理。2013 月 5 月，以单株为一个检测样品，采集嫩叶，每个砧木实生苗随机采集 50 株，进行病毒检测，统计带病毒株率。

（2）RNA 提取和病毒检测。提取高质量的总 RNA 是进行病毒病检测的前提条件，本研究采用 EASY spin 植物 RNA 快速提取试剂盒的液氮研磨法提取嫩叶的 RNA；采用 Thermo 反转录试剂盒进行 RNA 反转录。

所用引物见表 4-8，均由生工生物工程（上海）股份有限公司合成。

表 4-8　病毒检测引物序列

病毒	引物序列	扩增产物（碱基对）
ASGV	5′—GGAATTTCACACGACTCCTAACCCTCC—3′ 5′—CCCGCTGTTGGATTTGATACACCTC—3′	500

（续）

病毒	引物序列	扩增产物（碱基对）
ACLSV	5′—GGTGAGAGGCTCTATTCACATCTTG—3′ 5′—GGAGCTTTTCACCCCAGCAATTGG—3′	217
ASPV	5′—ATGTCTGGAACCTCATGCTGCAA—3′ 5′—TTGGGATCAACTTTACTAAAAAGCATAA—3′	367
ASSV	5′—AGACCCTTCGTCGACGACGA—3′ 5′—TGTCCCGCTAGTCGAGCGGA—3′	211

4 种病毒的检测采用 RT-PCR 技术，以 cDNA 为模板，在 Taq 酶的催化下，使用正反引物进行双链 DNA 的扩增。4 种病毒的 PCR 反应条件分别为 ASGV：94℃ 45 秒，58.6℃ 45 秒，72℃ 1 分钟；ACLSV：94℃ 45 秒，59℃ 45 秒，72℃ 1 分钟；ASPV：94℃ 45 秒，54.4℃ 45 秒，72℃ 1 分钟；ASSVd：94℃ 45 秒，58℃ 45 秒，72℃ 1 分钟；均循环 35 次，最后 72℃延伸 10 分钟。检测结果统计，带毒率（%）＝（检出病毒苗木树/抽检苗木总数）×100%。

（3）克隆与测序。采用 PCR Fragment Recovery Kit（TaKaRa）对 PCR 扩增的 DNA 目的片段回收纯化，与 pMD18-T Vector（TaKaRa）连接后转化 E. coli JM109 大肠杆菌菌株感受态细胞，经蓝白斑筛选，挑选白色菌落进行培养，经 PCR 鉴定获得重组质粒，由生工生物工程（上海）股份有限公司进行测序。利用 DNA Star 分析软件中的 MegAlign 程序将 4 种病毒扩增片段测序结果与 GenBank 数据库中已登录的一些分离物的核苷酸序列进行比对，分析同源性。

2. 结果与分析

（1）PT-PCR 体系检测。以标准毒源为阳性对照，无病毒材料为阴性对照，利用 RT-PCR 体系扩增，1.2%琼脂糖凝胶进行电泳检测。带病植株的病毒检测结果表明，有与阳性对照相一致的 217 碱基对、500 碱基对、367 碱基对、211 碱基对病毒特异性条带，且条带清晰（图 4-1～图 4-3）。

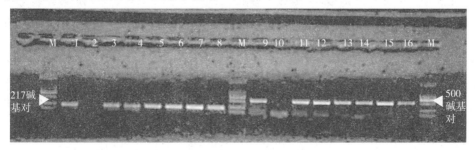

图 4-1　带病植株 ACLSV（左）和 ASGV（右）的 RT-PCR 检测
M. DNA Marker　1、9. 阳性对照　2、10. 阴性对照　3、4、11、12. 八棱海棠
5、13. 福山沙果　6、14. 平邑甜茶　7、15. 楸子　8、16. 山定子

图 4-2 带病植株 ASPV RT-PCR 检测

M. DNA Marker 1. 阳性对照

2. 阴性对照 3. 八棱海棠 4. 福山沙果

5. 平邑甜茶 6. 楸子

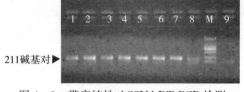

图 4-3 带病植株 ASSVd RT-PCR 检测

M. DNA Marker 8. 阳性对照

9. 阴性对照 1、2. 八棱海棠 3、4. 福山沙果

5. 平邑甜茶 6. 楸子 7. 山定子

（2）RT-PCR 产物的测序。对 RT-PCR 特异性目的产物进行回收、克隆和测序，得到与目标片段大小一致的 DNA 序列，ASGV 序列为 500 碱基对，ACLSV 为 217 碱基对，ASPV 为 367 碱基对，ASSVd 为 211 碱基对。ASGV 扩增片段与 Genbank 中已登录的 ASGV 序列的同源性为 90%～99%。其中与陕西分离物（JX885580）和捷克分离物（FJ952161）相似性均达 99%。ACLSV 扩增片段与 Genbank 中已登录的 ACLSV 序列的同源性为 88%～94%。与湖北分离物（KC935956）和日本分离物（AB326225）相似性达 94%。ASPV 扩增片段与辽宁分离物（HM125155）相似性达 91%，与印度分离物（FM212638）相似性达 87%，与其他分离物相似性达 85% 以上。ASSVd 扩增片段与阿根廷分离物（HQ606078）和印度分离物（FM208142）相似性均达 99%，与其他分离物相似性达 91% 以上（图 4-4）。

（3）5 种苹果砧木实生苗的带毒情况。5 种苹果砧木实生苗的病毒检测结果表明，八棱海棠实生苗总体带毒率为 26.7%，其中，苹果茎沟病毒侵染率为 3.3%，苹果锈果类病毒侵染率为 26.7%，2 种病毒复合侵染率为 3.3%，苹果褪绿叶斑病毒和苹果茎痘病毒未检出。福山沙果、平邑甜茶和山定子虽然只检测出苹果锈果类病毒，但福山沙果和平邑甜茶的感染率均高达 100%，山定子锈果类病毒携带率也达到 30%。楸子同时被苹果褪绿叶斑病毒、苹果茎痘病毒和苹果锈果类病毒 3 种病毒复合侵染，复合侵染率达到 53.3%，其中，苹果褪绿叶斑病毒的侵染率为 43.3%，苹果茎痘病毒侵染率达 70%，苹果锈果类病毒为 23.3%，该砧木总体带毒率高达 73.3%（表 4-9）。

表 4-9 苹果砧木实生苗的带毒率

砧木类型	带毒率（%）						总体带毒率（%）
	ASGV	ACLSV	ASPV	ASSVd	ASGV+ASSVd	ACLSV+ASPV+ASSVd	
八棱海棠	3.3	0	0	26.7	3.3	0	26.7
福山沙果	0	0	0	100	0	0	100
平邑甜茶	0	0	0	100	0	0	100
楸子	0	43.3	70	23.3	0	53.3	73.3
山定子	0	0	0	30	0	0	30

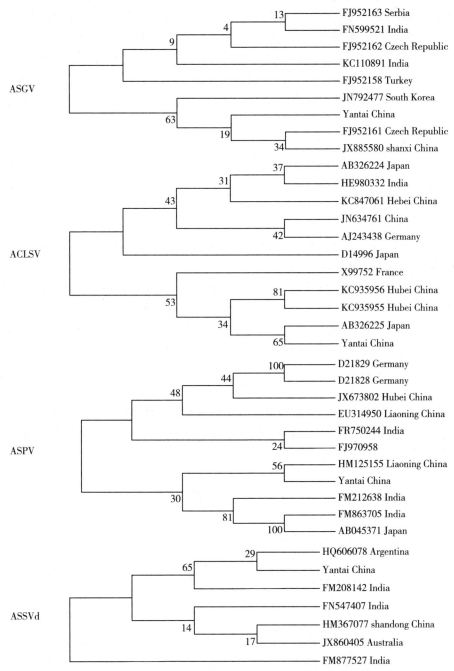

图4-4　ASGV、ACLSV、ASPV、ASSVd与其他分离物核苷酸序列的系统进化树

3. 讨论与结论

近年来，随着苹果病毒病的快速传播和波及范围的扩大，苹果砧木实生苗作

为无毒苗木的基础,受到越来越多学者的重视。本研究对试材进行病毒检测,并将检出病毒克隆测序,证实 5 种苹果砧木实生苗均有病毒侵染,且带毒率较高,这与普遍认为的仁果类果树实生苗不携带病毒或带毒率很低存在较大差异。1997年,刘月英等人通过病毒可能传播途径的近似模拟试验研究,得出潜隐性病毒可以通过汁液、工具的交叉以及地下根系的交接缠绕进行传播;2006 年,Kim 等在苹果锈果类病毒传播途径的研究中表明,苹果锈果类病毒除通过修剪工具进行传播外,也可通过种子传播,其中种子传毒率为 7.7%;曹晓凤于 2011 年在种子传毒鉴定试验中,证实苹果茎沟病毒可以通过种子传播,染病母株的后代群体平均带毒率为 0.598%;乔雪华等对八棱海棠种子进行病毒检测,其潜隐性病毒总体带毒率为 33%。本试验病毒检测结果中,实生苗带毒率较高,推测可能与种子带毒有关,此外,汁液传播、根系交接传播和昆虫传播等途径也可能是导致实生苗带毒率较高的原因。关于果树砧木实生苗的确切毒源,还需进一步深入研究。

本研究的测定结果表明,八棱海棠携带苹果茎沟病毒和苹果锈果类病毒,福山沙果、平邑甜茶和山定子只携带苹果锈果类病毒,楸子同时携带苹果褪绿叶斑病毒、苹果茎痘病毒和苹果锈果类病毒 3 种病毒;其中,福山沙果和平邑甜茶的总体带毒率最高,其次是楸子、山定子,八棱海棠总体带毒率最低。这 5 种砧木在我国苹果主产区应用广泛,实生苗携带病毒率高,会增加嫁接成品苗携带病毒的概率,给生产造成较大的隐患。乔雪华等以八棱海棠种子为试材,采用 80℃的热水、10%的磷酸三钠溶液、1%高锰酸钾溶液和 2%的氢氧化钠溶液浸种 30分钟后,均能不同程度地降低八棱海棠种子的带毒率,但该方法对其他砧木种子处理的效果还有待作进一步试验研究;从病毒病防控的角度,建议对实生砧木品种进行脱毒,培育脱毒砧木品种,建立脱毒采种母本园,从根本上解决砧木实生苗携带病毒的问题。

四、早熟富士品种乔砧无病毒苗木繁育技术

乔化砧木抗逆性、抗病性和适应性均较强,生长健壮,与大多数的苹果品种嫁接亲和力强,在烟台地区表现优良的主要是八棱海棠、福山沙果、平邑甜茶等,选择实生砧木种子时,一定要从检测不含有病毒病的母树上采集果实,取得种子。

1. 砧木繁育

(1)圃地选择。选择灌溉和排水条件良好、避风向阳、无环境污染、土质肥沃的沙壤土或壤土作为苗圃地,土壤以微酸性至中性为宜,忌重茬地育苗。

(2)圃地整理。育苗圃地,要在冬前亩施腐熟厩肥 5 000～6 000 千克加复合肥 100 千克,或者亩施商品有机肥 500 千克加复合肥 100 千克。施后耕翻整平,作畦。

（3）种子层积。海棠种子需要吸取一定水分，在低温、通气、湿润条件下经过一定时间的层积处理才能发芽，层积温度以 2～7℃ 为最适宜，需 40～60 天，在烟台是 1 月份进行种子层积，在土壤封冻前选背阴不积水的地块挖沟，沟深35 厘米左右，宽和长可根据遮阴面的大小随机而定，沟底先垫上 10 厘米厚的细沙；种子层积前将种子放在清水中浸泡 1 小时左右，去掉漂浮在上层的秕种子，准备筛好的洁净细河沙，沙的湿度以手握成团，一触即散为宜，将种子从水中捞出与湿沙以体积比为 1∶5～7 的比例混合拌匀，然后将混合好的种子，平铺在挖好的沟里，最上层再覆盖约 10 厘米厚的细沙。3 月中旬，土壤化冻后，经常翻看种子发芽情况和沙的干湿程度，防止种子霉烂，当 30％ 以上的种子露白时，即可以开始播种了。

（4）播种育苗。春天，土壤解冻后，种子开始发芽了，立即准备播种，圃地的畦宽为 80 厘米，其中畦埂宽为 60 厘米，每畦播种 2 行，行距 20 厘米，播种沟深度约 4 厘米，将沟内打上小量底水，待底水下渗后即播种，每亩播种量2.5～3.5 千克，然后用耙子将播种沟耙平；苗木出土后，注意观察病虫害，虫害主要是象鼻虫，一旦发现要在行间撒施敌虫克等杀虫剂；病害主要是立枯病，发现后立即喷洒 20％甲基立枯磷 1 200 倍液。在幼苗长出 4～5 片叶时开始去除过密及弱小苗，即间苗，出苗不整齐地段应移栽壮苗补齐，同时进行断根处理；间隔 1 周左右进行第二次间苗处理，最后定苗株距 15～20 厘米。为使砧木苗生长良好，要加强田间管理；生长前期追施速效肥，亩施尿素 10～15 千克，共施2 次，施肥后立即浇水，平时管理一般每 12～15 天浇一次水，然后松土保墒；及时防治蚜虫，药剂选用吡虫啉等。

2. 苗木嫁接及管理

（1）嫁接。用于嫁接的接穗采自脱毒母本保存圃。嫁接方法有两种，一种是单芽插接法，嫁接时间在 3 月下旬到砧木萌芽前进行；非坐圃苗，首先将起好的砧木苗分级，除去劣质弱苗及须根少的苗，然后种植在整好的宽为 80 厘米的畦内（其中畦埂宽 60 厘米），每畦种 2 行，株距 15～20 厘米，行距 20 厘米，种后立即浇水，一周后开始嫁接；嫁接前将砧木距离地面约 15 厘米平茬，用剪子在砧木上方纵剪，剪口深度为 2.0 厘米左右，再用剪子将接穗的下方两面剪成楔形，剪口长度与砧木剪口深度相当，只留一个芽子剪下接穗，然后把剪好的接穗插入砧木，并用厚度为 0.04 毫米或者 0.06 毫米的地膜将接穗全包绑好。采用此法首先砧木可以重新选优，且春季插接速度快，成活率高，再是苗木分叉少，生长整齐，利于培育优质大苗。

另一种嫁接法是带木质部芽接，嫁接时间在 8 月底至 9 月中旬，坐圃苗一般采用此法，嫁接高度距地 10～15 厘米，先用嫁接刀将砧木侧面斜切成长弯月形的切面，切面长度约 2.5 厘米，以同样形状将接穗上的饱满芽子带木质部削下，然后将削好的芽子贴到砧木上，并用薄膜绑好。第二年春季萌芽前，在接芽上方

0.5～1.0 厘米处剪砧，剪砧后及时解绑，抹芽。

（2）乔化苗木管理。苗木管理包括抹芽、施肥、浇水、除草、打药、解绑。注意脱毒苗木管理过程中，嫁接工具和苗木修剪工具要单独使用，否则应用 75%酒精消毒。抹芽：砧木芽萌发后，及时抹芽，一般 5～7 天抹芽一遍，苗高 20 厘米时，抹芽基本结束。注意砧木上萌发的芽子要全部抹除，品种芽高低于 5 厘米，而绑缚的地膜内的砧木芽发出后，为了不影响地膜的功能，先将砧木芽重摘心，等品种芽高 10 厘米以上时，再从基部去掉。解绑：幼苗平均高约 60 厘米时，即可解绑，根据劳力情况 8 月底以前解绑结束。施肥、浇水：经调查，5 月中旬至 8 月上旬，苗木进入快速生长阶段，8 月中旬生长速度逐渐减缓，9 月下旬苗木逐渐停止生长。据此，为满足苗木的生长需要，施肥从 5 月中下旬至 8 月中旬每半个月施肥一次，施肥后立即浇水；幼苗时期施肥量为每亩施尿素 10 千克，当苗高达到 1 米以上时，亩施尿素增加到 15～18 千克，苗木速长期，随着打药，配上叶面肥，增加叶片光合作用，8 月下旬停止施肥，并减少浇水，使苗木适时停长促使养分回流；防止苗圃地积水，提前挖好排水沟，及时排涝。喷药：幼苗高约 15 厘米时，开始喷药，一般 15～20 天喷一次药，喷药要细致，从上到下都喷到，苗木速长期应在喷药时混加叶面肥，以增加光合作用。主要防治蚜虫、卷叶虫、褐斑病、红蜘蛛等，防治药剂可选用吡虫啉、甲维盐、高效氯氰菊酯、多锰锌、新灵、三唑锡等。混加叶面肥磷酸二氢钾、尿素等；8 月下旬苗木无病虫危害，停止喷药。苗圃地浇水后，及时划锄，除草、松土、保墒。

（3）乔化苗木出圃。苗木出圃，秋季是在落叶后到地上冻前，春季是在地化冻后到萌芽前，出圃前准备工作包括挑出实生苗、品种标记、打杈、浇水。首先落叶前，将实生苗挑出，有叶片时比较容易辨认，将其留 50 厘米剪截，以免混进成品苗中；对不同品种挂牌标记；苗木生长过程中，由于生长过旺，或者连阴雨时间过长，容易发生分枝现象。出现分枝及早除去，即打杈，留一个强壮中心干。若土壤较干，应浇一遍水，待土壤松软后起苗；用挖掘机起苗，速度快，成本低，根系完整。苗木出土后，立即进行分级、捆扎（一般 20 株 1 捆）、培苗（挖深 40 厘米左右的沟，将成捆的苗子以 45°角成行单捆摆好，然后培土，一层苗一层土，依次埋好）。优质苗木的标准：苗高 1.5 米以上，根系发达、根多，较粗的大根有 4～6 根以上，须根较多，枝干充实饱满，无病虫害。

五、早熟富士品种矮化自根砧无病毒苗木繁育技术

矮化自根砧育苗具有育苗简单、园貌整齐、结果早、产量高、品质好等优点，是世界苹果生产发展的趋势，经本课题组试验，矮化自根砧砧木的红将军品种，具有早果、丰产的效果，能显著增加苹果果实的糖度和香气成分。

1. 母本园建设

（1）园地选择。选择无检疫性病虫害、无环境污染、交通便利、背风向阳、地势高燥、土壤 pH 为 5.5～7.8、有灌溉条件、排水良好、土质肥沃的沙壤土、壤土和轻黏壤土，且已连续 3 年未繁育果树苗的地块作为建园用地，设置隔离区，园址至少要远离原有苹果园 50 米。

（2）母本园建设。

①砧木母本园建设选择苗茎充实、芽眼饱满、根系发达、侧根粗＞1.5 毫米、根皮光滑、干高＞50 厘米的砧木苗为砧木母树。按照株行距（1～2）米×（2～3）米集中定植。主要矮化砧木品种有 M7、M8、M9、M26 和 MM106 等。

②品种母本园建设。选择品种纯正的早熟富士品种苗木，按照株行距（1～2）米×（2～3）米建品种母本园。

2. 砧木繁育。

适合 M7、M9、M9T337 和 MM106 等矮化砧木品种。

（1）扦插法。

①硬枝扦插。入冬前，从砧木母本园采集充分成熟的 1 年生枝条，剪去先端的不充实部分，截成长 15～20 厘米的插穗。剪插穗时，上端离芽 2 厘米左右处平剪，下端斜剪以利生根。每 50 条或 100 条插穗捆成 1 捆，贴上标签，并注明品种名称、采集日期和采集地点，直立埋于湿沙或锯末中贮藏，温度以 1～5℃为宜。翌年 3 月上中旬，在保持一定温度和湿度的温室或小拱棚内扦插。扦插前用 0.002 5％～0.010 0％的吲哚丁酸水溶液浸泡插条基部 12～24 小时，或用 0.05％～0.20％的滑石粉做填充剂，或用 0.1％～0.2％的吲哚丁酸 50％酒精溶液浸蘸插条基部 5～7 秒。

扦插方法分为畦插和垄插两种。畦插法，插畦宽约 1 米、长 8～10 米，扦插株行距为（15～20）厘米×（40～50）厘米。在地下水位高、地温较低的湿地，采用垄插，垄高 15～20 厘米、宽 30 厘米。畦和垄均以南北行为好。插条全部插入土中，覆土，踩实保墒，萌芽时除去覆土。经过催根处理的插条，须先用木棒等在土中扎孔，然后放入插条，使其与土壤紧密接触，以免损伤幼根。

②绿枝扦插。在生长季节进行。将半木质化的枝条剪成长 10～15 厘米的插条，去掉下部叶片，用生根素处理后插入有遮阳设备的、用河砂（蛭石或珍珠岩）做扦插基质的苗床内。绿枝扦插较硬枝扦插容易生根，但扦插时对空气湿度和土壤湿度的要求都非常严格，须在人工喷雾（弥雾）条件下进行。苹果矮化自根砧插条在塑料大棚内间歇弥雾、遮光度为 80％、棚内气温保持在 30℃以下、空气相对湿度保持在 90％的条件下，先把插条做纵向刻伤处理，在 1％的萘乙酸溶液中速蘸 5～10 秒，插条生根率可达到 80％以上。

（2）压条法。

①水平压条。选用根系良好、枝条充实、粗度较均匀和芽眼饱满的砧苗体作

为母株，剪留 50 厘米。母株苗栽植前充分浸水，经泥浆浸根后在栽植沟内按株距 30 厘米、与地面呈 30°～50° 夹角、梢部向北倾斜栽植，垂直深度约 15 厘米，然后填土踏实，连续灌 2 次透水后封土。封土后的栽植沟平面应低于原地平面 3～5 厘米。母株苗定植后要及时覆盖地膜，以提高地温并保持一定的湿度。

母株苗栽植成活后，待苗干多数芽萌发时，顺母株苗栽植的倾斜方向将苗干压倒在略低于地面的栽植沟内，第 1 株苗压倒后梢部用第 2 株苗的基部压住，第 2 株苗压倒后梢部用第 3 株苗的基部压住，以此类推。用木钩或铁钩固定拉倒埋入地下的砧苗，防止苗干压倒后中部鼓起。在压倒苗干的同时，抹除母株苗干基部和梢部的芽，使母株苗干上的新梢长势均匀。

待苗干上多数新梢长至 15 厘米以上时进行第 1 次培土（培土用混合土，园土、腐熟锯末、细沙土各占 1/3，其中园土混有适量的腐熟细土粪），培土厚度为 >5 厘米，以后随着新梢不断长高增加培土厚度，每次培土间隔约 15 天，7 月上中旬进行最后 1 次培土，培土总厚度为 20～30 厘米。此时栽植沟经多次培土已形成大垄。砧苗生长期内保持苗床内的湿度，含水量为田间持水量的 60%～80%。除每次培土前都要灌水和适度追肥外，还要根据土壤含水量情况随时灌水。

当年晚秋，将苗床的培土全部扒开，露出水平压倒的母株苗干及其上 1 年生枝基部长出的根系。将每条生根的 1 年生枝在基部留 1 厘米的短桩剪下成为砧苗，而压倒的母株苗干及苗干上留下的一些有根的短桩则留在原处。短桩上的剪口要略微倾斜，以便下一年从剪口下萌发新梢继续培土生根。母株苗干上长出的未生根的 1 年生枝可留在原地不剪，翌年春季再作母株苗干继续水平压条，压倒时应与原母株苗干平行，并使其有 10 厘米的间距，母株苗干上长出的未生根的细弱枝全部剪除。剪后原母株苗干重新培土，灌水越冬。剪下的砧苗分级后，窖藏沙培越冬，翌年春季作砧苗利用。

②直立压条。春季栽植苹果矮化自根砧苗，株行距为（0.3～0.5）米×2.0 米，开沟起垄，沟深和垄宽均为 30～40 厘米，垄高 30 厘米。萌芽前，从自根砧苗基部留 2～3 厘米剪截，促发萌蘖，使成为压条母株。当新梢长到 15～20 厘米时进行第 1 次培土，培土高度为苗高的 1/2，宽约 2 厘米。1 个月后，新梢长到 40 厘米左右时进行第 2 次培土，最终培土高度达 30 厘米、宽度达 40 厘米。培土前应先灌水，培土后保持土堆湿润。一般培土后 20 天砧苗开始生根，入冬前即可分株起苗。起苗时，先扒开土堆，在每根萌蘖的基部靠近母株的地方，留 2 厘米左右剪截，没有生根的萌蘖也要同时短截。

（3）组培快繁法。生长期，采取新梢先端 2～3 厘米为外植体。休眠期，采取一年生枝条上的饱满芽为外植体。用流水冲净外植体表面的灰尘，在超净工作台上用 70% 的酒精浸泡 0.5 分钟，0.1%～0.2% 升汞＋0.1% 吐温消毒 10～15 分钟，无菌水冲洗数遍。切取带 1～2 个芽的茎段或长 1～5 毫米的茎尖，接种到诱导分化培养基（MS＋BA0.5～1.5 毫克/升＋NAA0.02～0.05 毫克/升或

IBA0.2~0.5毫克/升＋蔗糖30克/升＋琼脂5克/升，pH5.8）上。在室温23~27℃、光强1 500~2 000勒克斯下培养。分化期间，每1~1.5个月转换一次培养基。

分化培养数月，外植体形成丛芽后，将大的丛芽切分数个小块，同时将长的小植株切成带1~3个节的小段，插入新鲜培养基中，进行增殖；培养基同诱导分化培养基。

诱导生根。选择生长正常、高度2厘米以上的小植株，切除基部后，插入1/2MS大量元素（其他元素为全量）＋IAA1.5毫克/升或IBA0.2克/升＋蔗糖20克/升＋琼脂5~7.5克/升、pH5.8的生根培养基上，培养15~20天即可生根。

移栽。将生根试管苗移入温室，闭瓶炼苗5~10天，开瓶炼苗1~2天，洗净根部培养基后移栽，覆盖塑料拱棚，并适当遮荫，注意保湿、控温。一周后，逐渐通风透光，移栽成活后，移入田间苗圃。

3. 苗木繁育

（1）繁育圃建设。对建圃用地进行翻耕、消毒、整地和施肥。秋后翻耕，深度为30~40厘米。施优质土粪75万~150吨/公顷和磷肥1 500千克/公顷。病虫害多发区进行土壤消毒，预防立枯病、根腐病和金针虫、蛴螬等病虫害。早春干旱少雨地区，整好地后灌水1次，可提高种子的出苗率，保证苗量。

（2）接穗采集。品种母本园的母树上采集生长健壮、芽体饱满、无病虫害的1年生枝作为接穗，在休眠期或生长季采集。

在休眠期采集的接穗（一般结合修剪进行），采后在地窖内或埋入湿沙中贮藏，或蜡封保存。在地窖内贮藏时，将接穗下半部埋在湿沙中，上半部露在外面，捆与捆之间用湿沙隔离，窖口要盖严，保持窖内冷凉，温度<4℃，湿度>90%。贮藏期间经常检查沙子的湿度和窖内的温度，防止接穗发热霉烂或失水风干。若无地窖时，于土壤封冻前在冷凉干燥的背阴处挖贮藏沟，沟深80厘米、宽100厘米，长度依接穗多少而定。先在沟内铺2~3厘米厚的干净河沙，将接穗倾斜摆放在沟内，然后填充河沙至接穗全部埋没，沟面覆盖防雨材料。用石蜡封存的接穗只用于枝接，根据嫁接的需要，将其剪成适宜的长度，先剪截后蜡封、扎捆，长短要整齐一致。封蜡时，须先将石蜡放入较深的容器中加热熔化，待蜡温升到95~102℃时，迅速将接穗的一头放入石蜡中蘸一下，然后速蘸另一头，时间不要超过1秒，使整条接穗的表面都均匀地附上一层薄薄的石蜡。蜡温不要过低或过高，过低时蜡层厚，易脱落，过高则易烫伤接穗。蜡封接穗要完全凉透后再收集贮藏。

生长季采集的接穗要随采随用，采后立即剪去叶片，减少水分蒸发。剪叶时留下长1厘米左右的叶柄，以利于作业和检查嫁接成活率。暂时不用的接穗需存放在阴凉处，切勿在烈日下暴晒。短时间用不完的接穗，须将下端用湿沙培好，并经常喷水保湿，以防接穗失水而影响成活。

4. 嫁接

秋季砧苗基部粗＞0.8厘米时可芽接苹果品种。选接穗中部的饱满芽，从芽上横切一刀，切断皮层，再从芽下1.5～2.0厘米处下刀向上削盾形芽片，切入接穗粗的1/3，向上斜削至超过横切口，然后用手捏住芽体两旁，轻用力取下芽片（芽片上带有生长点）。在砧木苗基部光滑部位切T形切口，将芽片嵌入，并使芽片上边与砧苗上的横切口对齐，然后用塑料薄膜或麻线绑缚。秋季嫁接较晚时，接穗的芽片不易取下，此时需用带木质的芽嫁接，即在削取接穗的芽片时，盾形芽片的内面可稍带一薄层木质部，砧苗基部仍切T形切口，插入芽片后的绑扎与普通芽接相同。

5. 嫁接苗管理

（1）检查成活，解绑和补接。秋季嫁接伤口愈合较快，接后10天左右即可检查成活情况。凡接芽保持新鲜状态，芽片上的叶柄用手一触即落者，说明接芽已经成活；而芽片干缩、叶柄干枯则未成活，需要立即进行补接。接芽成活后即可解绑，解绑过早会影响接芽成活；解绑过晚会影响接芽的生长和苗体加粗。

（2）剪砧和除萌。第二年春季在接芽开始萌发前剪砧。剪砧时用锐利的枝剪刃面在接芽上方0.5厘米左右处剪截，并向接芽对面稍微倾斜，剪口不能离接芽太近，更不能伤及接芽，注意防止劈裂，以免影响接芽成活。剪砧后，随时去除砧木基部萌蘖，以防影响苗木生长。

6. 加强土肥水管理

在整地施基肥的基础上，生长期应及时进行追肥和叶面喷肥。前期追肥以氮肥为主，后期需增加磷肥和钾肥。全年灌水3～4次，在嫁接苗速长期，结合灌水追施氮肥，施肥量根据苗木生长状况而定，一般施尿素或磷酸二铵120～150千克/公顷；立秋后要停用氮肥并控水，以防徒长，结合病虫害防治进行2～3次的叶面喷肥（0.3％～0.5％磷酸二氢钾溶液）。及时中耕除草和防治病虫害。

7. 培养分枝大苗

选用生长一致的壮苗，按行距1.0米、株距0.5米栽植，栽植后1.2米定干，加大肥水使用量，肥料以氮肥为主。当年夏季，新梢长到25厘米左右时，除延长头外，其余新梢一律从基部留橛疏除，使其重发。7月上旬对当年新梢上萌发的二次梢可按上述办法再进行1次疏除，同时加大肥水用量并喷施叶面肥。当年树高可达2米以上，分枝达15～20个，即可出圃。

六、早熟富士品种矮化中间砧苗木繁育技术

苹果矮化中间砧苗木是充分利用实生砧根系发达、适应性强和中间砧的矮化特性，在其上嫁接优良品种繁育的苗木。因其具有结果早、丰产稳产、优果率

高、树体较小、易管理等特点，受到果农青睐。从苗木整体上看可分为三段：一是最基部的实生砧，称基砧；二是基砧上嫁接矮化砧，称矮化中间砧；三是中间砧上嫁接栽培品种。如何将这三部分合理有效地组织起来，是生产矮化中间砧苹果苗的关键。

1. 基砧的培育

（1）品种的选择。基砧根系要发达，适应性要强，与中间砧亲和力要好。生产上多采用八棱海棠。

（2）采种制种。从生长健壮、无病虫害的母树上采集。9月下旬采种，采集的果实要充分成熟、无病虫害，用堆积法漂洗取种，晾干后去杂质，上冻前采用沙藏层积法处理种子。

（3）播种。在烟台地区多4月初播种，浸种催芽，当有60%左右的种子"露白"时，即可播种，一般采用双行带状条播，宽行40～50厘米，窄行20～25厘米。春季播种前浇水浅翻，整平，按行距开沟，深2～3厘米，将种子均匀撒入沟内，覆土镇压。

（4）播种苗的管理。播种畦面使用地膜覆盖保墒，幼苗有10%～20%出土时要及时撤除。幼苗出现2～3片真叶时开始间苗，4～5片真叶时按10～15厘米株距定苗，每亩留苗8 000～10 000株。补苗最好在阴天或傍晚带土移栽。定苗后，当苗长至5～6片真叶时，用0.1%尿素叶面喷肥2～3次。当苗长到8～10片真叶时，每亩根施磷酸二铵15千克左右。为了促进苗木加粗生长，在苗高15～20厘米时可以进行摘心，摘除3～5厘米。再结合追肥进行培土，促使茎部加粗生长，以达到嫁接粗度。嫁接前将基部10厘米以下的分枝和叶片抹去以便于嫁接。此外，还要及时防治病虫害，主要防治苹果黄蚜、金龟子、舟形毛虫等害虫，可喷高效氯氰菊酯2 000倍液进行防治。

2. 矮化中间砧苹果苗嫁接

（1）两年生矮化中间砧培育方法。春季播种基砧种子培育实生苗，8月中下旬嫁接矮化中间砧芽，先将砧苗距地面4～5厘米处光滑迎风面擦净泥土，用芽接刀横切一刀，深达木质部，刀口宽度为砧木干周的一半左右，然后在刀口中间向下竖划一刀，竖刀口稍短一点。再削接芽，接穗应该选生长健壮、无病虫害的1年生枝条，先在接穗芽的上方0.6厘米左右处横切一刀，刀口宽是接穗直径一半左右，然后刀由芽下1厘米处向上斜削，由浅入深达横刀口上部，然后用左手拇指和食指在芽基部轻轻一捏，芽片即可取下。立即挑开砧木拉口皮，把接芽迅速插入，使芽片横刀口与砧木的横刀口对齐，然后用有弹性的1厘米宽的塑料薄膜包扎好。这种嫁接方法一般成活率可达95%以上。嫁接后7～10天检查是否成活，如发现未成活，应立即补接。检查成活后，应该解除绑缚，第二年长出的新条作为中间砧，6月中旬在中间砧的25～35厘米处采用同样方法嫁接栽培品种，萌芽后剪砧，中间砧上的叶片保留，秋季可出圃。

（2）3 年生苗木繁育。春季播种基砧种子培育实生苗，8 月底至 9 月上旬，在实生砧木上嫁接矮化中间砧的芽，嫁接后 7～10 天检查是否成活，如发现未成活，应立即补接。第二年春季，芽萌动后，在嫁接口上 1 厘米处进行剪砧，解绑，促进矮化中间砧生长；在第二年的 8 月底至 9 月上旬，在矮化中间砧苗木离海棠嫁接口 20～25 厘米处嫁接品种接穗。选取与嫁接部位粗度相近的品种接穗，采用带木质芽接的方法嫁接。翌年春季萌芽前在品种接芽上方 1 厘米处剪砧，解绑。生长季节及时除掉矮化中间砧部分的萌蘖，并注意中耕除草，加强肥水管理和病虫害防治，促进苗木生长，秋季即可出圃。

七、早熟富士品种抗轮纹病中间砧苗木繁育技术

高抗苹果轮纹病砧木烟砧 1 号是烟台市农业科学研究院从鸡冠苹果自然杂交实生苗中选育出的对苹果轮纹病具有高度抗性的中间砧砧木，2009 年通过山东省农作物审定委员会审定。早熟富士品种和普通富士一样，都易感染枝干轮纹病，可以采用烟砧 1 号苹果砧木做中间砧，繁育高抗苹果轮纹病的苗木，具体繁育技术如下。

1. 基砧选择与繁育

（1）基砧砧木类型选择。宜选择生长健壮、根系发达，嫁接亲和力、适应性和抗逆性均强，有利于丰产、优质的基砧砧木，主要有八棱海棠、平邑甜茶、山定子、烟台沙果等。

（2）苗圃地选择。宜选择无检疫性病虫害和环境污染，有灌溉条件、排水良好、土质肥沃的沙壤土、壤土和轻黏壤土作为苗圃地。土壤 pH 以 5.5～7.8 为宜，苗圃地忌重茬。

（3）基砧砧木种子层积处理。不同的基砧类型种子需要不同的层积时间，常用砧木种子适宜层积时间见表 4－10。层积前根据种子的干湿程度，将种子倒入缸中，浸泡 24～36 小时，捞去秕种，将饱满种粒按 1 份种子和 3～5 份湿河沙混合均匀，沙的湿度以手握成团，一触即散为度，适宜含水量在 40％～55％。选择背阴、干燥、不易积水的地块，挖深 30 厘米，宽 25 厘米的地沟，先在沟底铺一层净沙，然后将混合好的种子均匀平铺在净沙上，最上层再盖一层湿沙即可。层积期要注意检查，防止霉烂变质和鼠害。

表 4－10　常用砧木种子适宜层积时间及播种量

砧木种类	适宜层积时间（天）	直播育苗法每亩播种量（千克）
八棱海棠	40～60	1.5～2.0
平邑甜茶	30～50	1.0～1.5

（续）

砧木种类	适宜层积时间（天）	直播育苗法每亩播种量（千克）
山定子	30～50	1.0～1.5
烟台沙果	60～80	1.0～1.5

（4）播种时间和方法。春天土壤解冻后即可催芽播种，一般在每年的3月中旬进行。播种前，苗圃地深翻40～50厘米，施足底肥，整平做畦，畦内开2～3厘米的条沟，并适量灌水，待水下渗后播种。播后耙平，覆盖塑料小棚保湿增温。播种方式可选用宽行70～80厘米、窄行40厘米左右的双行条播，或者行距50～60厘米单行条播。播种深度以种子直径的2～3倍为宜。砧木苗长到3～4片叶时，将塑料小棚打孔，然后随外界气温的增加逐渐撤去拱棚。幼苗长出4～5片真叶时，按株距15～20厘米间苗、移苗和断根处理。

（5）砧木苗管理。为使砧木苗生长良好，达到嫁接粗度要求，要加强苗圃管理，在5～7月份除草3～4次，追施速效肥2～3次，每次每亩追施尿素或硫酸铵15～20千克，追肥后浇水，然后松土保墒，及时疏除砧木苗上的分枝。要及时防治病虫害，发现立枯病时，喷布0.2%的多菌灵或用0.1%的甲基托布津药液灌根；发现苹果黄蚜危害时，用50%的吡虫啉0.4%的溶液或22.4%螺虫乙酯0.4%的溶液进行防治。

2. 烟砧1号中间砧嫁接和管理

烟砧1号中间砧木嫁接前，浇一遍水。8月底至9月中上旬，选取与砧木粗度相近的烟砧1号中间砧接穗，采用带木质芽接的方法嫁接苗木。嫁接高度离地面10厘米左右，嫁接时注意不要损伤嫁接口下部的叶片。第二年春季萌芽前在接芽上方1厘米处剪砧，及时解绑、除萌、中耕除草，加强肥水管理和病虫防治，促进烟砧1号苗木生长。

3. 品种嫁接

（1）品种选择。红将军、早熟富士王、烟农早富等早熟富士系列品种。

（2）2年生苗木繁育。6月下旬至7月上旬，待烟砧1号中间砧苗高长至90厘米左右（离地面高度）开始嫁接品种。嫁接品种采用丁字形芽接或带木质芽接的方法嫁接。选取与砧木粗度相近，生长健壮的品种接穗，在苗木离地面高度70～80厘米处（其中基砧10厘米左右，烟砧1号中间砧段60厘米左右）嫁接。接芽经过15～18天愈合期后，开始平茬、解绑，随后进行抹芽，并加强肥水管理，促进苗木生长。

（3）3年生苗木繁育。8月底至9月上旬，在烟砧1号苗木离地面高度70～80厘米处嫁接品种接穗。选取与嫁接部位粗度相近的品种接穗，采用带木质芽接的方法嫁接。翌年春季萌芽前在品种接芽上方1厘米处剪砧，解绑。生长季节及时除掉烟砧1号中间砧部分的萌蘖，并注意中耕除草，加强肥水管理和病虫害防治，促进苗木生长。

4. 苗木出圃

秋季苗木生长停止并开始落叶时，即可进行苗木起苗出圃。起苗前对苗木挂牌标明品种、砧木类型等。若土壤过于干燥，应充分灌水，以免起苗时损伤过多须根，待土壤稍疏松后即可起苗。挖出的苗木要尽量减少风吹时间，及时根据苗木的大小、质量好坏进行分级。高抗苹果轮纹病良种苗木应具有一定高度和粗度，枝条健壮，芽体饱满、充实；根系发达，须根多，断根少，无严重的病虫害及机械损伤，基砧、烟砧 1 号中间砧和品种嫁接部分愈合良好。

八、早熟富士脱毒苗木果园产量与效益分析

红将军是烟台主要栽培的早熟富士苹果品种，成熟期较富士提前 30 天左右，种植效益较好，在促进苹果品种结构调整、农民增收方面发挥了重要的作用。但近年来，红将军苹果品种花脸型锈果病毒的大面积发生，果面散生近圆形黄绿色斑块，套袋苹果摘袋上色后形成红黄相间的花脸状，果面凹凸不平，果实失去食用价值。为预防和控制果实病毒病的危害，烟台市农业科学研究院采用高温热处理结合茎尖培养的技术，对红将军品种进行了脱毒处理，成功培育出脱毒品种苗木。本试验以脱毒红将军品种苗木为试材，研究了其在老龄重茬果园内的栽培表现和果实品质，以期为脱毒良种推广应用提供理论支撑。

1. 材料与方法

（1）试验材料。试验果园位于烟台市牟平区观水镇刘家村进行，2012 年冬季伐除老树，进行全园深翻，清除残根，设定株行距 3.0 米×4.5 米，开挖 0.8 米深、1.0 米宽的定植沟，将上层土回填至底层，下层土回填至沟的上层；2013 年春季，按照设计好的株行距定植八楞海棠砧的脱毒红将军苗木，同时以八楞海棠砧的常规红将军苗木作对照。自由纺锤形树形，常规管理，果实套内红外褐双层纸袋，5 月下旬果实套袋，9 月 2 日摘袋，9 月 18 日采摘果实。

（2）测定方法。选择脱毒和常规红将军植株各 10 株，测定树体指标；在树冠中部选择长势健壮的一年生枝条，采集成熟叶片 200 片，测定叶片百叶质量；离地面 20 厘米处，用卷尺测定植株干周；米尺测定树高、冠径；人工计算植株的主枝数；随机选择 5 株树，测定单株结果数量和一级、二级、三级果数量；根据 2017 年不同等级红将军果品的市场销售价格，折算单位面积总收入。

在每株树的树冠外围 4 个方向及中部随机采摘 10 个苹果，共计 100 个果实，用于测定平均单果重、可溶性固形物含量、果实硬度、可溶性总糖、可滴定酸等指标。用电子天平测定单果重，利用指针式水果硬度计（GY - 3 型）测定果实硬度，利用数显折光仪（LH - B55）测定可溶性固形物含量，采用斐林试剂法测定可溶性糖含量，NaOH 滴定法测定可滴定酸，每处理重复 3 次，取平均值。

2. 结果与分析

（1）脱毒苗木和常规苗木植株树势分析。对脱毒和常规红将军树体指标进行了测定，脱毒红将军植株的干周、树高、冠径、单株结果数均显著高于常规植株，达到差异显著水平。其中干周、单株结果数分别是常规植株的 1.43 倍和 1.41 倍，树体大小差异极大，在重茬果园内，脱毒红将军苹果植株的树势显著好于常规苗木。脱毒植株叶片浓绿，大而厚，百叶质量是常规植株的 1.24 倍，没有表现出花叶病症状。常规植株上，均有不同数量的花叶病症状，且表现有斑驳型、环斑型和条斑型 3 种症状。

表 4-11　脱毒红将军树体指标结果分析

植株类型	干周（厘米）	树高（厘米）	冠径（厘米）	百叶质量（克）	单株结果数（个）
脱毒植株	23.9±1.2 a	325.5±5.8 a	298±7.2 a	26.67±0.8 a	123±4.5 a
常规植株	16.7±0.8 b	280.2±6.3 b	246±6.5 b	21.43±0.7 b	87±5.9 b

（2）脱毒苗木和常规苗木的果实品质分析。果实品质测定结果表明（表 4-12），经过脱毒的红将军苹果果实平均单果重显著提高，较常规苗木高 33.4 克，结合表 4-11 单株结果数量，5 年生脱毒植株的单株产量平均为 31.56 千克，而常规苗木单株产量仅为 19.42 千克；脱毒植株的可溶性固形物含量、可滴定酸和可溶性固形物含量分别是常规植株的 1.10 倍、1.27 倍和 1.09 倍，果实硬度较常规植株低 0.4 千克/厘米²。同时，脱毒植株上的果实果面光洁，没有任何的病毒病症状；而该果园 2017 年有 3 株树上的果实，表现出了花脸锈果症状，果面凹凸不平，呈现红黄相间的花脸状。

表 4-12　脱毒红将军果实品质分析

植株类型	平均单果重（克）	可溶性固形物（%）	硬度（千克/厘米²）	可滴定酸度（%）	可溶性总糖（%）
脱毒植株	256.6±5.3 a	14.3±0.5 a	7.8±0.2 b	0.33±0.02 a	13.4±0.6 a
常规植株	223.2±4.1 b	13.0±0.4 b	8.2±0.3 a	0.26±0.02 b	12.3±0.5 b

（3）脱毒苗木和常规苗木的亩经济效益分析。分别调查脱毒苗木和常规苗木的一级果、二级果、三级果以及残次果数量，计算各个级别苹果所占比例，并根据单株结果数、平均单果重、株行距估算亩产量，5 年生脱毒苗木果园平均亩产量为 1 578.0 千克，常规苗木果园仅为 971.0 千克；2017 年，每千克一级果、二级果、三级果以及残次果的销售价格分别为 6.4 元、4.8 元、3.2 元和 0.6 元，5 年生脱毒红将军果园的亩收入为 8 906.2 元，比常规苗木高 3 715.0 元，果品销售收入增加显著。

表 4 - 13　脱毒苗木果园和常规苗木果园 2017 年果品销售收入比较

果园类型	亩产量（千克）	一级果量（千克）	一级果销售收入（元）	二级果量（千克）	二级果销售收入（元）	三级果量（千克）	三级果销售收入（元）	其他果销售收入（元）	总收入（元）
脱毒苗木	1 578.0 a	1 025.7 a	6 564.5 a	410.3 a	1 969.3 a	110.5 b	353.5 b	18.9 a	8 906.2 a
常规苗木	971.0 b	534.0 b	3 417.9 b	281.6 b	1 351.6 b	126.2 a	403.9 a	17.5 b	5 191.2 b

3. 结果与讨论

苹果病毒病的种类很多，已报道的有 39 种，其中非潜隐性的病毒病有 25 种，潜隐性的病毒病有 14 种。我国重点检测的苹果病毒病种类主要有锈果类病毒病、花叶病毒病、绿皱果类病毒病、褪绿叶斑病毒病、茎沟病毒病和茎痘病毒病。花叶病是在叶片上表现的病毒病，锈果病是在果实上表现的病毒病，是苹果上危害较重的两种非潜隐性病毒病。本实验通过对脱毒红将军品种园进行调查，5 年生脱毒植株没有任何的花叶病和病毒病症状，而常规植株上基本每棵树都有花叶病叶片，部分植株有花脸型锈果病毒果实。表明在常规栽培管理条件下，5 年内可以保持脱毒植株不感染和表现花叶和锈果病毒病。

果树感染病毒后，会造成树势减弱，品质降低，产量降低，而脱除病毒后，植株会长势加快，产量显著提高。3 年生无病毒乔化国光的结果株率可达 64.0%，果实个大，锈少，光洁度提高 13%～26%。在相同的光照条件下，脱毒植物叶片的叶绿素含量高，净光合速率也高，可以同化更多的光能，从而有效积累合成的有机物，大幅度提高产量。而在富士上的研究结果表明，1～4 年生脱毒植株的树高、干周、冠径均高于常规植株，4～8 年生脱毒植株的单株结果数、单株产量显著高于不脱毒的富士植株，单位面积果品销售收入也显著高于不脱毒富士果园。本研究的结果也表明，在同一果园内，脱毒红将军品种苗木的植株长势、优质果率和单位面积产量等指标显著高于常规红将军苗木，果园收益也显著提高。

红将军是目前栽培面积最大的早熟富士品种，本试验的调查结果表明，红将军苹果成熟期在 9 月 20 日左右，收购商对果品的等级要求较松，市场价格较高，2017 年一级果的销售价格平均为 6.4 元/千克，5 年生脱毒果园每亩效益可达 8 906.2 元，该品种成熟期正值中秋和国庆双节，嘎拉已经采摘完，富士又没有成熟，可以很好地调节中熟苹果鲜果市场，具有良好的市场开发前景。

老苹果园刨除老树后立即种植新的苹果苗，一般会表现出重茬反应，主要表现为地上生长量小，树势衰弱，树体矮小，品质变劣，产量可降低 20%～50%。而脱毒富士苹果苗木在重茬果园内则长势健壮，表现出较好的抗重茬性能。从本试验的调查结果看，在重茬果园内种植脱毒红将军苗木，长势旺盛、扩冠快，果实优质果率高，没有花脸型锈果病毒症状，表现出较好的抗重茬能力，可以作为烟台地区老果园更新改建的优良苗木。但脱毒苗木抗重茬的机理还有待作进一步的研究。

第五章

早熟富士系苹果标准化栽培技术集成

根据项目研究结果，课题组结合品种脱毒、不同砧木、高光照树形、生物碳肥和叶面微肥利用、果园生草、适期采收等对苹果品质的影响研究结果，对苗木选择、土壤管理、树形建立、肥水综合管理、病害防治、花果管理、适期采收等进行了集成，总结制定了早熟富士系品种标准化栽培技术规程。主要技术要点介绍如下。

一、科学规划建园

1. 苹果对环境条件的基本要求

（1）土壤。苹果对土壤的要求不严，黏土、沙土、壤土均可，但以土层深厚、土壤疏松肥沃的沙质壤土最好。土层浅薄、石砾过多的黏重土壤，须改良后方可种植。苹果性喜微酸性至中性土壤，pH 以 5.5～6.7 为宜，pH 在 4.0 以下生长不良，易出现缺磷、钙、镁等症状，pH 在 7.8 以上时严重制约苹果生长，易出现缺铁、锌、硼、锰等现象。苹果不同砧木对土壤的酸碱度适应性不一，如山荆子抗寒，较耐酸，但不抗盐碱，而海棠类作砧木时，在 pH 高的土壤中适应性强。苹果耐盐力不高，据研究，氯化盐在 0.13% 以下苹果生长正常，0.28% 以上则受害重。

苹果的根系不耐涝，地下水位必须在 1 米以下。土壤含氧在 10% 以上时能正常生长，10% 以下时生长受到抑制，5% 以下时根和地上部均停止生长，1% 以下时细根死亡，地上部严重受害。苹果要求土层深厚的土壤，有效活土层应在 80 厘米以上，土层浅苹果根系生长不良，抗性差，易遭旱害。由此，苹果需土层深厚，有机质含量丰富，通气良好，疏松肥沃，保肥、保水性好的中性土壤，有机质含量对于土壤良好理化性状的形成和维持有重要作用。

（2）温度。苹果原产于夏季空气干燥，冬季气温冷凉的地区。温度是限制苹果栽培的主要因子，一般认为，年平均温度在 7.5～14℃ 的地区，都可栽培苹果，温度过高或过低都不利于苹果生长。冬季温度高则不能满足冬季休眠期所需低温，一般要求冬季最冷月平均气温在−10～10℃。苹果抗寒性较强，休眠季可抗−30℃以下低温。冬季温度过低，容易造成越冬伤害，低温引起苹果树越冬伤害有两种情况，一是冷害，表现枝干形成层，甚至木质部变褐，或花芽、叶芽受冻枯死，这多发生在冬季持续低温的条件下；另一种是越冬抽条，这是受低温和早春干旱综合的影响，如华北、西北的广大地区，表现在枝条逐渐抽干，轻者仅部分枝条梢部死亡，早春芽萌动晚，不整齐，重者延及枝干，甚至地上部分全部抽干。一般情况，截干后仍能继续形成新的树冠，多发生在1、2年生幼树，越冬抽条与幼树越冬前的准备、枝条的充实成熟情况有关，生长季后期控制生长，使幼树及时停长，组织充实，是防止抽条的主要技术途径。

春季昼夜平均气温3℃以上时地上部开始活动，8℃左右开始生长，15℃以上生长最活跃。春季开花时，我国多数地区苹果花期都会遭受晚霜冻害，影响苹果授粉，严重时引起花器受冻，苹果花蕾只能经受短期−2.5℃的低温，花朵开放后，如遇−1.5～1.7℃的低温，即有不同程度的冻害，引起落花。幼果期遇0～1℃低温，会使果皮出现木栓化组织，使果实顶部出现环状锈斑，称"霜环"。整个生长季（4～10月）平均气温在12～18℃，夏季（6～8月）平均气温在18～24℃，最适合苹果生长。生长季热量不足则花芽分化不好，果实小而酸，色泽差，不耐贮藏。夏季温度过高，如平均温度在26℃以上则花芽分化不良，秋季温度白天高夜间低，昼夜温差大时有利于果实品质的提高。在烟台地区，一般情况下冬季发生冻害的概率较小，但春季萌动后或花期，烟台地区易受早春倒春寒或晚霜危害。

（3）水分。苹果要求夏季较为干燥的气候，夏季高温多雨病害严重，也影响到果实品质。苹果较为抗旱，生长季降水量达540毫米即可满足苹果生长与结果所需，烟台地区年平均600～900毫米，处在苹果适合的年降水量范围之内。但降水量分布不均匀，因此建园必须设置排灌系统。苹果新梢旺盛生长期是一年中需水最多的时期，此时水分充足，则新梢生长迅速，并能及时停长，对果实发育和花芽分化均有利；水分过多，则枝叶生长过旺，大量营养被枝条所消耗，花芽数量少。

（4）光照。苹果属喜光性树种，要充分发挥叶片的同化机能，需要1 500勒克斯的光照强度。据研究，金冠、红星等苹果光补偿点为600～800勒克斯，光饱和点为3 500～4 500勒克斯，在此范围内光照强度增加，光合作用增强；光照强度影响果实着色，如红色品种年需日照1 500小时以上；对一株树而言，树冠中的入射光强为自然光强的70%以上时着色良好。光质对着色也有较大影响，紫外光能诱发果实中产生乙烯，促进花青苷的合成，有利于着色。日照不足时则枝叶徒长，叶大而薄，枝纤弱，贮藏营养不足，花芽分化不良，抗病虫力差，开花坐果率低，果实品质差。但光线过强也不利于光合作用而且常引起高温伤害，造成果实日烧现象。

（5）其他因素。大风不仅直接损害果实，且随之降温，降低叶片机能，开花期损害花器，阻碍昆虫活动，影响授粉受精，冬季寒风可助长树体的冻害。强风可引起落果、损叶、折枝、树冠偏斜等。因此，在风大的地区建立苹果园必须营造防风林。防护林能够降低风速、防风固沙、调节温度与湿度、保持水土，从而改善生态环境，保护果树的正常生长发育。

2. 合理选择建园地点

苹果园地选择应符合以下标准：山丘地土层深度不低于 60 厘米，而且下层岩石应是酥石硼、半风化和纵向结构岩石，不宜在薄土横版岩石地栽植。坡度应在 14°以下，坡度过大不利于水土保持和修筑田间工程，给生产管理带来很大困难；平原沙地、黏土地最高地下水位不高于 1.5 米，沙地在 1 米以内不能存在黏板层；土壤肥沃，土壤有机质含量在 1％以上；土壤质地疏松，透气性好，保证果树根系生长有充足的氧气；土壤 pH 在 6.0～7.5，无特异障碍因素；有充足的水源，水质符合农业灌溉水质量标准要求。不符合上述标准建园时必须对土壤进行改良，如果改良后仍达不到上述标准，则不宜建园。

3. 科学进行园地规划

主要包括水利系统的配置、栽培小区的划分、防护林的设置以及道路、房屋的建设等。水是建立苹果园首先要考虑的问题，要根据水源条件设置好水利系统。有水源的地方要合理利用，节约用水；无水源的地方要设法引水入园，拦蓄雨水，做到能排能灌，并尽量少占土地面积。为了便于管理，可根据地形、地势以及土地面积确定栽植小区。一般平原地每 1～2 公顷为一个小区，主栽品种 2～3 个；小区之间设有田间道，主道宽 5～6 米，支道宽 3～4 米。山地要根据地形、地势进行合理规划。

栽植防护林。防护林能够降低风速、防风固沙、调节温度与湿度、保持水土，从而改善生态环境，保护果树的正常生长发育。因此，建立苹果园时要搞好防风林建设工作。一般每隔 200 米左右设置一条主林带，方向与主风向垂直，宽度 20～30 米，株距 1～2 米，行距 2～3 米；在与主林带垂直的方向，每隔 400～500 米设置一条副林带，宽度 5 米左右。小面积的苹果园可以仅在外围迎风面设一条 3～5 米宽的林带。

4. 整地改土

坡度低于 10°的梯田可以改成缓坡，大于 10°的按梯田整地。蓬莱园艺场采用梯田改坡地的土壤管理防治，提高土地利用率 20％以上，并有效解决了光照和旱涝不均问题，减轻了冬季冻害，并结合生草解决了水土流失问题，有利于果园的机械化作业。地势较平坦的地块采用起垄栽培方式，垄宽 1.5～2 米，高 20～30 厘米；定植沟宽 80～100 厘米，深 80 厘米，定植穴长、宽、深各 80～100 厘米，可根据地势适当调整；施足底肥。定植沟回填前要在沟底施入充分腐熟的有机肥或经过有机认证的商品有机肥，充分腐熟的有机肥亩用量 3 000～4 000 千克，商品有机肥亩用量 1 000～1 500 千克。定植沟（穴）回填后要浇水进行沉实。

二、老果园重茬改建早熟富士苹果新品种技术

苹果连作障碍又称苹果再植病、重茬病，是在苹果重茬栽培时普遍发生的一种综合病，具体病症表现为再植苹果幼树的生长发育迟缓，病虫害加重甚至植株死亡等，导致再植果树寿命缩短，严重阻碍了苹果产业的可持续发展。在烟台地区新发展的红将军品种多数要在刨除老果园的基础上，进行新品种苗木定植。山东农业大学毛志泉教授团队概述了引起苹果连作障碍的主要原因，以及防治苹果连作障碍的主要方法，从连作苹果园土壤微生物群落结构变化、化感自毒作用（酚酸类物质）、土壤理化性质劣变等方面介绍了苹果连作障碍机制的研究进展；并从合理轮作、间套作和混作、深翻客土、施用有机物料等农艺措施，化学熏蒸、物理消毒等土壤消毒措施，抗性砧木选育等抗性育种措施，拮抗细菌、拮抗真菌、拮抗植物等生物防控措施方面介绍了苹果连作障碍防控的研究进展。主要内容如下。

1. 连作障碍发生原因

（1）土壤微生物区系失衡。前人研究认为，连作障碍的发生与微生物群落结构失衡密切相关，长期连作可降低有益微生物数量，增加土传病害菌数量，土传病害加重从而导致作物减产。前人研究发现，从苹果再植土壤中可大量分离出腐霉属（*Pythium*）、镰孢属（*Fusarium*）和柱孢属（*Cylindrocarpon* spp.）真菌及少量丝核属（*Rhizoctonia* spp.）真菌。其中，柱孢属真菌以 *C. macrodidymum* 分布最广，有害菌的数量大量增加，导致土壤微生物群落结构发生变化。Spath 等（2015）研究发现氯化苦灭菌土壤中的苹果幼苗具有较高的生物量与较低的微生物量碳，这主要是由于氯化苦灭菌后，大量有害真菌被灭杀，土壤中的微生物群落组成发生了变化。Strauss 和 Kluepfel（2015）研究发现经 γ 射线处理过的土壤中微生物群落明显发生变化，使其向有利于重新定殖的方向发展（Caputo et al.，2015）。徐文凤（2011）和刘志（2013）分别从环渤海湾苹果产区的老苹果园以及连作苹果园土壤中分离到大量的尖孢、串珠、腐皮和层出镰孢菌，且发现其对苹果砧木平邑甜茶幼苗有强致病性。

在多数地区，连作土壤中有害真菌数量的增加是造成连作障碍的主要原因，已报道与苹果连作障碍有关的主要有害真菌属有柱孢属、镰孢属、丝核属、疫霉属和腐霉属等。不同地区、不同果园连作土壤中的有害真菌不同，Manici 等（2013）调查德国、奥地利和意大利的 3 个连作苹果园时发现柱孢属真菌（*Ilyonectria* spp. 和 *Thelonectria* sp.）是 3 个连作园中的主要致病真菌，而腐霉菌（*Pythium* spp.）仅是德国连作园的致病真菌。Tewoldemedhin 等（2011a）采用实时定量 PCR 技术研究南非连作果园时发现，腐霉属真菌（*Pythium irregu-*

lare）是引起苹果连作障碍的主要有害真菌。van Schoor 等（2009）研究发现在南非所有连作苹果园中土壤有害真菌镰孢属、柱孢属以及腐霉属是引起连作障碍的主要原因。Franke-Whittle 等（2015）采用高通量测序手段研究了连作果园和临近休耕土壤中细菌及真菌群落结构的差异，发现支顶孢属（*Acremonium* spp.）、柱孢属（*Cylindrocarpon* spp.）和镰孢属（*Fusarium* spp.）与苹果植株生长呈明显的负相关，是引起苹果连作障碍的重要有害菌。Kelderer 等（2012）的研究表明，腐皮镰孢菌（*Fusarium solani*）、尖孢镰孢菌（*F. oxysporum*）、柱孢属真菌（*F.* spp.）和双核丝核菌（*Binucleate Rhizoctonia* spp.）是引起意大利地区苹果连作障碍的主要病原。

（2）化感自毒作用。早期研究认为，植物根系分泌和残体分解所产生的化感物质是引起连作障碍的重要因子。通过地上部淋溶、根系分泌和植株残茬腐解等途径来释放一些化感物质对同茬或下茬同种或同科植物生长产生抑制作用，这种现象被称为自毒作用（Auto toxicity）。自毒作用是一种发生在种内的生长抑制作用，植物的各个部位，包括叶片、枝条、根系、种子和果实等都可能具有自毒作用，这些自毒物质主要是以酚类化合物为主的一些大分子物质，可分为酚酸、有机酸、直链醇、单宁、醛类、萜类、氨基酸和生物碱等。其中酚酸类物质又包括根皮苷、根皮素、苯甲酸、间苯三酚、阿魏酸、对羟基苯甲酸、香草醛、丁香酸、咖啡酸等。

众多研究认为酚酸类物质是引起苹果连作障碍的一个重要原因（张江红，2005；孙海兵等，2011；尹承苗，2014；王艳芳等，2015）。酚酸类物质的作用强度会因酚酸种类的不同而有所不同，会随着浓度的升高而加强（陈遂中和谢慧琴，2010）。已有研究指出一定浓度的肉桂酸降低了平邑甜茶幼苗根系基础呼吸速率，一定浓度的苯甲酸不但伤害了平邑甜茶根系（高相彬等，2009a，2009b），而且比相同浓度下的间苯三酚、丁香酸、对羟基苯甲酸、咖啡酸和阿魏酸对平邑甜茶根系抗氧化酶活性和线粒体功能的抑制程度大（张兆波等，2011）。邻苯二甲酸增加了苹果幼苗内 MDA 的积累，使得细胞膜透性增强，进而抑制幼苗株高和干样、鲜样质量，减少植株生长。王青青等（2012）的研究证明，一定浓度根皮苷可降低 TCA 循环中相关酶活性，导致平邑甜茶根系呼吸速率下降。酚酸类物质可以增加细胞膜通透性，导致细胞内溶物外流，诱导脂质过氧化，最终抑制植物生长或导致组织坏死。连作 2 年的果园土壤中实测浓度的根皮苷、间苯三酚、根皮素、对羟基苯甲酸和肉桂酸均使平邑甜茶幼苗生长受到抑制，根系受影响程度高于地上部分，表现为根冠比降低（尹承苗，2014；王艳芳等，2015；尹承苗等，2016）。土壤酚酸类物质积累到一定浓度会对作物根系造成逆境胁迫，酚酸类物质不仅对作物地下部的生长发育产生抑制作用，而且对地上部的生长发育也起到阻碍作用。另外，刘苹等（2013）研究连作土壤中的豆蔻酸、软脂酸和硬脂酸与连作障碍的关系指出，高含量的脂肪酸可能是引起连作障碍的一个因素。连作土壤中的有机酸对平邑甜茶幼苗生长也表现出低促高抑的作用（李俊芝等，2014）。总之，前茬作物分泌或腐烂产生的毒素化合物，能直接或间接地抑制新定植植株的生长。因此，研究这些自毒物及其对作物的作用机理，对生产中采取相应措施减轻连作障碍具有重要意义。

（3）土壤理化性质恶化。研究发现经长期连作后土壤结构遭到严重破坏，表现为容重变大，通气孔隙比例下降，同时由于生产上重视氮磷的应用而忽视钾肥的施用，导致在氮和磷土壤中的含量高，钾含量低，造成养分失衡（吴凤芝等，2002；吕卫光等，2006）。果树为多年生植物，根系分布深而广，同类果树根系在土壤中吸收的营养成分基本相同，往往造成土壤中某些元素的积累或缺乏。因此，在苹果连作障碍最初的研究中，大多数研究都向土壤养分亏缺的方向深入，但研究结果表明大量补充肥料并不能改善苹果连作障碍，如施用磷酸铵（MAP）对重茬果园植株的生长有促进作用，但试验往往是配合使用土壤消毒或其他措施，连续23年不添加磷肥，在建园15年的苹果再植园土壤表层添加磷酸铵或换土后在栽植树穴内添加磷酸铵，却得到2倍的生长量，但叶片的养分含量在适宜范围内，证明磷酸铵对生长的改善与营养无关。

氮和磷的大量应用很容易导致土壤酸化，在碱性土壤中 pH 的下降有助于提高微量元素的利用率，但在酸性土壤中 pH 的下降则使锌、钙、镁等相对缺乏，作物容易得缺素症（曾路生等，2010；陈继辉等，2017）。土壤酸化通过营养元素缺乏和毒效应来影响植物的正常生长，酸化土壤的肥力差等众多因素限制植物生长，亚耕层土壤酸化会更为严重地影响植物生长，通过持续限制根系扩展的深度，导致细根减少以及根系分布上移，影响养分和水分的吸收。土壤酸化也可导致土壤中微生物群落发生变化，在强酸性土壤中，硝化细菌、固氮菌、硅酸盐菌、磷细菌等的活性受到抑制，不利于 C、N、P、K、S 和 Si 等的转化。目前山东省果园土壤出现严重酸化的现象，从全省主要果品产区来看，以棕壤为主的胶东地区果园土壤酸化最为严重，招远的果园土壤平均 pH4.22，呈极强酸性；栖霞、文登、蓬莱和莱西的果园土壤平均 pH 分别为 4.69、4.86、5.14 和 5.26，呈强酸性。于忠范等（2010）测试了胶东 268 个果园的土壤 pH，发现土壤酸化十分严重，种植果树必须改良的强酸性、酸性土壤果园占全部果园总数的60.5%，再加上弱酸性土壤果园，胶东偏酸性果园占全部果园的比例高达88.4%。土壤酸化造成土壤理化性质恶化、根系养分吸收障碍以及土壤微生物群落结构的改变，影响了再植植株的正常生长发育。

（4）根际微生态与连作障碍。根际作为植物、土壤和微生物相互作用的重要界面，是物质和能量交换的节点，是土壤中活性最强的小生境。根际微生态系统是一个以植物为主体，以根际为核心，以植物-土壤-微生物及其环境条件相互作用过程为主要内容的生态系统。一方面连作可导致植物根系分泌物累积，对植物根系造成逆境胁迫、自毒作用，使根系活力下降，直接影响到矿质营养的吸收，进而影响植物生长；另一方面根系分泌物又能影响植物根际土壤中微生物群落结构。根系分泌物可为微生物提供丰富的碳源和能源，从而使微生物数量和种类较丰富，多样性指数较高（赵小亮等，2009）。前人研究认为连作后根系分泌物数量的增多会诱导土壤真菌数量的增加，而增加的真菌大部分是连作障碍的致病菌。Yin 等（2017）研究发现，离体培养条件下，0.5、1.0 毫摩尔/升的根皮苷显著促进了串珠镰孢菌的繁殖生长，且 1.0 毫摩尔/升的根皮苷的促进作用更大一些；同时发现土壤实测浓度的根皮苷等酚酸类物质也促进了串珠、尖孢、腐皮和层出镰孢菌的生长（尹承苗，2014）。因此，对苹果连作障碍机理的研究必须建立在系统功能的水平上，若仅从苹果植株、土壤微生物和根系分泌物等某一个侧面进行探讨，很难真正反映连作障碍的成因。

2. 减轻苹果连作障碍的措施

（1）农艺措施。

①合理轮作、间作、套种和混作。用一年生草本植物轮作、间作、混作等都是非常有效地应对连作障碍的管理措施。轮作可以提高土壤细菌群落的多样性，同时因大多数病原菌都是专性寄生，通过与病原菌非寄主植物的轮作，可有效降低土壤传播病害的发病率（张爱君等，2002；吴艳飞等，2008）。轮作不同植物对减轻苹果连作障碍的效果不同。吕毅等（2014）研究发现，轮作葱更有利于减轻苹果连作障碍。合理的轮作是减轻或避免连作障碍发生的最佳防范措施（肖新等，2015），缺点是耗时太长，一般轮作时间不能低于 3 年，生产中推广难度大。

小冠花、三叶草和苜蓿作为果树的间作物和轮作物都较好（王俊等，2005）。在很多情况下，为了提高经济利益，又必须进行作物连作，所以采用间作、套种或混作的方式防治连作障碍是可行的（吴凤芝等，2000）。在果树行间作小麦、大麦、紫花苜蓿、万寿菊等作物，不仅可以合理利用土地，增加收益，还可以促进果树生长。李家家等（2016）的研究表明，将平邑甜茶幼苗与葱混作，可以减少连作土壤中真菌数量，特别是土壤中尖孢镰孢菌数量，提高细菌数量，减轻苹果的连作障碍。

②深翻客土。深翻客土常被看作是一种克服果树再植障碍的有效措施（薛炳烨等，1989），但此法费时费工，并且适宜栽植苹果的土地资源有限，因此在生产上不宜大面积应用。植物残体及枯枝落叶中含有大量的病原菌，它们的存在会成为病害发生的侵染源，另外植株残体腐解后产生的自毒物质也是连作障碍产生的重要原因之一，因此应尽量消除残根、落叶（孙步蕾等，2015）。连续种植的情况下最好深翻改土，如不能客土，最好避开原来栽植穴的位置。行间再植苹果幼树时，"冬前开沟、风干冻融、春季回填、土层置换"的土壤处理方式与其他措施相结合，能很好地防控苹果连作障碍。

③施用有机物料。生物炭是生物质在厌氧条件下热降解的产物。研究表明，生物炭可吸附土壤有害物质，抑制病菌，进而减轻连作障碍。再植条件下的平邑

甜茶幼苗施用海藻有机肥后，能明显促进幼苗的生长，并且可以提高土壤酶活性，进而改善连作土壤，减轻连作障碍。付风云等（2016）的研究结果表明，多菌灵与微生物有机肥复合施用可以更好地缓解苹果连作障碍。再植条件下的平邑甜茶幼苗施用有机物料发酵流体后，也能明显减轻连作障碍。但是施加有机物料的量一定要足够才能起到很好的效果，一般需要 150～450 米^3/公顷的有机物料，但一般农户没有足够的有机物料，实施有困难。

（2）化学与物理防治。土壤化学熏蒸是克服连作病害的有效措施。溴甲烷、氯化苦、1，3-二氯丙烯等化学试剂常被用来对土壤进行灭菌，以防止土传病害的发生。虽然这种方法具有良好的控制效果，但存在成本高、污染严重等诸多问题，因此不能被大面积推广，而且由于溴甲烷对大气臭氧层有一定破坏作用，根据国际有关公约，其大规模的农业利用受到限制，并将被逐步淘汰。刘恩太等（2014）研究发现，用土壤熏蒸剂棉隆处理连作土壤，使土壤中微生物发生变化，细菌与真菌比值增加，平邑甜茶幼苗植株长势增强。二甲基二硫（DMDS）熏蒸土壤可减轻平邑甜茶幼苗的连作障碍（王方艳等，2011）。多菌灵、福美双、咯菌腈、代森锰锌等杀菌剂对苹果连作土壤中镰孢菌毒力测定结果表明，咯菌腈对串珠镰孢菌的控制效果最好，可减轻苹果连作障碍（刘勇等，2015）。另外，利用太阳辐射和蒸汽等物理措施也能达到土壤消毒的目的，但应用范围和有效性有很大局限性。张利英等（2010）研究发现，利用日晒对连作土壤进行消毒能控制土壤中的病原菌数量。连作苹果园土壤经 60～70℃蒸汽灭菌处理，可促进苹果幼树的生长。Jaffee 等（1982b）报道 γ 射线可消除苹果连作障碍，但此法应用成本太高。鉴于土壤熏蒸剂的高毒性和大田应用的高成本，化学药剂防治将逐渐被其他措施所取代。

（3）抗性砧木。砧木的抗性与连作障碍的发生程度密切相关（张江红，2005），通过选育对连作障碍耐受能力强、适应性强的品种或砧木有望从根本上解决苹果连作障碍问题。Mazzola 等（2009）研究发现，华盛顿州再植果园中 Geneva 系列砧木上根霉腐菌感染率显著低于 M26、MM111 和 MM166。Rumberger 等（2004）比较了 CG 系列砧木 CG16、CG30、CG210 和 M7、M26 对连作障碍的反应，发现 CG20 和 CG210 根际微生物群落组成相似，而常规砧木 M7 和 M26 相似，认为砧木能影响树体生长和根际微生物群落组成，CG210 和 CG30 较为耐病。此外，Leinfelder 和 Merwin（2006）也认为 CG210 和 CG30 耐连作障碍。Fazio 等（2009）研究发现苹果砧木资源中存在抗连作障碍的遗传基因，希望利用 *Malus sieversii* 种质获得抗连作障碍的砧木。Guo 等（2015）研究连作对不同砧木的苹果幼苗根系活力和内源激素水平的影响时发现，平邑甜茶的抗性比八棱海棠和新疆野苹果的好。王元征等（2011）研究认为，不同苹果砧木对连作环境的反应差异显著，连作条件下平邑甜茶较非连作的鲜样质量、干样质量、株高和地径的降幅均小，表明在 5 种砧木（莱芜难咽、八棱海棠、新疆野苹果、山荆子和平邑甜茶）中平邑甜茶对连作的适应性最好。尹承苗等（2016）研究认为以平邑甜茶为砧木的土壤真菌数量最少，土壤总酚酸含量最低，且相关土壤酶活性较高，说明其对连作土壤环境的改善效果最佳，更适合作为砧木综合防控苹果连作障碍。综上，苹果砧木抗连作障碍的机制可能是砧木能影响树体生长、土壤酚酸含量和土壤微生物群落组成，也有可能是砧木本身存在抗连作障碍的遗传基因，还需进一步研究。

（4）生物防治。

①拮抗细菌的应用。再植时向土壤中施入一些拮抗细菌对土传植物病原菌有一定的控制作用。目前已发现的拮抗细菌中，尤其在植物土传病原真菌和生物防治工作中，经常报道的有芽孢杆菌（*Bacillus* spp.）、假单胞菌（*Pseudomonas* spp.）、放射土壤杆菌（*Agrobacterium radiobacter*）等（蒋汉林等，2007）。Ju等（2014）研究发现一株名为 Y-1 的枯草芽孢杆菌可抑制苹果幼苗的根腐病，减轻苹果连作障碍。研究发现，枯草芽孢杆菌 TS06、苏云金芽孢杆菌以及高产淀粉酶芽孢杆菌菌株 Wang LB 在控制土传病害方面都有一定的效果。

②拮抗真菌的应用。杨兴洪等（1992）研究发现，在连作苹果幼树上接种VAM菌根真菌能大大减轻连作障碍。哈慈木霉生物有机肥和菌根真菌漏斗孢球囊霉可抑制枯萎病。苏春沦等（2016）的研究表明内生真菌拟茎点霉 B3 和苍术粉复合处理能缓解连作障碍。苹果连作土壤中添加球毛壳（*Chaetomium globosum*）ND35 菌肥可以更好地改善微生物区系，增加平邑甜茶幼苗根系活力和生物量（宋富海等，2015）。张先富等（2016）研究发现，草酸青霉 A1 菌肥能在一定程度上减轻苹果连作障碍。

③拮抗植物。前人研究发现某些植物能够有效地拮抗与再植病害相关的病原物的生长，被称之为拮抗植物（蒋汉林等，2007），这些植物能够产生挥发性的杀生气体抑制或杀死土壤中有害生物，通常将利用来自十字花科或菊科的有机物释放的有毒气体杀死土壤害虫、病菌的过程，称之为生物熏蒸。目前，芸薹属植物、菊科植物、葱属植物和家禽粪便等被用作生物熏蒸材料用于防治土传病害及植物根结线虫。有研究表明，苹果连作土壤中添加芥菜籽粉和白芥子粉等生物熏蒸剂后，能明显缓解苹果连作障碍。但该方法存在有益微生物（拮抗菌）在土壤中定殖能力差、效果不稳定等不足，拮抗植物能够明显减轻苹果连作障碍，但需结合其他方法才能发挥更好效果。

3. 老龄果园一次性更新改造技术

山东农业大学苹果连作障碍防控技术研究课题组，在国家现代农业（苹果）产业技术体系资助下，经过近 10 年的研究、总结，提出了苹果连作障碍综合防控技术体系，并在国内苹果主产区进行田间示范，取得预期效果，其技术要点如下。

（1）冬前开挖定植沟。秋季果实采摘后，尽快去除老树，每亩撒施腐熟好的农家肥 5 000 千克，全园旋耕 30～40 厘米。之后按设计好的行距开挖定植沟，定植沟深 60～80 厘米，宽不小于 100 厘米。开沟时将上层土（熟土）与下层土（生土）分开，即 0～40 厘米和 40～80 厘米的土，放置，开沟过程中注意捡除残根。定植沟于春季回填，回填时上、下层土颠倒位置，即生土置于上部，熟土置于沟底。

（2）处理树穴土壤、定植。3 月下旬至 4 月上旬，在定植沟内挖内径、深均 40 厘米的树穴，将 1 千克防治苹果连作障碍专用菌肥与树穴土壤充分混匀，选用优质苗木——根系完整、健壮、整齐的大苗定植，特别是优质的脱毒苗或砧木相对抗连作障碍的苗木对成功建立连作园有重要作用，定植前苗木根系应在清水中浸泡 24～48 小时并修剪根系。定植后，于行内覆盖园艺地布。

（3）树盘范围适时种植葱。定植当年 9 月上旬，去掉园艺地布，在树盘撒播葱种，每个树盘撒播 4～5 克葱种，即让幼树生长在葱里面，第二、第三年春季（或夏、秋季）继续在树盘撒播葱种，也即树盘连续 3 年种葱。在葱生长季节，适当追施 1～2 次肥，施肥后浇水。同时行间连续 3 年间作 1 年生矮秆植物，如花生、牧草等，加强连作建园后的土肥水管理、病虫害防控和整形修剪等工作。

4. 棉隆熏蒸加短期轮作防控苹果重茬障碍技术

（1）果园土壤整理。使用该技术防控重茬障碍，需提前 1 年进行老龄果园土壤处理。老树去除后，全园撒施充分腐熟的农家肥（亩施 5 000 千克），之后旋耕 30～40 厘米，捡除残根。

（2）调整土壤湿度。土壤湿度要求达到 40%～60%，即湿度以手握土壤能成团为宜，湿度太小不利于棉隆颗粒完全分解，湿度太大不利于棉隆气体在土壤颗粒间流动。因此，建议雨后或者有条件的地方提前土壤造墒后进行，以确保棉隆在适宜土壤湿度下起到熏蒸效果。

（3）适时适量施入棉隆。在土壤湿度适宜前提下，还要保证土壤温度不低于 20℃。因此，棉隆熏蒸应在 6～10 月上旬进行。施入棉隆前，在选定的行距位置，开挖宽 100 厘米、深 60 厘米的定植沟，之后开始回填并施入棉隆，当回填至 20 厘米土层时，撒施一层棉隆（98% 制剂），用量为 45 克/米^2（即定植沟内 1 米长度范围用量 45 克），之后继续回填至 40 厘米土，再撒施约 45 克/米^2 棉隆，最后回填至 60 厘米土层。

（4）密闭熏蒸。前述棉隆施入后，立即用塑料薄膜覆盖定植沟范围，薄膜的四周以土压严，密封 20 天左右。使用的薄膜须无破损且不能太薄，薄膜标准应在 6 丝以上，保证熏蒸效果（图 5-1）。

（5）通风透气，播种葱并定植幼树。熏蒸完成后，去掉薄膜，再通风 15～20 天，之后在定植沟范围撒播葱种（正常密度），使其生长至第二年定植幼树前，第二年春季幼树定植后，行间间作矮秆植物，连续间作 3 年。

（6）棉隆熏蒸技术注意事项。使用第一项技术时，若原果园土壤有白绢病、金龟甲等病虫害，处理土壤时要专门防治。确保专用菌肥和多菌灵的质量。选用优质苗木建园，根系完整的大苗、壮苗、整齐苗，特别是优质的早熟富士脱毒苗对成功重建连作园有重要作用。加强建园后土肥水管理和病虫害防控，特别是建园的前3年，同时重视幼树的整形修剪。在第一项技术方案里，因葱、树混作争夺了养分和水肥，要适时、适量在树盘范围撒施复合肥并浇水。

图5-1　棉隆施入位置示意

5. 蓬莱市园艺场老龄果园更新改造技术

（1）土壤治理防控措施。

①丘陵、梯田、荒坡、荒沟整合。梯田改顺坡种植，提高土地利用率，增加土地面积，用推土机将10～30厘米深的耕作层填沟，将荒山荒坡、荒沟进行综合治理，重新整合，通过计算得知15°坡度可增加3.5%土地利用率，30°坡度可增加15%土地利用率，45°坡度可增加41%土地利用率，平均节约土地19.8%。

②土地整平。采用大轮深翻撒施有机肥，修复土壤，旧的土壤层运走后进行填沟，然后把荒坡推土填沟进行整平。一是可以解决作物的连作障碍；二是扩大了面积，待土地顺坡整平后，每亩先撒施250～500千克生石灰进行杀菌，用大轮深翻，翻0.8米深，在深翻的同时捡净老果园土壤中的残病根，然后每亩撒施4 000千克沼渣有机肥和菌肥，施肥后用旋耕犁将肥料与土壤旋2遍。

③规划设计。矮化苹果种植行距挖定植沟对土壤进行冻融，矮化苹果株行距一般为1.5米×3.5米，亩栽苹果127株，行与行之间，顺行用挖掘机挖定植长条沟，沟深、宽各0.8米；挖沟时把耕作层10～40厘米熟土放沟的一边，40～80厘米的生土放另一边，分开放置，准备春季倒土回填，冬季挖出的土壤，经过冻融后可杀灭土壤中的有害病菌，降低苹果重茬病的发病率。

④春季对定植沟挖出的土壤进行回填。春季解冻后，对定植长条沟挖出的土壤开始回填，回填时先将表层10～40厘米的熟土回填到沟的下层，其目的是把土壤中的有害微生物控制在土壤不透空气的条件下，并逐步达到全部铲除。然后再回填40～80厘米的生土，以利于解决重茬问题。待土壤回填结束，对定植长条沟开始浇水沉实等待栽植。

（2）栽植技术。选3年生矮化自根砧M9T337早熟富士品种大苗，栽植前先把苗木放入水中浸泡48小时，防止栽后因缺水主干侵染干腐病。栽植时，首先，将长根进行修剪；其次，将树苗根部用硫酸铜溶液浸泡15分钟（1∶200倍硫酸铜溶液），目的是杀灭白绢病；再次，定植沟内挖 50 厘米见方定植穴，穴内放入 1 千克/株菌肥，与土拌均匀，肥土翻到穴的四周，以防烧根（8% 多菌灵 20～40g/株，用 8 千克土拌匀），肥药混合后充分搅拌；最后，放苗木，放树苗时注意 M9 自根砧木距地面 10 厘米为宜，埋土时严禁提苗和踩实，原因是 M9T337 根系易断。

（3）土肥水管理。利用微喷灌溉、行间种草，在做好保水和沃土的同时实现省力化。

①浇水改微喷灌溉。微喷灌溉的好处是浇水均匀，不存在过去梯田种植苹果出现的内涝外旱的现象。微喷浇水时间短，提高土壤透气性，喷水 3～4 小时，水的渗透深度可达 30～40 厘米，苗木栽植后立即浇水，7～10 天连续浇 3 次大水，以后视天气情况 10 天浇 1 次水，确保成活率。

②果树行间种草。充分利用果树行间种草培肥地力，适合丘陵、顺坡种植果园生草的草种有：黑麦草，根系发达，可防止水、土、肥的流失；鼠羊毛、早生禾等根系浅的草，适宜种植在平原地，不用割草，7～8 月份自行枯掉，9～10 月份种子再发芽。其实不论种哪种草，其目的是一致的，提高土壤有机质，修复土壤，肥培地力，为 20 年后轮作做充分的准备。

③水肥一体化技术。水肥一体是将沼液利用注肥泵输送到输水主管道，苗木栽植后从 5 月下旬开始，6、7、8 月追 4 次有机肥，促进新梢生长，追肥用沼液，每次每亩追 1 吨沼液，少量多次。追肥顺序，先注肥然后喷水，根据树龄大小，决定浇水的时间，如 1 年生树喷肥 0.5～1 小时，注水 2～3 小时。

（4）老果园更新改造后新植矮化早熟富士苹果，利用宽行密植，一是早果，丰产，高效；二是适合机械化作业，管理方便，用工少，节约劳动力 80%；三是有利于苹果轮作（20 年一代），轮作时将苹果种在行间，也许不会出现连做障碍，为我国苹果产业跟上社会的发展，达到与世界同步，奠定了坚实的基础。

三、适宜砧木和授粉树配备

1. 苗木砧木和类型选择

砧木类型对果实的品质和产量有很大的影响。朱利军等（2008）以嫁接在乔化砧木山定子和矮化砧木 77－34（中间砧）的幼龄珊夏苹果为试材，研究不同砧木和树形对珊夏苹果产量和果实品质的影响，结果表明矮化中间砧组合的产量和外观品质优于乔化砧术。关军锋等（2004）对比分析了 4 种砧木（M_{26}、M_9、MM106 中间砧及山定子乔砧）对金冠苹果的果实品质及矿质营养的影响，结果表明，除 MM106 砧木果实品质表现较差外，其余砧木的果实品质无明显差异；M_{26} 砧木果实 P、Ca 含量较低，MM106 砧木果实 Ca 含量较高；不同砧木上果实的 Mg、K 含量无显著差异。李岩等（2001）通过比较不同中间砧组合的新红星苹果产量与品质，结果表明 MM106 砧木组合的品质最好，产量也最高，M2 砧木的较差。荣志祥等（2007）用 15 个类型苹果砧木资源作国光苹果品种的中间砧，表现为嫁接亲和性均较好，部分组合有轻微的大小脚现象，河南海棠等 9 个砧木资源具有不同程度的矮化作用，不同中间砧穗组合的早期丰产性差异较大，但对果实单果重和品质影响较小。

解贝贝（2013）对以 4 种砧木（A1、A1d、M$_{26}$ 和平邑甜茶）嫁接的烟富 6 和烟富 3 苹果为试材，对其果实大小及品质进行了研究，结果表明，烟富 3 或烟富 6 嫁接在 A1、A1d 砧木上的单果质量和果实硬度均较高，嫁接在 A1d 砧木上的果实可溶性固形物含量较高，维生素 C 含量以烟富 6/A1 和烟富 3/A1d 组合较高，各种糖组分含量以烟富 6/A1d 和烟富 3/平邑甜茶组合较高；可滴定酸含量均以 M$_{26}$ 砧穗组合最高，以烟富 6/A1d 和烟富 3/A1 含量最低，且差异显著。纪盼盼等（2014）对延安地区 6 种砧木嫁接的红富士的果实品质进行了调查，认为富平楸子、山定子、M7、新疆野苹果、吴旗楸子和 M$_{26}$ 等作为富士苹果树的砧木在延安地区种植，对环境的适应能力和对果实品质的影响存在着较大的差异，综合比较，各种砧木的富士苹果果实品质的排序为：富平楸子、吴旗楸子、山定子、M7、新疆野苹果、M$_{26}$。M$_{26}$ 作为富士苹果的矮化中间砧在延安地区种植所产的苹果果实品质较差，其果实产量低、糖度低、糖酸比过高、果实硬度低、果实色泽偏绿等。这可能是由于延安地区比较干旱，而 M$_{26}$ 抗旱性较差的原因。

针对烟台地区的品种和土壤特点，苹果砧木重点推广 M$_{26}$、SH、烟砧 1 号中间砧，M9T337、MM106 自根砧，八楞海棠、烟台沙果、青砧 1 号、中砧 1 号、平邑甜茶。有水浇条件、土层深厚的地块重点推广矮砧集约高效栽培模式，无水浇条件的丘陵薄地仍然推广乔砧长效栽培模式。

苗木类型方面，近年来，以红将军、新红将军、弘前富士为代表的早熟富士系品种病毒病发生较为严重，尤其是果实花脸型锈果病毒病，已经成为制约早熟富士发展的一项重要制约因素。因此，发展种植早熟富士品种，必须得选购脱毒良种苗木或者经检测不含有锈果病毒病的苹果苗木。脱毒苗木具有长势旺、抗性强、结果早、产量高等优点，在新伐掉的老果园栽植时，也表现出较好的生长特性。脱毒红将军苹果苗木在重茬地内栽植时，苗木成活率高，长势健壮，早果性好，优质果率和产量高。与常规苗木相比，三年生脱毒苹果植株的高度和干周分别高 22.6% 和 23.7%，一年生枝生长量和粗度分别高 31.4%、21.3%，叶片大29.0%，亩产量高 41.9%。脱毒苗木已成为烟台、威海地区老果园更新改造的首选苗木。

2. 配置授粉树

早熟富士品种没有自花结实能力，授粉树的配置是早熟富士苹果生产所必需，原则上应在建园时配置好一定比例的专用授粉树。近年来，烟台地区多数果农为提高果园效益，减少了授粉品种的种植量，甚至部分果农在园内不种植授粉品种。在正常年份，花期温度正常，在壁蜂授粉情况下，能满足正常的授粉率和果园产量。但如果遇到花期温度高或者大风天气，花期温度高、花开得快，花期变短，如果果园内授粉树较少或者没有，就会严重影响早熟富士品种的授粉率和果园产量。同时，授粉好的植株，苹果果形比较端正，偏斜果率低。因此，在新建果园时，建议必须配置一定比例的授粉品种。

由于授粉品种不同，花粉来源不同而对苹果的授粉效果有很大影响。归纳起来，在授粉品种的选择上需要考虑以下几点：①授粉品种的花粉量要足够多、花粉活性比较强，并且与主栽品种的亲和力较好；②授粉品种与主栽品种的花期必须一致或者尽可能有最大化的重叠；③授粉品种结出的果实在外观上不能与主栽品种相似，否则不利于采摘；④同一品系中的不同品种不能相互作为授粉树；⑤授粉品种的花朵颜色要尽量与主栽品种相同或者相似，这是因为蜜蜂在访花时不会轻易访问另一种不同颜色的花；⑥由于花粉直感效应的存在，在授粉亲和的前提下，尽量选择果大、品质好的作为授粉品种，以改善母本即主栽品种的果实品质。

因此，在选择授粉树时，要选择花粉量大、无大小年结果，与早熟富士品种有很好的花粉亲和力和花期一致的品种。配置比例为8～10棵早熟富士品种配置一棵专用授粉树。授粉树的配置方式生产中可采用两种：一种是成行栽植，每隔4～5行配置一行授粉品种，便于田间操作；另一种是梅花形或间隔式，按照4～5:1的原则，在周围4～5株主栽品种间配置1株授粉品种。早熟富士苹果品种可与嘎拉、红露、美国八号、华硕、珊夏、瑞缇娜、瑞维娜等品种互作授粉品种。但红将军、新红将军、凉香等早熟富士系品种之间不易互相作为授粉树，也不适宜选择三倍体品种如乔纳金、陆奥等品种作授粉树。

规模化种植果园，也可栽植花多、花粉量大的专用授粉海棠品种。海棠系蔷薇科苹果属，与苹果亲缘关系较近，常作为苹果的专用授粉树栽植。苹果高效专用授粉树的应用，可以简化果园授粉树的配置、节省果园空间，当前的诸多问题也会迎刃而解。在欧美国家一般不栽植栽培品种作授粉品种，而是在行间栽植专用海棠品种作授粉树。欧美果园中，目前最常用的授粉树是 Manchurian crab (*Malus baccata* Mandshurica)，它有许多有利的特征，如每年都开花、花粉质量好、花为白色、花期与主栽苹果单株正好相遇、果实小、直立生长、耐寒性强容易推广种植。这种授粉树在美国东部和华盛顿都得到了广泛的应用。另外一种广泛应用的授粉树叫 Snowdrift，它开花比 Manchurian 晚，树体没有前者强健，也每年都开花、花为白色、果实小。在加拿大东部也应用 Dolgo，但是它的果实较大且隔年结果，因此它并不是理想的授粉树没有得到广泛的应用。在荷兰，苹果专用授粉品种 Red hornet 和 Golden hornet 效果也不错。2003年庞建华和苏桂林从荷兰引进红玛瑙和金峰，研究发现：Red hornet 在正常气候条件下，盛花期

（山东莱州）一般 4 月 20 日前后，基本与红富士、嘎拉、新红星、王林等主栽品种同期开花。与主栽品种的授粉亲和性较好，授粉组合试验结果表明，为红富士、王林、金矮生等品种授粉坐果率均达 90％～100％，为嘎拉、新乔纳金授粉坐果率达 60％～95％。金峰盛花期与红富士、乔纳金、新红星、王林、金矮生等主栽品种相一致，与红富士、王林、金矮生、嘎拉、乔纳金等品种授粉，坐果率均在 85％以上。薛晓敏等以山东莱州小草沟（荷兰引进）的 8 年生红芭蕾、红绣球、红玛瑙及全家红 4 个苹果专用授粉品种为试材，对其植物学特征和生物学特性进行了观测。结果表明红绣球树体健壮，生长紧凑，占用空间小，与栽培品种花期相遇，雄蕊数量多，果实小，为较适宜的苹果专用授粉品种。

生产上应用较多的授粉海棠品种主要有：①凯尔斯海棠：北美品种，观花落叶小乔木，苹果属植物。树冠如苹果树大小，树形圆而开张，干棕红色，新叶红色，密生绒毛，老叶绿色。花期 4 月中下旬，花深粉色，半重瓣，美丽异常。抗病、抗旱，耐瘠薄。是苹果园的良好授粉树。②火焰海棠：小乔木，高 4.5～6 米，冠幅 4.5 米，树皮黄绿色。叶椭圆形，叶片先端渐尖，叶缘有细锯齿。花蕾粉红色，开后白色，直径 3～3.5 厘米，花期 4 月中下旬，着花密，每序 4 花。花萼绿色，先端尖细长，密被毛。花瓣 5 数，卵圆形，花柱 4 数，基部被毛。果熟期 8 月，果实深红色，直径 2.4 厘米，尖嘴。本品种由美国明尼苏达大学培育，果实宿存，耐寒，观果期长，适合在我国北方推广。③绚丽海棠：北美品种，观花落叶小乔木，苹果属植物；树冠如苹果树大小，树形紧密，干棕红色，小枝暗紫；花期 4 月下旬，花深粉色，繁而艳；果亮红色，鲜艳夺目，6 月就红艳如火，直到隆冬。抗病、抗旱，耐瘠薄，是苹果园的良好授粉树。④红丽海棠：树势强，树姿直立半开张，主干黄绿色，树皮呈块状剥落，枝条密。萌芽期 3 月上旬，萌芽率高，成枝力强，腋花芽多；新梢停长期晚，落叶期晚，营养生长期长；伞形花序，花 4～5 朵，初花期 4 月 7 日，盛花期 4 月 17 日，终花期 4 月 24 日；单性结实无，自花结实率较高，连续结实力强，六月落果低。花朵坐果率 85.4％，大小年程度轻。该品种抗逆性强，果实着色早且鲜艳，宿存，综合观赏价值较高。⑤钻石海棠：树形水平开展，干红色，高 4.5 米，冠幅 6 米。新叶紫红色，长椭圆形，锯齿浅，先端急尖。花期 4 月中下旬，玫瑰红色；每序 4（5）花，花瓣 5 数，直径 4 厘米，萼筒密被柔毛，花梗毛较稀，长 2.5 厘米，直立，花柱 4，着花繁密。果实深红色，球形，直径 1.3 厘米，果柄长 2.6 厘米，果熟期 6～10 月，果萼多宿存。开花极为繁茂，花色艳丽，且非常适应我国干燥的北方环境。⑥红绣球：山东小草沟园艺场从荷兰的韩氏公司引进的海棠类新品种，树体健壮，生长紧凑，占用空间小，叶片长椭圆，浅绿色，在莱州地区，4 月上旬进入初花期，盛花期在 4 月 20 日前后，持续盛开 4～5 天后进入终花期，花期持续 2 周以上，盛花期基本与红富士、嘎拉、新红星、王林等栽培品种相一致，雄蕊数量多，果实小，为较适宜的苹果专用授粉品种。⑦雪球海棠：

是北美品种，观花落叶小乔木，苹果属植物。树冠如苹果树大小，树形整齐。花期4月下旬，花苞粉色，繁而亮丽，花开为白色，状如雪片，姿态优美。果熟期8月，宿存。抗病、抗旱，耐瘠薄，是苹果园的良好授粉树。

苹果专用授粉树具有成花易、花量大、花粉多、花期长、花粉亲和力强、寿命长、授粉效率高、花粉直感效应明显等特点。在欧美等发达国家苹果建园时，不考虑主栽和副栽品种的选择和搭配栽植，而是在行内按20∶1的比例配植专用授粉树。在英国，多阴天，蜜蜂传粉的概率低，他们采用圆叶海棠树作苹果的授粉树，因为圆叶海棠花量大，散粉时间长。一般在苹果园中每6株苹果夹种一株海棠，就能解决蜜蜂传粉概率低的问题。意大利和法国的苹果树绝大多数采用矮化自根砧，大多数为M9系中选育出的优系。大多果园都在行间栽有矮化海棠作授粉树，授粉海棠的比例为15%～20%。主栽品种与授粉树的配置距离具体应根据昆虫的活动范围、授粉树花粉量的大小以及果树的栽植方式而定。如果是已建成的1～3年生新果园没有配置授粉树，要按比例补栽专用授粉树大苗。4年以上的果园没有配置授粉树，可用高接的方式补接授粉枝，采用每株或隔株，只在树冠顶部改接2～3个主枝（或大辅养枝）为授粉品种，保证全园的授粉树或授粉品种的大枝占全园树或大枝的15%～20%为准。对于专用授粉树，不需要培养特殊的树形，修剪主要实行高干窄冠的技术措施，控制水平方向树冠大小，为主栽品种冠径的1/2～2/3，尽量向高处延伸，减少和主栽果树的空间竞争，保证授粉效果。它成花极易，花量大，不会因过度修剪而妨碍花芽形成，在幼龄期尽量使之旺长，成龄后适当疏除过密枝条即可。

3. 栽植密度

为提高新建果园的通风透光能力，生产优质果品，便于果园行间操作。不论选择什么砧木的苗木，均建议采用宽行密植建园方式。乔化砧木株行距为2.5米×5.0～5.5米；M9T337矮化自根砧果园，株行距可选择为1.5米×3.0～4.0米；MM106矮化自根砧果园，株行距可选择为2.5米×4.0米；短枝型品种或矮化砧树株行距一般2～3米×4米。

4. 栽植技术

对土质适宜的壤土和轻壤土要开好栽植沟，栽植沟要求宽60～100厘米，深60～80厘米，提倡起垄栽培，一般垄高要达到30厘米，施足基肥在表土下25～40厘米，然后保证肥上有25厘米的活土用于栽植苗木。河滩沙土和山体黏土在建园时都要进行必要的改良，黏土加沙和沙土加黏以改善土壤的团粒结构；通过增加使用有机肥或有机基质来提高土壤的有机质含量，主要改善土壤理化性质（pH要调整在6.0～6.5）和调控土壤养分的平衡，解决有效养分的亏缺与有害养分的富集问题。

烟台地区冬季风大，苗木定植建议以春天栽植为主，不提倡秋天栽植，防止冬季大风低温造成抽条。苗木栽植前如果苗木储存得好，可以不浸泡，如果苗木储存时土壤干，根系有失水现象，一定要用清水浸泡 4～6 小时，经长距离运输的苗木要浸泡 6～8 小时。浸泡好的苗木要进行必要的根系修剪处理，将劈裂的根和病虫伤害根剪去，较粗的断根剪成平茬。修剪后要进行根系的消毒处理，可用 100～150 倍的硫酸铜液体浸泡 30 分钟，主要防治苗木的根癌病。

栽植时要纵横对齐，按株行距定好苗位。苗木放正后，填入表土，并轻提苗干，使根系自然舒展，与土壤密接，随即填土踏实，填土至稍低于地面为止，打好树盘，灌足底水，待水渗下后，封土保墒。栽苗深度要适当，让嫁接口部位稍高于地面，待穴（沟）内灌水沉实，土面下陷后，根颈与地面相平为度。苗木栽植过深时，根系生新根较晚，上面的芽萌动晚，如果气温较高，易发生抽条或干腐病，影响新定植植株的成活率和长势。

5. 定植后管理

苗木定植后，应根据土壤湿度和天气情况，及时进行灌水，栽后一般要灌水 3～5 次。有条件的果园，可以在定植行内覆盖地膜，提高地温，保持土壤水分，确保苗木成活率，缩短缓苗期，加速幼树生长。密植成行的果园可成行整株覆盖，中密度以下的，可单株覆盖。覆盖前先行树盘耙平，成行覆盖宽度一般为 1.0 米左右，单株覆盖的 1 米见方，覆盖时结合使用除草剂。

同时，为了防止苗木抽干和金龟子等害虫对幼芽的危害，可对树苗套塑料薄膜袋。袋宽 10 厘米，长 60 厘米左右。要用韧厚的塑料膜做成的袋，以免大风刮碎。苗木发芽后，根据气温高低和芽子生长情况，适时打开上部的袋口放风，以免袋内温度过高，灼伤嫩梢，放风几天后将袋拆除。

四、不同树形整形修剪技术

整形修剪是在加强土肥水管理的基础上，调节营养生长与生殖生长的关系，促进苹果树早果丰产、稳产优质的重要措施之一。整形修剪遵循的原则是，有形不死，无形不乱；因树修剪，随枝造形；轻剪为主，轻重结合；平衡树势，从属分明。

1. 苹果树主要修剪方法

依据苹果树修剪的目的、时期不同，所采用的整形修剪方法也有差异，其反应也有明显不同。主要修剪方法如短截、疏枝、缓放、回缩、刻伤等。

（1）短截。对 1 年生枝条剪去一部分，留下一部分称为短截。按短截的程度，一般可分为轻短截、中短截、重短截和极重短截 4 种。轻短截：只剪去枝条的顶端部分，剪口下留半饱满芽。由于剪口部位的芽不充实，从而削弱了顶端优势，芽的萌发率提高，且萌发的中、短枝较多，有缓和树势、促进花芽形成的作用。中短截：在枝条中部剪截，剪口下留饱满芽。中短截的枝条，是将顶端优势下移，加强了剪口以下芽的活力，故成枝力高，生长势强。中短截常见于骨干枝的延长段，用于扩大树冠和培养大、中型枝组。重短截：在枝条的下部，剪去枝条的大部分，剪口下留枝条基部的次饱满芽。由于剪去的芽多，使枝势集中到剪口芽，可以促使剪口下抽生1~2个旺枝，常用于更新枝条。极重短截：在枝条基部轮痕处剪，剪口下留芽鳞痕。由于此处的芽不饱满，故剪后一般只能萌发1~2个中庸枝，起到降低枝位和削弱枝势的作用。抬剪：在枝条基部留短桩剪，俗称抬剪。可促使基部瘪芽或副芽抽生1~2个短枝，有利于培养结果枝组。

（2）回缩。也称缩剪，就是在多年生枝上短截。有调整树体结构，使骨干枝的分布方位合理，角度开张；调整树势，控制枝组和树冠的发展；改造或复壮枝组，改善光照等作用。对多年生枝或枝组回缩，主要用于改变枝条角度，促进局部或整体更新，削弱局部枝条生长量，促进局部枝条生长势，对弱树可起到促进成花的作用。对花量大的枝条可起到减少营养消耗、提高坐果的作用。

（3）疏剪。疏剪是指把一个1年生枝或多年生枝，从基部剪掉或锯掉。疏剪给母枝留下伤口，故对剪口以上的芽或枝有削弱作用；反之，对母枝剪口以下的枝，则有促进作用。疏枝可改善通风透光条件，改善树冠内部或下部枝条养分的积累。在某种情况下，可以减少营养消耗，集中营养，促进花芽形成，特别是对生长强旺的植株或品种，疏剪比短截更有利于花芽形成。

（4）缓放。也称为长放，是指对1年生枝不剪，任其自然生长。缓放一般多在幼旺树辅养枝上应用。一般较长的营养枝的顶芽，常发育不完善，就可相对削弱顶端优势，促进萌芽力的提高。缓放极易形成叶丛枝和短枝，为早果、丰产、稳产打下良好基础，但对直立枝、竞争枝和徒长枝的缓放应结合拉枝进行，以控制顶端优势，达到缓势促花芽之目的。

（5）刻芽。在芽子的上方0.5厘米左右处，用刀或钢锯条横拉一道，深达木质部，其作用主要是促进芽的萌发，增加中、短枝比例。刻芽时间以萌芽前20天为宜。

（6）捋枝与拿梢。捋枝在春季萌芽前树液流动后，对较直立的中庸枝进行软化成花的一项措施。方法是将拇指压在枝条上，使枝条有一定弯度，从基部向尖端渐次捋出；另一法是拇指和食指捏住枝条中上部，将枝头向下，首先从枝基部弯曲依次向上推拿。捋枝可有效地提高枝条萌芽力，促发中、短枝，促进花芽形成。

拿梢即用手握住当年生新梢，拇指向下慢慢压低，食指和中指上托，弯折时以能感到木质部轻轻断裂为止。树冠内直立生长的强旺梢、竞争梢，有空间需要保留时，可在7~8月份进行拿梢。对生长较粗、生长势过强的应连续拿梢数次，使新梢呈平斜状态生长。拿梢作用也是促发中、短枝，促进花芽形成。

（7）撑拉枝。撑拉枝是采用人工的方法将枝条撑拉到合适的角度，调整枝条的方位，克服枝条在树冠中分布不均的问题，是红将军苹果夏季管理中非常重要的一环。

主要作用。①迅速扩冠，增加结果部位。红将军苹果自然生长的枝条一般较为直立，开张角度小，幼龄树枝条抱头生长，树冠不开张，冠内枝条稠密，通风透光条件较差。通过撑拉枝条，角度开张以后，树体迅速扩冠，进而改善了树冠内通风透光条件，冠内枝条增多，有利形成更多的结果枝组，结果部位及时形成，使其早结果、早丰产。②改善枝条生存环境，有利生产优质果品。树冠不开张时，由于树冠内空间狭小，通风透光条件较差，枝叶得不到光照，生长环境恶劣，果实着色差、果个小、含糖量低，风味差，没有市场竞争力，和外围果相比差别巨大。枝条撑拉以后，角度开张，光照增加，能够显著提升果品品质。③减缓枝条过旺生长，促使形成结果短枝。枝条撑拉以后，枝条有直立生长向平行生长转变，其生长势得到了有力控制，促使枝条有营养生长向生殖生长转变，枝条缓慢生长以后，枝条上的叶芽萌发形成了短的果枝，为内膛结果枝的形成创造有利条件，从而达到立体结果的丰产树形要求。④养分得到积累，成花量大幅增加。由于结果枝的形成，中短结果枝量大幅增加，骨干枝走势趋于平缓，养分分配更加合理，有效养分得到积累，光合作用更加明显，树体内叶芽得以迅速转变为花芽，花芽的分化条件成熟。撑拉枝条是花芽形成的促进剂、养分转化的催化剂。

撑拉枝时间。3年生以上的大枝在5月中旬至6月下旬树液大流动时进行，按照树形要求，或者开张角度，或者改变枝条延伸方向；小枝可以在春季树液流动后撑拉；一年生枝条最好在枝条半木质化时，即8月上旬至9月下旬撑拉。此时枝条柔软，可塑性大，撑拉枝条后枝条容易固定，背上不再萌发新枝，有利于营养积累和花芽的形成。一般冬季和春季不行撑拉，此时果树正处于休眠期，树液尚未流动，主干脆硬，撑拉枝条易损伤枝干皮层组织，易萌发背上直立枝，并且后来生长的枝条会重新向上生长，撑拉效果不明显。

撑拉枝方法。①下压枝条。就是根据树体结果枝分布需求，对直立生长的枝条进行下压，以达到生产要求。压条时可以购买专业的枝条开角器，可以用细绳绑拉，也可以在较细的枝条上悬挂装上土的塑料薄膜袋。②拿捏枝条。就是对基角较小，下压困难的枝条进行拿捏，使其软化。具体方法是一只手托住枝条下部，另一只手握住枝条并且下压，达到理想的角度，对基角较小1次拿捏不成形的可在15~20天后第二次拿捏，直到成形为止。对一些大枝拿捏时，要在距离基部30~40厘米处，选一个支点，选一"丫"权撑牢，然后使劲下压，使其软化，达到拿捏效果。③柔软枝条。对枝条超过2厘米的较粗枝条，下压前要先双手握住枝条基部反复轻轻揉动，使其软化，然后再轻轻将枝条下压。④定位枝条。就是将撑拉平的枝条用塑料扎带、包装扎带、拉枝绳、细铁丝等固定好。拉枝固定绳应该绑在枝条的中下部，使枝条基本呈水平状态，不要绑在枝条稍部，以免枝条两头低中间高，萌发徒长枝。

撑拉枝角度。对树体内的枝条均要撑拉到位，由于红将军苹果直立性强，顶端优势明显，其永久性骨干枝均要拉倒 90°左右，临时性小枝和辅养枝拉至 100°～120°，主枝上的枝组全部拉至自然下垂状态，撑拉枝要主侧枝一起撑拉，并且侧枝角度大于主枝角度。撑拉枝条时要充分利用空间，不可以使枝条相互挤压重叠，以免影响树冠内光照，若某一空间所拉枝条较多时，可以根据树冠内情况，左右适当移动，拉向枝条较少而且空间较大的地方，达到充分合理利用空间、优质丰产的目的。

撑拉枝注意事项。①枝条撑拉要到位。对枝条撑拉全部要到位，将枝条基角、腰角全部撑拉，撑拉好的枝条或者水平、或者下垂，不能呈弓形。若撑拉枝条以后，出现较多的背上直立枝，并且枝条后部出现光秃现象，应立即疏除背上旺条，采取刻芽等措施使枝条上的光秃带发芽抽枝。对撑拉以后部分枝条抽生的背上枝，若有足够的生长空间，可将其拉平，促花后加以利用。②撑拉到位后及时解除绳索。一般在撑拉枝条 30～45 天要将撑拉枝条的绳、带等及时解除，以免绳带等缢入枝干，甚至勒断枝条，或者造成伤疤而诱发病害。③撑拉枝条要区别对待。不可以见枝就撑拉，应考虑枝条开张情况、树势强弱、空间布局等。原则上拉直立枝不拉侧平枝，拉粗壮枝不拉细弱枝，拉长枝不拉短枝。④撑拉大枝不求一步到位。对一些较大的枝干，不能强求一步到位，可在生长期分 2～3 次完成撑拉，一样可以达到目的。⑤撑拉枝条绳、带不可一绳（带）撑拉多枝，撑拉枝条最好一枝一绳，不可为图省事一绳绑多枝，造成枝条重叠、并生，造成光照条件恶化，造成新的树体郁闭。

（8）环剥与环割。环剥即环状剥皮，就是将枝干上的皮层剥去一环的措施。环割即环状割伤，是在枝干上横割一道或数道圆环，深至木质部的刀口。环剥、环割破坏了树体上、下部正常的营养交流。根的生长暂时停止，最后导致根的吸收力减弱。同时阻止养分向下运输，能暂时增加环剥、环割口以上部位碳水化合物的积累，并使生长素含量下降，从而抑制当年新梢营养生长，促进生殖生长，有利于花芽形成和提高坐果率。根据环剥作用和目的不同可分为春、夏两次进行。第一次是春季开花前至花后 10 天进行环剥、环割，可抑制新梢生长和提高坐果率；第二次是在 5 月下旬至 6 月中、下旬进行环剥、环割，可抑制营养生长和促进花芽分化。此期进行环剥、环割效果最佳，对某些成花较困难的元帅系品种有特效。

环剥、环割的注意事项：①环剥、环割应在较旺主枝及辅养枝上进行。主干环剥削弱树势过重，应依树势慎用，同时，在主干上环剥后，易造成主干上枝干轮纹病大量发生。②环剥口宽度，一般为被处理枝干处直径的 1/10 为宜或与皮层厚度相近。剥口过宽，伤口不能及时愈合，影响太大，严重抑制树体或枝条的生长势，甚至出现死亡；剥口过窄愈合过快，达不到预期效果。③环剥不易过深过浅。过深伤至木质部，破坏形成层薄壁细胞，不利愈合；过浅韧皮部残留，效果不明显。④环剥后不宜触及形成层，为防止雨水冲刷，也可将剥口用塑料布包扎或牛皮纸、报纸等粘贴好，利于愈合。环割、环剥后，若结合涂抹20倍多效唑，控长促花效果更佳。⑤环剥后，由于提高了剥口上部的碳水化合物积累，但同时暂时切断根系供氮来源。因此，在环剥前后，应补加追肥或根外施肥，使树体局部的营养处于较高水平，否则肥水跟不上，树势过弱，成花率低，且花芽质量差。

2. 树形与产量品质的关系

苹果树形的选择极其重要，良好的整形修剪是生产优质果品的重要条件之一。我国苹果自规模化栽培以来，树形在不断发展，从自然圆头形、疏散分层形到自由纺锤形、细长纺锤形和开心形（张显川等，1999），发展趋势是向通风透光、更为合理的树形演变。前人对以上树形树冠光照分布情况、树冠不同部位叶片光合特性和果实品质的差异等作了较为系统的研究评价（魏钦平等，2004；孙志鸿等，2008；厉恩茂等，2008；李国栋等，2008；张显川等，2005）。同时为解决乔化密植园树冠郁闭、产量低、品质差等问题，提出了改形的措施，并对改形的效果作了相应的研究（张显川等，2007；苏渤海等，2008；李丙智等，2007；田海诚等，2007）。

适宜的枝量及合理的枝类组成是果树丰产、稳产的关键。果树有机营养物质积累的基础是以加强土肥水为中心的综合管理，增加枝、叶数量，调节好树体的平衡，以便在良好的光照条件下，制造更多的光合产物。Alain等（2000）研究认为，果树枝叶数量、比例和空间分布会影响树冠内的光照分布及温度、湿度和风速等微域气候，这种微域气候的变化会进一步对果实生长发育产生重要的生理影响，并最终影响果实产量和品质。邹秀华等（2007）对红富士苹果的研究发现：一定的范围内，枝条总量与产量呈正相关，但当枝条总量达到约202.5万条/公顷时，随着总枝量的增加，产量反而下降。从产量角度看，合理地枝条总量应保持在100万条/公顷左右。

树形不同，枝量及枝类比也不同。魏钦平等（2007）对富士品种研究发现：高干开心形合理的留枝量为80万～100万条/公顷，小冠疏层形为100万～120万/公顷，刚整形为小冠疏层形的留枝量150万～180万条/公顷，小冠疏层形改为开心形的为80万～100万/公顷。牛自勉等（2004）在矮化开心形苹果上的研究认为：开心形枝量886.8条/株，58.5万条/公顷；小冠形1 783.7条/株，124.5万条/公顷；短枝比例分别为61%和52.35%。李丙智（2005）认为将9年生 M_{26} 矮化中间砧苹果密植园的树形由多主枝分层树形进行稀枝控冠改为细长纺锤形后合理地枝类组成短、中、长枝比为7∶2∶1。富士苹果每亩枝条总量在8万～10万条产量最高，为了提高果实的着色及品质，应该将每亩总枝量控制在8万～10万条。

王雷存等（2004）认为富士苹果的枝类比主要是以中短枝的变化为主，幼龄富士苹果产量的高低主要取决于短枝的数量。贾红霞（2007）研究认为5～6∶1

的枝果比对苹果的产量有明显的促进作用。张新生（2005）认为负载量不同，苹果树体枝类比例也应该不同，长枝所占比例随负载量增加呈下降趋势，中短枝则呈增加的趋势。中国农业科学院果树研究所 1988 年对苹果细长纺锤形、自由纺锤形和圆柱形的枝类比进行研究发现：以上 3 种树形的中短枝量一般占总枝量的 60%～80%。辽宁大连李恩生 1995 年对纺锤形新红星的研究认为：总枝量 724.8 条/株，中短枝比例为 87.7%（杨进，1997）。张文和等（2004）对苹果的小冠开心形研究表明：冬剪每亩留枝量 5 万～6 万条，叶面积系数 2.5～3.5，土肥水管理较好条件下，可以达到亩产量 3 500 千克。尚志华等（2010）研究认为富士苹果改良高干开心形树冠内小于 30% 相对光照强度占树冠总体积的比例达 47.62%，生长季枝（梢）总量达到 121 万条/公顷和树冠内膛枝（梢）比例小于 10% 是乔砧富士苹果改良高干开心形树冠郁闭的 3 个判断指标，也是树体结构开始改造或间伐的时期。

3. 乔砧自由纺锤形整形修剪技术

自由纺锤形树体结构：干高 60～70 厘米，树高 2.5～3.0 米。中央领导干较直立，全树共 10～15 个主枝，主枝向四周均衡分布，插空排列，不分层次，主枝排列上稀、下密，上短下长。下层主枝长 1～2 米，上层主枝依次递减，相邻两主枝间隔 15～20 厘米，同一方向主枝间隔 50 厘米左右。主枝角度 80°～90°，主枝与中干粗度比以 0.4 左右为宜，最大不能超过 0.5，以保持中央领导干优势。主枝单轴延伸，其上直接着生枝组，以短果枝和中小型结果枝组结果为主。该种树形树冠紧凑丰满，通风透光良好，有利于生产优质果。

（1）定干与刻芽。

①定干。对于定植半成苗长成的坐地苗，定干时剪留长度一般为 1.2 米左右，移栽苗木要求根系完整，距地面 40 厘米以上整形带内芽体饱满，剪留 80 厘米左右，注意剪口芽一定要留在迎风面。

②刻芽。定干后刻芽，从剪口下第 4 芽起每间隔 3 个芽眼刻 1 个芽，刻芽用钢锯条在芽体上方 1 毫米处刻伤，深达木质部以促发强旺枝，利于次年冬剪时选留主枝。刻芽宜早，一般应在发芽前 20 天进行，剪口下 3 个芽由于顶端优势作用，可自然萌发，整形带以下芽子在萌芽前及早抹除，以节约树体的营养。

（2）第一年冬剪。

①主枝选留。冬剪时一般可选留主枝 4～6 个，主枝相互之间相错排列，同一方位上下主枝相距应在 40 厘米左右，主枝长放不截，以利用顶端饱满大叶芽向前单轴延伸。

②中干修剪。中干长留 80～100 厘米，以维持中干优势，并迅速成形。对竞争枝处理以干性长势强弱而定，干性强时两个竞争枝各留 2～3 芽剪除，次年对竞争枝基桩抹芽分别培养 1 个壮枝，为下年选留主枝备用；干性弱时，可留桩疏 1 个，在春秋梢秕芽处短截 1 个，以扶壮中干生长。

③中干刻芽。在中干上选 4～6 个芽进行刻芽，方位与第一年选留的主枝相互错开，方法同定干刻芽。

（3）第二年夏季修剪。

①主枝刻芽。为了在主枝上促发大量短枝，尽快增加枝量，改变枝类组成，对主枝基部总长 20 厘米内的两侧芽和背下芽在其上方轻刻伤，时间宜晚不宜早，以防冒过多大条，一般发芽前 3～5 天进行。对背上芽萌发的处理，以母枝长势而定是否刻芽，以背上芽萌发短枝不跑条为目的，过强母枝可在背上芽下方刻伤，以减势生长；各主枝梢部因顶端优作用，芽体可自然萌发。

②主枝角度问题及背上枝处理。为了避免各主枝生长季大量冒条，并进行扩冠，夏季生长阶段应与主干保持 50°～60°，不宜过早地开张角度。背上枝长到 20 厘米时，可用塑料条与母枝拴在一起，变向成花，避免徒长，尽管各主枝在生长季没有开角，但各主枝单轴延伸，前中后无大分枝，树体又较小，因而光照仍可满足。至立秋 15～20 天后，对各主枝可根据其长势开至 80°～90°，此时气温下降，顶芽处于非常缓慢分裂期，不再冒条，利于花芽继续发育，同时，该期拉枝后主枝角度可基本固定。

③主枝环剥问题。早熟富士品种幼树不易成花，可在主枝基部距中干 20 厘米处环剥，环剥部位不能靠近中干，否则一是剥口后可促发萌蘖；二是开角时往往易折伤主枝，环剥时间以各主枝有 8～10 个 5～8 厘米的营养枝为宜，这是转化为果枝的基础。剥口宽度以 25 天能愈合为宜，一般不宜超过被剥枝直径的 1/15～1/10，对同一主枝视其生长势及愈合状况，每年可环剥两次，当第一次剥口完全愈合后，及时进行第二次环剥，时间不可晚于 8 月中下旬，环剥后用塑料膜包扎伤口，以加速愈合。

（4）第二年的冬季修剪。冬剪时中干上继续选留 2～3 个主枝，主枝的间距 30～40 厘米。选留的主枝冬剪时长放不剪，单轴延伸，待第二年夏剪时刻芽促萌。基部上年选留的主枝冬剪时仍长放不剪，根据树冠空间大小或刻芽促萌或甩放结果。

（5）3～4 年生树的修剪。3～4 年生树修剪时，仍需在中干上选留主枝，每年冬剪时留 2～3 个永久性主枝，到第四年生长期结束时，树冠结构基本形成，树高 3.0～3.5 米，中干上排列 15 个左右主枝，形成了疏散的自由纺锤形树形。

（6）结果树的稳产修剪。早熟富士结果后 2～3 年极易衰弱，因而需及早考虑主枝的更新复壮。更新复壮从第二年冬剪时即开始，选主枝中部侧芽萌发的枝条，在尽可能长留的情况下留饱满芽短截，促发强营养枝，这样既可及早为原头结果衰弱回缩时，培养好新的主枝带头枝，又养根、养果、维持健壮树势，并减轻果实日灼病的发生。同时在其中后部利用剥口下萌发枝条留饱满芽短截，逐年培养，以备主枝可用果枝带头，结合疏花以果台副梢延伸。这样主枝在限定的横向空间内，在结果的同时，不断地有目的地培养好强壮带头枝，达到既丰产又稳产的目的。

4. 矮化自根砧高纺锤形整形修剪技术

根据研究结果，在采用宽行密植栽植模式下，新植果园建议采用自由纺锤形和高纺锤形树形。采用宽行密植、自由纺锤形或高纺锤形树形进行果园的篱架式栽培，与传统的栽培方式相比，苹果宽行密植栽培具有以下优点：一是结果早、产量高：由于采用了密植栽培，前期产量增加很快。另外，由于有篱架的支持，不必考虑结果枝的强度，可连年甩放，促进枝条从营养生长向生殖生长转化，有利于早结果，3 年生苹果园亩产可达 240～320 千克，4 年生矮化宽行密植果园平均亩产可达 850 千克。二是通风、透光条件好，果实品质高：宽行密植栽培很好地解决了栽植密度与光照状况的矛盾。采用宽行栽植，光线可直接射入行内。另外，树体冠径较小，树冠内外光照均匀，不存在无效空间（即光照强度在自然光强的 30％以下），绝大部分树冠在高效优质空间（光照强度在自然光强的 60％～85％），因此，果实品质能够得到保证，果实的优质果率高。

矮化自根砧苹果树根系较浅，要求有灌溉条件，没有灌溉条件的地方不宜发展矮化自根砧苹果园。地势方面以缓坡地较好，避开易遭霜冻的低洼地，对土壤类型无特殊要求，一般以沙壤到壤土为好，土层 1 米深即可。M9T337 的最大特点是早丰产，适应性广，但不抗重茬，不抗火疫病，耐寒性一般。

矮化自根砧高纺锤形树形树体结构：树高 3.5～4.0 米，主干高 0.8 米左右，中干上着生 30 个左右螺旋排列的小枝，结果枝直接着生在小主枝上，小主枝平均长度为 1 米，与中干的平均夹角为 110°，同侧小主枝上下间距为 0.25 米。中干与同部位的小主枝基部粗度之比 3～5∶1。成形后的高纺锤形在春季亩留枝量为 6 万～8 万条，长、中、短枝比例 1∶1∶8。

根据建园投资情况确定苗木规格。如果有足够的投资，可选用优质带分枝的 2 年生苗建园（大苗的分枝是指与中心干同龄的二次枝，不是枝龄比中心干晚一年或多年的侧枝）。用 2 年生大苗建园可以早期丰产，早收回投资。如果为了节省建园投资，也可选用一年生苗，但结果可能晚 1～2 年，丰产推迟，收回投资晚。

矮化密植苹果园可单行密植，常用的 M9T337 苗木的株行距 1.4 米×4.0 米。进行起垄栽植，土壤改良后，按株行距起垄，高度 30 厘米左右。4 月份按株行距栽植。嫁接部位要高于地面 8～10 厘米，以确保矮化砧的矮化效应。为确保成活率，尤其是定植带分枝的大苗，相对应地上部分根系较小，可施用正规厂家生产的定植生根肥。如果疏枝造成伤口，应及时蜡封，避免水分散失。如果定植没有分枝的苗木，定植后进行刻芽，套上塑膜袋，防止水分散失。定植后根部浇水，保持土壤湿度。如果空气干燥，定植的带分枝大苗前 2 周每天喷水 3～5 次，防止枝条抽干。

必须立支架栽培。矮化自根砧苹果苗木根系较浅，固地性差，必须进行立架栽培，保持树干直立。每株树立竿，可用直径 4～5 厘米的竹竿，每 10 米立一根水泥柱或防腐处理过的木料杆作为支架，支架上拉 3～4 道铁丝，从苗木定植第一年开始，将树干绑缚在立杆或竖拉的铁丝上，直至树高达到 3.5 米。

栽植第一年。春季若定植具有 8～15 个分枝的标准大苗，则不定干、不短截；去除距地面不足 60 厘米的分枝，保持全园主干高度一致；去除直径超过着生部位中心干 1/2 的分枝；若定植分枝较少或没有分枝的苗木，从中心干从 1.5 米处短截，去除直径超过中心干 1/2 的分枝，如果好分枝不足 3 个，则全部留斜茬去除，在中心干上 60～100 厘米隔芽刻芽，促发新枝。苗木定植时（或 7 月）将下部 4～5 个分枝拉至水平以下，诱导成花。夏季修剪对中心干顶部 1/4 区段的分枝，梢长至 10～12 厘米时摘心；长至 10～12 厘米时再摘心；固定中心干于支架上。优质大苗通常带有很多花芽，定植当年可开花结果。建议疏除所有花序，保证苗木成活率，确保第二年的经济产量。

定植后第二年。冬季修剪对中心干、分枝（二年生以后可称为临时性结果枝组）都不短截，疏除竞争枝、角度很小的分枝、直径超过着生部位中心干 1/2 或长度超过 60 厘米的分枝。疏枝时仍留斜茬。第二年开始让树结果，以控制树体旺长，稳定树势。若定植后 1～2 年不让树体结果，则会使分枝增粗加快，导致高纺锤形树形难以形成。

定植后 3～5 年。第三年树体达到 3.5 米的预定高度后，可让树体顶部结果，顶端弯曲后回缩至较弱的结果枝，以控制树高。去除直径超过 2 厘米或长度超过 90 厘米的分枝，将过分下垂的老结果枝组适当回缩。

定植后 6～20 年。定植第六年树体开始进入盛果期，树体生长和结果已经稳定，高度应控制在 3.5 米左右以回缩至较弱结果分枝的方法控制树高；每年疏除 2 个分枝进行更新修剪，保持中心干上的分枝粗度直径都小于 2.5 厘米，切勿同时更新太多分枝，以免引起树体衰弱。更新枝的顺序是先中部，后上部，再下部下垂枝；对下垂的分枝回缩至弯曲处。避免一次性重修剪。

与乔砧苹果树相比，矮化自根砧苹果树根系分布范围小，大型骨干枝少，树体贮藏营养量也少，营养容易受环境条件和生产技术的影响。要获得节肥和优质丰产的效果，应采取以叶片分析营养诊断为基础的科学施肥技术。新建园结果后，每年（或每隔 2～3 年）7 月下旬至 8 月初取成龄叶片和采收前 2～3 周取果实，到专业机构进行矿质营养分析，根据分析结果，结合土壤状况、树体生长状况、产量和果实品质状况等综合因素，给出土肥管理的指导性建议。土壤分析可每 2～3 年做 1 次，主要作为调节土壤 pH、土壤有机质等指标的参考。有条件的果园通过微灌设施，进行定量灌水施肥，能够节水节肥。其他配套管理还有病虫害综合防治、果实成熟期鉴定与采收等。矮化密植苹果园行间尽可能实行机械化喷药，省工省力省药。果实适时采收，防止早采，可全面提高果实品质。

对烟台地区 4 年生矮化自根砧果园优质果率进行调查，果实着色良好，可溶性固形物含量在 14.5％以上，优质果率可达到 85％以上。管理省工省力：由于行距很宽，便于管理，特别是便于机械化作业，如施肥、打药、果实采收等。同时，宽行密植栽培方式与传统的栽植方式相比，最大的特点是群体效应明显，其在树形选择、修剪方式确定及叶幕构成等方面，注重整行的群体效应，而不是单纯考虑单株的个体效应。因此，宽行密植栽培在整形时是以树行为单位，考虑树行的群体结构，对单株树形要求不高，因此整形容易，可极大地减少管理用工。根据调查结果，宽行密植果园可节省喷布农药、采收等生产资料和劳动力投入成本 25％，经济效益显著。

五、郁闭果园改造技术

早熟富士苹果对光照条件要求较高，光照不良则果实色泽差，含糖量低。花青素合成过程中，需要光提高植物花青素的含量（Mancinelli，1985）。光照能提高苹果中 MdMYB1 的表达水平，促进果皮中花青素的积累（Takos et al.，2006）。查尔酮异构酶（CHI）和查尔酮合成酶（CHS）的形成受日光调控和紫外光诱导。此外，不同的光照强度和光质对其合成有不同的影响。用 160 微摩尔/（米^2·秒）的光照强度连续 24 小时光照离体富士苹果，发现果皮花青素含量有所增加（王中华等，2004）。田间试验也表明，当果实处于 850 勒克斯时，不着色或稍具微红色，平均色卡度仅 0.2 度，8 500 勒克斯光区的果实着色中等，平均色卡度为 3 度，处于树冠外围或顶部 2.4×10^4 勒克斯光区的果实，着色最好，平均色卡度为 5.6 度。不同比例的红光/远红光照射番茄叶片，其对花青素的合成有不同的影响（陈静等，2006）。

Robinson（1983）研究了遮阴对果实品质的影响，表明遮阴降低了果实纵横径和果实可溶性固形物含量，但果实的硬度和酸度则有所提高。Liu（1987）认为光照对果实的硬度影响不大，而温度对果实硬度的影响较明显。Seely（1980）认为光照条件影响果实的着色、可溶性固形物含量，但不影响果实的硬度、pH 和总酸含量。杨振伟（1996）对富士苹果研究表明，随着光照的增强，可滴定酸含量降低。

Wagenmakers（1995）研究了苹果树形的光照分布与产量的关系，结果表明高干开心形有 30％的产量分布于树冠下半部分，树冠下部的光照条件与产量关系密切，当冠层下部的光照分布低于 30％时，对单株产量就会产生直接的副作用，而当下部光照的分布达到 35％以上时，产量在树冠内的分布规律表现为从上到下、从内到外的增加。同时他还发现大果往往分布于树冠的上层和外围，小果多分布于树冠下层和内膛。这就说明，树冠的光照分布对果实的大小也有影响。Warrington（1996）认为 40％的相对光照强度是苹果商品品质的最低限，在 60％的相对光照条件下才能生产出优质的果品，而 40％～60％相对光照条件则是生产中等品质果实的光照区间（杨振伟，1996）。李清田（1982）认为国光苹果相对光照度 25%～30% 以上为适宜结果的相对光照度；魏钦平等（1997）通过对富士苹果树冠不同层次、部位相对光照度和果实品质进行分析，相对光照度从树冠上层到下层、外围到内膛逐渐降低，果实品质差异明显；应用一元二次回归建立相对光照度对富士苹果品质因素影响的回归方程，求解出了果实品质指标最大的相对光照度，果实花青素含量对光的要求较高，相对光照度 77.91% 为富士苹果花青素形成的最佳相对光照度，果实可溶性固形物和总糖的最适相对光照度为 60%，其他各品质因素对相对光照度要求较低，但均在 52% 以上。

光促进花青素合成的机制是：光通过升高乙烯、ABA 水平，限制 GA 活性而削弱花青素形成的抑制作用；通过光合作用提供充足的底物，提高花青素的形成；通过光敏色素而促进酶的合成与活化。光照状况也影响果实内糖的积累。果实着色程度与果实中固形物含量呈正相关。抑制柑橘绿色果皮的光合作用后，降低了果实的含糖量（Chen 等，2002）。究其原因是：果皮在光合受到抑制的逆境下，通过大幅提高自身的 SS、SPS 和转化酶等蔗糖代谢酶活力来增强其强度，从而促进了叶片光合产物向果皮运输，相应地降低了光合产物向汁囊的分配比率，致使果实遮光后汁囊含糖量下降（陈俊伟等，2001）。因此，改善光照条件，是提高富士苹果果实质量的关键措施之一。

根据研究结果，光照不仅影响树体内的干物质生产，还与果实大小、可溶性固形物及果面色泽等性状密切相关。苹果树冠不同部位的果形指数、着色指数、硬度、可溶性固形物、可溶性糖含量均为外围的较高，内膛的较低；果皮叶绿素含量、可滴定酸含量为树冠外围的较低，内膛的较高；在树冠不同层次上，果实品质的差异性也极为显著，果实硬度、可溶性固形物、可溶性糖和糖酸比等是树冠上部高于下部。光照条件好，果实可溶性固形物含量、香气物质种类和含量高，风味浓郁。

20 世纪 80 年代和 90 年代初的早熟富士苹果大发展时期，烟台市主要推广的是乔砧密植栽培模式。在当时果品供应十分短缺的市场条件下，这种乔砧密植栽培模式的确起到了使苹果提早结果、快速上市，缓解市场压力的作用。随着种植时间的延长，乔砧密植栽培模式逐渐显示了它的弊端，乔砧密植栽培对人工控冠、促进结果技术要求难度较大，普通果农难以掌握，管理费时费工；其次是因为砧木是乔化砧，树体长势旺，树体高大，加上栽植密度较低，果园进入盛果期后，果园密闭严重，给果园施肥、打药、套袋、摘袋、采收等日常管理造成极大的不便。同时，由于通风透光差，果实着色不好，严重影响了果实的外观品质。因此，为生产外观漂亮、风味浓郁的果品，应继续采取合理间伐、抬干、落头、疏枝等技术措施，加强密闭果园的改造，改善果园的通风透光条件。

根据国家苹果产业技术体系栽培与机械研究室岗位专家的研究结果以及烟台地区郁闭果园实际情况，课题组提出了以下技术措施进行改造。

（1）间伐。间伐是解决果园群体郁闭问题的最简单、最根本、最彻底、最有效的技术途径，其作用主要是打开果园的光路和作业通道。实施间伐的对象是中高度密植、树冠交叉、行间株间郁闭程度严重的果园。栽植密度较大的成龄郁闭果园，无论是乔化密植还是矮化密植，都需要通过适时合理间伐来调减果园密度；如果植株密度调减不下来，在高密度果园树体上采取诸如改形、控冠、开角、拉枝等技术措施，都不会取得应有的效果。根据树龄、栽植密度和果园郁闭程度，密植郁闭园间伐可以采取"一次性间伐"和"计划性间伐"两种模式。实行"一次性间伐"时，也要根据果园地形条件和株行距等实际情况，分别实施隔行间伐、隔株间伐和隔行间株3种方式。间伐宜从"大年"开始，或在花量较多、树势较稳、间伐后产量和树势波动不大的年份进行。

一次性间伐：主要针对73～111株/亩（株行距1.5～2米×3米、2～3米×3～4米、2米×5米等）高密度初盛果期郁闭果园和树龄13～15年生以上的中密度盛果期严重郁闭果园实施，一步到位，长期有效。

隔行伐行：适用于株行距为2.0～3.0米×3.0～3.5米的初盛果期、高密度、平地和缓坡地郁闭果园，行间距较小、株距中等。通过隔行伐行，每亩苹果树株数减少一半，果园通道和光路打开，通风透光条件改善，可有效解决果园群体郁闭的问题。隔行伐行改造后，行间距加大，原行向保持不变，注意培养主枝向行间延伸，扩大树冠，增加结果面积，尽快恢复产量；5～6年后，再进行隔株伐株处理，以解决果园后续郁闭问题。

隔株伐株：适用于株行距为1.5～2.0米×3.5～4.0米和2米×5米的高、中密度初盛果期、平地和缓坡地郁闭果园，行间距较大、株间距小。通过隔株伐株，每亩苹果植株数减少一半，可以显著改善果园通风透光条件。隔株伐株间伐后，株间距离加大，原行向保持不变，要注意培养主枝向株间延伸，以扩大树冠，增加结果面积，尽快恢复产量；多数郁闭苹果园在隔株伐株后5～8年，还需要进行隔行伐行或隔株伐株处理，将进一步加大行、株距，保证果园不会继续发生郁闭。

隔行间株：适于高密度初盛果期和中密度（株行距为2米×5米、3～4米×3～4米）盛果期、平地和缓坡地郁闭果园进行群体结构优化改造。隔行间株后，每亩植株数减少1/6～1/5，有效改善被伐除树周边植株的通风透光条件，而对间伐当年的果实产量影响不大；隔行间株改造后，注意培养主枝集中向被伐除植株的空间伸展，经3～5年，将两间伐株之间保留结果的植株伐掉，打开果园通道，进一步改善果园通风透光条件。

延迟间伐：即计划性间伐。适用于树龄13～15年生盛果期大树郁闭果园，或中密度（株行距有3米×3～5米、2米×5米、4米×4米等）中、重度平地或缓坡地郁闭果园进行群体结构优化改造，在3～5年内完成。间伐前先进行2～3年的准备工作，首先确定永久行（株）和临时行（株）；二是对永久行（株）

进行补偿性培养，放大树冠，扩展结果体积，使其尽快发展成为主要产量载体；三是对临时行（株）实行树体控制，逐年压缩树冠体积，使其既不影响永久行（株）的树体发育和树冠扩张，还继续保持结果、有一定经济产量；3～5 年之后，永久行（株）的树体优化和调整基本完成，树冠发育基本完善，经济产量基本取代了临时行（株）的作用，即可将临时行（株）伐除。

伐劣保优：通过"伐劣保优"，改善果园群体结构，显著提高树体的整齐度和综合生产能力。适用于山地、梯田盛果期或盛果后期郁闭果园进行群体结构优化改造。

（2）改形控冠技术。

改形：密闭苹果园实施间伐以后，单位面积栽植株数减少，果园群体变得稀疏，苹果植株生长空间扩大，原有的栽培树形（如小冠疏层形、细长纺锤形、自由纺锤形、圆柱形等）已经不能适应在新的空间环境下生长结果的要求。因此必须在间伐（或压缩临时树）的同时，对永久植株的树形进行有效改造和优化，最大限度地提高树体的结构效能，以达到优质高效生产的目的和要求。间伐园树体改形时目标树形的确定，要根据原有植株的基础树形和树体结构特点、间伐后的植株密度（株行距）、立地环境和土壤条件具体确定。改造后密度为 3 米×4 米、4 米×6 米的果园，树形可以改造为自由纺锤形、改良纺锤形、小冠疏层形；密度为 3～4 米×4～6 米的果园，树形可以改造为小冠疏层形、主干开心形、改良纺锤形；密度为 4～5 米×5～6 米的果园，可以改造为主干疏层形、主干疏层开心形。

控冠：控冠的对象主要是那些栽植密度很大（如 2～3 米×3～4 米），全园群体密闭严重，已经实施或计划实施间伐（一次性间伐和计划性间伐）的果园。郁闭园间伐改造后，对植株树冠的扩展速度、体积大小、枝叶密度及其与周围植株之间的"边际"关系实行整体控制，限制个体植株的树冠体积、枝叶密度在一定范围之内，避免发生果园的次生郁闭现象。一般要求：①冠径小于或等于株距；②树冠高度控制在行距的 2/3～3/4；③行间枝头间距 100～150 厘米；④株间交接率低于 15%。

（3）树体结构优化技术。实施对象是那些栽植密度较小（如株行距 4～5 米×5～6 米）、郁闭程度较轻或不适宜间伐的果园，采取提干、落头、缩冠、疏枝的方法，调控树形结构、枝叶量和树冠大小也能解决郁闭问题的果园。

提干：大多数密植果园采用矮干、低冠结构，这是造成果园郁闭、通风透光不良和果园管理困难的一个重要因素。适当提高树干，打开底光，有利于树形优化改造，解决通透性差的问题。抬干也要根据原有树形、目标树形和株行距，循序渐进、分年逐步进行。山地果园小冠疏层形、主干疏层形树体，可以根据实际情况将主干调整到 30～50 厘米，提升树冠高度；圆柱形、纺锤形可以逐步将树干抬高至 80～100 厘米。对改造为开心形的果园，主干一般逐步抬高度到 100～

120厘米。

落头：对树冠过高的树要适当落头，以打开树冠的"天光"。落头高度一般控制在2.5～3.0米。

缩冠：主要对主枝延长枝进行回缩修剪，按照先培养、后回缩的办法进行缩冠整形。即在主枝延长枝后部选角度适宜、长势好的枝条，培养为预备枝，再将主枝延长枝回剪到预备枝分枝处，实现主枝延长枝的回缩与更新，达到缩枝控冠的目的。

疏枝：疏枝是解决果园密闭的重要途径。疏枝的对象主要有如下六类枝条：①二层主枝之间，以及层内过密、过多的主枝、侧枝，打开层间距；疏枝时宜先疏除对生的、轮生的、重叠的主枝和侧枝。②中心干上多余的辅养枝、过渡枝、老弱病残枝和萌蘖枝，疏通内膛光路，增加内膛光照，提高内膛叶片的光合效能。③树冠外围特别是主枝延长头附近的竞争枝、徒长枝和密生枝。④主、侧枝背上的直立枝、萌蘖枝、徒长枝。⑤树冠内膛的细弱枝、病残枝和无效枝。⑥树冠层间、层内的交叉重叠枝。

六、采用科学的土壤管理制度

1. 起垄栽培

苹果根系的发育，不像地上部枝芽，没有明显的自然休眠期，只要条件适宜，周年均可生长。由于所需温度较低，根系开始生长要早于地上部分。通常一年内可有2～3个生长高峰，并与地上部的生长高峰交替出现。由于上层土壤环境变化较大，分布在土壤上层的根系，一年内可能会出现3个或更多的生长高峰；而分布在土壤下层的根系，由于环境条件相对稳定，一年内往往只出现2个生长高峰或更少。通常春季根系生长可持续2～3个月，秋季1.5～2个月。但由于树龄、长势、结果状况以及气候、土壤条件的差异，根系在年周期中生长高峰出现的次数和时间往往不同，根据山东农业大学杨洪强教授的研究结果，苹果在年周期内的生长动态大体分3种类型。

（1）三峰曲线型。初结果的树和小年树的根系以及分布在土壤上层的根系，年周期中多数会出现3次生长高峰。第一次出现在3月下旬至4月上旬，随着开花与新梢速长，根系生长变弱；第二次始于新梢停长之后，于6月下旬、7月上旬达高峰后，随着果实速长和花芽的大量分化而减弱，这次高峰持续时间最长，发根数量最多；第三次高峰出现在果实采收之后，从9月延续至11月。三峰曲线一般出现在冬季有越冬新根的植株中，因为冬季地温较低，这些新根在整个冬天既不变褐，也不生长，基本维持原状（个别情况下新根有时缓慢生长）。到第二年春季，地温回升时，随着地上部植株的生长发育造成的养分竞争，地下新根或逐渐变褐，或再一次稍微生长，这部分越冬根与部分已全变褐的秋季发生的侧根或吸收根，共同形成春季的一个小的发根高峰。

（2）双峰曲线型。大年树、盛果期成年苹果树的根系以及分布在下层的根系，每年往往有两次生长高峰。盛果期的成年苹果根系在5～6月出现一个生长高峰，随着新梢迅速生长，根系生长速率降低，新梢停长后根系又开始生长，8～10月出现第二个生长高峰。大年树因树体营养水平明显降低，新根生长微弱，第三次根系生长高峰消失，使根系周年生长呈现双峰曲线特征。

. （3）单峰曲线型。根系的生长动态除了以上两种类型外，也有单峰曲线型。生长衰弱的苹果树、新定植的旺长幼树根系生长只有一个高峰。王丽琴等（1997）研究发现，1～2年生盆栽新红星苹果/西府海棠幼树萌芽后，新根发生总量持续增加，发生动态呈现单峰型曲线特征。在土壤中添加玉米秸，一年中新根发生也只有一个大的集中期。衰弱树春季新根生长微弱，根系第一次生长高峰消失，全年仅在6月上旬出现一次根系生长高峰，并与新梢呈交互生长；7～8月仅有少量新根生长，秋季第三次根系生长高峰消失。

根系的生长动态受多种因素影响，在同样的环境条件下，大田植株的新根发生动态往往既有双峰曲线型也有三峰曲线型，也有的只有一个生长高峰。显然，要确定某一品种根系生长动态属何种类型是较困难的，但不管根系的生长呈何种曲线，其生长高峰与地上部生长往往交替发生，这与树体同化养分的分配方向有关。去掉花芽、叶芽和早期落叶的苹果树几乎没有新根发生，这说明地上部对根系的物质（激素、有机营养等）供应起着重要作用，当然根系的生长也受到外界环境条件的影响。实际上，在年周期内，由于受到树体内部因素和外界环境条件的影响，苹果根系呈现出的生长周期性，正是果树在特定遗传背景下适应环境的结果。

苹果根系的垂直和水平分布受砧木种类、品种、土壤、地下水位及树体养分状况的影响。如用八棱海棠作砧木，须根发达；山荆子砧木则细长根多，根较稀疏。根系的垂直分布受土壤结构和土质影响，黏土、沙砾土，根系深不下去，根浅，固地性差。短枝型品种根系一般深度在40厘米以内，矮化中间砧的高接树根系多集中在30～40厘米，特别是细根，吸收根多接近于土壤浅层。根系的水平分布与树冠范围相关，寒富苹果栽培密度3米×4米时，根系分布范围也在3～4米，矮化中间砧高接树株行距2米×3米，根系多在树冠下边缘处密集分布，因此在施肥灌水时，不要忽略树冠下垂的边缘根系。苹果的根系生长在7～20℃最适宜，1～7℃和20～30℃时生长减弱，当土温低于0℃或高于30℃时，根就不能生长。长期处于高温（35℃以上）或低温（−12℃）条件下，根系会死亡。土壤湿度为田间最大持水量的60%～80%，有利于根系生长，低于50%根系生长受阻。土壤空气中的含氧量10%以上时，根系才能正常活动，15%以上时发生新根，低于5%则根系停长。当土壤中的CO_2达到10%时，抑制根系生长。土壤孔隙率达10%以上时，根才能正常生长。由此，土壤肥沃，水、气、热量平衡时，苹果的根系发达。

苹果根系的加粗生长只表现在永久性根上，一般在9月上旬有一段显著加粗的时期，持续10天左右。另外，根系与地上部的枝类组成密切相关。当树体中长枝多时，1～5毫米的根多；短枝多时，小于0.5毫米的细根多。同时按功能将新根分成延长根（生长根）和吸收根。前者长而粗壮，生长迅速，主要功能是延长和扩大根系分布范围，也具有一定的吸收能力。后者细短，密生成网状，发生量大，主要是吸收功能不能加粗，寿命15～25天。

果园起垄，尤其是平原黏土地果园行间起垄，能增加水分散失的面积，垄上土壤不板结，透气性提高，根系主要分布在透气性明显改善的垄里面，细根量大，根系发达，健壮，吸收能力强，植株生长发育强壮。起垄时，沿果树种植方向在树干基部培土，形成下宽上窄、高15～30厘米、宽200～250厘米的垄。垄面由树行一分为二，两边平均分布。建园时未起垄的果园，可先在行间起一宽80～100厘米，高15～30厘米的小垄，以后随秋施基肥逐年加宽。在垄上进行生草、压草或覆膜等操作。

良好的根系构型，可以减少自身建造的能耗，能高效地利用水分、营养和能量，促进树体发育和果实生产，提高树体生产力。根据山东省果树研究所李慧峰的试验结果，无论沙土地还是黏土地的苹果树，实行起垄栽培，根系主要分布于垄台空间以内，垂直深扎根系较少，整个空间内根系分布比较均匀，骨干根数量较多，无明显的层次，毛细根量大。骨干根粗度一般在3厘米左右，很少发生5厘米以上的大型骨干根；根系分支级数下降，一般在3级左右；大部分骨干根上直接着生小型根组，毛细根与骨干根之间运输距离缩短。地上部表现树势强健，叶片肥大明亮，果实分布均匀。这与起垄改善了根系空间环境，促进了根系的发育有关。因此，在有条件的地区，进行起垄栽培是实现"养根壮树"的一项有效措施。

良好的果树根系构型，应该具备如下条件：适宜的根系空间，良好的根类组成和密度，活跃的根系功能及较强的适应能力。果树的地上部与地下部紧密相关，根系越发达，地上部越强壮，而根系的发达程度一方面由根系空间的大小程度决定，另一方面也由根系空间环境的优越程度决定。采用起大垄，结合增施有机肥等措施可以改善根系生长的环境，促进根系发育。地下部不同级次的根类组成与地上部的枝类、叶片和果实生长状况密切相关。不同级次的根类具有不同的功能。生长根的数量及生长强度决定根系的扩展能力及更新能力，吸收根则决定了树体对水分和养分的利用能力，二者均为当年生新根，一般着生于小型根组上；粗大根系一般为多年生根系，是各类功能根系的载体，主要起输导、贮藏及固定等作用。现代果树栽培要求降低根系级次，保证功能根系数量充足，即建造良好的根系构型，以减少根系自身对养分、水分及能量的消耗，使之更多地运送到地上部以供生长结实，提高生产效率，在加强综合管理的条件下，实行起垄栽培可以达到此目的。

2. 树盘覆盖

地膜覆盖可以提高早春地温，减少水分蒸发，稳定表层土壤的温度和湿度，促进春季根系发生和春梢生长。而温度与苹果品质的关系历来是果树学家研究的重点。陆秋农（1980）通过对全国主要苹果产区品质调查，以年平均气温、果实生长和成熟期平均气温、夜温、日较差为影响红星苹果品质的主要气象因子；李世奎（1987）提出年平均气温、年降水量、6～8月相对湿度、6～8月平均最低气温、夏季平均最低气温等为苹果的优质生态指标；张光伦（1994）认为年平均气温≥10℃积温、极端最低温、6～8月平均温度、平均气温日较差、平均月日照时数、月相对湿度、4～10月降水量为苹果优质生态气象因子评价指标体系；魏钦平等（1999）研究结果表明，红富士果实花青素含量主要受年总降水量、10月平均温度、7月平均最高气温、9月平均最低气温、9月日照时数等气象因子的影响。温度对苹果品质的主要影响是果实着色和糖积累。温度对花青素的合成和积累都有较大影响。苹果在低于10℃的条件下花青素积累会受到抑制（Reay & Lancaster，2001）。

树盘覆盖时，于3月上中旬整出树盘，浇一次水，追施适量化肥，然后覆盖地膜。可选用厚度为0.008～0.014毫米黑色聚乙烯地膜，即可提高地温，促进果树生长，还能遮挡阳光，控制杂草生长。覆膜时注意在树干周围空开15～20厘米的距离，并用土压实，防止膜下热气烧伤树干。生长季节要勤检查，以防地膜破损，影响覆盖效果。覆上地膜时，地膜或无纺布上面尽量不要用土来压实，以免地膜上面的土大量生草，影响覆盖效果。苹果园树盘内还可以覆草，可以起到灭草、免耕、保墒、蓄水、增肥、防冻的作用，有效改善土壤水、肥、气、热状况，从而优化土壤生态环境，促进土壤营养物质积累、分解、转化、更新，有利果树生长发育，从而显著提高果品的产量和质量。树盘覆草可以三年一轮或隔年一轮覆，均可达到活化土壤、提高肥力、显著增产的效果；麦草充足，年年覆草，效果更佳。果园覆草不仅限于丘陵果园和山地果园，而且对平原、河滩、海滩、涝洼果园同样具有良好的效果。

3. 果园行间生草培肥地力

果园生草栽培，是在果树行间或全园种植多年生草本植物作为覆盖物的一种果园管理方法。果园生草培肥地力技术，着眼于提高果园土壤稳定性、减少人工扰动、增加果园系统生物多样性，也减少传统管理技术体系下人工除草的用工，与果业的可持续发展概念相符，是全面提高果园土壤有机质含量、提升果园综合管理效率与效益，实现苹果产业可持续发展的必然选择。

根据现有的研究结果，果园生草具有以下优点：①能增加土壤有机质含量，提高土壤缓冲性能。传统上人们可能会认为生草提高土壤生产性能主要是通过草腐烂后提供养分，而实际上，土壤有机质对土壤生产能力的作用主要是提高了土壤系统的缓冲性能，养分的增加在其次。缓冲能力增强后，就不会因为短时期的水肥丰缺而导致植株生长发育出现障碍。②改善土壤结构，增加水稳性团粒数量。常年生草后，大量草根与地上部枝叶凋落物进入土壤系统，经过微生物的作用，形成各级团粒，尤其对水稳性大团粒的增加具有显著作用，从而对土壤结构的优良发育具有显著促进作用。③提高土壤养分的生物有效性。生草后果园土壤中生物因子活跃，丰富了生物因子组成，土壤养分循环、转化及机动性存储都得到优化，从而大幅度提高养分的生物有效性。典型的例子是土壤中难溶性的磷、钙等元素，经过土壤生物因子的综合作用，由生物有效性低的矿物态进入生物系统，有效性大幅度增加。烟台市农业科学院苹果课题组通过连续多年的生草试验证明，果园生草有利于提高土壤的有机质含量和 pH。④稳定土壤环境温度。温度是环境中变化最快的因子之一，温度的变化可以在多方面影响果树的生理生化过程。生草制度建立后，良好的草被具有很强的调节能力，可以有效降低果园土壤系统温度变化的日较差和年较差。同时，大量草群落的存在，可以通过蒸腾作用有效降低地上环境温度，从而在夏季高温时段减轻植株遭受高温逆境的程度，对于维持植株高的光合水平具有重要意义。⑤稳定土壤水分条件。生草后果园系统水分散失主要通过植株和草的蒸腾过程，有效防止了水分的地面蒸发散失。良好的草被还有效减少径流、拦蓄降雪，从而可以最大限度提高果园系统对自然降水的截获能力。⑥增加土壤微生物数量。大量研究表明，生草制果园土壤中微生物多样性显著增加，各类微生物种群数量丰富度指数增加、种群结构协调，不会出现异常的优势种群。多样性指数高的微生物群落对于土壤生物环境的稳定及维持高的土壤生产性能具有重要意义。⑦增加土壤原生动物数量。与传统的清耕制果园相比，生草后果园土壤中蚯蚓、蠕虫等原生动物数量大幅度增加，这对于促进土壤有机物转化、形成具有稳定结构的大团粒具有重要意义。⑧增加果园天敌数量。生草制果园为各类昆虫提供了优良而稳定的栖息环境，土壤中微生物多样性显著增加，各类微生物种群数量丰富度指数增加、种群结构协调；还能增加土壤中蚯蚓、蠕虫等原生动物数量，为捕食螨、步甲、蓟马、草蛉、瓢虫、蜘蛛、螳螂、黄蜂、食蚜蝇、蜻蜓、豆娘等提供良好的生长环境。天敌种类和数量的大幅度增加，对于控制果园害虫具有重要意义，实践证明，良好生草后，果园用于防治害虫的农药用量可以降低 90% 以上。

　　人工生草以黑麦草绅士、高羊茅王朝和鼠茅草为主，可有效增加土壤有机质含量，改善土壤 pH。高羊茅和黑麦草可在春季 3 月初播种，鼠茅草必须在 9 月下旬至 10 月初播种。一般可按照如下标准播种：黑麦草 25 克/米²，早熟禾 15 克/米²，白三叶 6 克/米²，红三叶 6 克/米²。播前要通过旋耕耙平土壤；播深为种子直径的 2～3 倍；土壤墒情要好，播后喷水 2～3 次。当草长高至 30 厘米以上时进行刈割，割后留草高度 20 厘米左右（第一次刈割留草高度可在 15 厘米左右以抑制杂草），每年割 3～5 次，割下的草覆盖在树冠下。

行间自然生草时，树盘底下保留鸡窝草、虮子草、狗尾草、虎尾草、地锦草等浅根性的草类，及时去掉苘麻、刺儿菜、反枝苋和灰菜等深根性的草。在草旺盛生长季节也要刈割2～3次，割后保留8～10厘米高，割下的草覆于树盘下。生草第一年需要给草补施1～2次速效化肥，以氮肥为主，每次每亩用量10～15千克（尿素）即可，可以趁雨撒施，以确保不影响苹果植株正常生长。结合果树病虫害防控施药，给地面草被喷药，防治病虫害。自然生草的草被病虫害较轻，一般不会造成毁灭性灾害；种群结构较为单一的商业草种形成的草被病虫害较重，尤其锈病、白粉病、二斑叶螨等要注意防控。

果园生草时应强调注意的几个问题：①遵守3项基本原则：一是因地制宜原则，年降水量不足400毫米又无灌溉条件的果园，不宜生草；二是经济学原则，果园建立前期（1～3年生）行间可间作花生及大豆等矮秆经济作物，后期生草；三是多样化原则，提倡自然生草或人工种草结合自然生草，草种的多样性既可带来天敌多样性，也可减少果农的投入。②生草果园病虫害防控最关键的是切实保护天敌多样性，应注意如下几点：第一，预防为主，加强萌芽前的防控；第二，以生物药剂为主，例如宁南霉素、苏云金杆菌及灭幼脲等；第三，及时疏除多余大枝，通风透光，减少病虫害发生基数；第四，减少喷药次数，苹果每年8～9遍，喷药尽量避开天敌繁育期。③割草机械化与割草时间的确定。在我国现代果园机械化过程中，市场上及国家苹果产业体系岗位专家已设计出多种型号割草机，可因地制宜选择利用；调研各地优势草的种类及生育期，在抽穗前至花期及时刈割，尽可能增加草的生物产量，以达到培肥地力的目的。

七、采用科学肥水管理技术

1. 早熟富士苹果植株和果实的需肥特点

苹果树的生长、发育和产量的形成，需要有机营养物质和矿质营养元素两类营养物质。在有机营养物质中，最主要的是碳水化合物和蛋白质两大类。有机营养物质是通过光合作用及树体内一系列的生理、生化过程形成的。碳水化合物在树体的代谢过程中，起着核心的作用，各种合成途径都与糖分有关。在代谢中起着重要作用的碳水化合物，主要有单糖、双糖以及多糖类等，它们既是呼吸代谢最重要的底物和生命活动最重要的能量来源，又是转化、合成其他营养物质的原料。矿质营养物质中，既包括氮、磷、钾、钙、镁、铁、硫等大量元素，也包括硼、锌、锰、铜等微量元素。苹果树体中矿质元素的总含量，一般不足干物质的1%，总含量虽少，但在苹果树的生命活动和生长结果中起着重要和多方面的作用。

苹果树体营养发育期有贮藏养分期、同化养分期和营养转化期。①贮藏养分期。苹果树越冬期间，树体贮藏养分中的碳水化合物，主要以淀粉等多糖形式存在，在越冬的前期，碳水化合物以蔗糖和葡萄糖等形式存在，后期可溶性碳水化合物比例下降，淀粉等不溶性成分的含量增高。碳水化合物在树体内的分布，一般根系中的含量比枝干中要多，皮层中的含量多于木质部。春季萌动前，淀粉开始由贮藏部位向叶芽、花芽中运输，供芽膨大需要，随着展叶、抽枝、开花、坐果的进行，贮藏的碳水化合物从枝干中运输至发育器官，随之树体中贮藏碳水化合物含量降低。苹果树体内贮藏的氮化物，枝干中的含量比根系多，低龄枝条中的含量高于多年生枝干，皮层高于木质部的含量。春季随着树体各器官的生长发育，树体中贮藏的氮化物被水解、运出，枝干中的含量随之降低，枝条中木质部的氮化物，主要供应附近叶片、花和幼果发育。②同化养分期。春季苹果树展叶后，即开始制造同化养分。当年同化养分成为营养来源的时期，是在春梢迅速生长结束开始的。该时期整个树体营养水平的高低，与叶面积的增长速度、大小、叶片的光合强度有密切的联系。树体局部和不同器官的营养状况，主要受生长中心、物质分配规律、生态环境条件和栽培管理水平等内外因素的影响和制约。该时期施肥至关重要，需要根据树体矿质营养元素的吸收、运输和分配规律，通过施肥来改善这一时期树体的营养状况。③营养转换期。苹果树年周期发育过程中，存在两个营养转换时期。第一个营养转换期，是从以利用树体贮藏养分为主的时期，向以利用当年同化养分为主的转换时期，即在新梢开始生长后6个周的时期。在这一时期中，树体营养特点是树体中的贮藏养分，由于春季树体生长发育的消耗，养分渐少，展叶早且完成发育的叶片，已能制造和积累一定的光合产物，如果这一转换期开始晚且结束早，说明贮藏养分的底质水平高，当年叶片同化营养物质优势强，两个营养时期衔接好。相反，衔接差。因此，对这一时期过渡、转换不良的树体，抓紧在营养转换期中叶面喷氮，可收到良好的效果。第二个营养转换期，即在叶片中的同化养分，回流至枝干、根系中贮藏起来的时期，即落叶前1个月至落叶结束。这一时期的树体营养特点是营养物质以积累为主，向枝干和根系等贮藏器官的转运量大，全树有较高的碳氮比。

同时，在考虑树体营养时，还需要考虑苹果果实的营养特点。因此，生产优质高档果品，施肥时不仅要考虑对苹果树体作用，还要考虑果实器官的营养需要，并且能使这些营养元素以适宜的量和比例积累在果实中。在苹果果实内矿质元素组成中，大量元素以钾含量最高，其次为氮；二者占大量元素总量的87%；微量元素中，以铁含量最高，约占微量元素总量的70%，不同矿质元素对果实中营养成分影响不同，如锌、氮、锰对果肉硬度影响最大。色泽以钾、锌、磷为主，总酸量为铝、锌、铁，总糖量为氮、锌、镁。大量元素中氮、磷、钾、镁是构成品质的主要因素。因此，在生产中，注重以提高果品质量为主的施肥技术与方法，如氮肥施用时期比施用量更为重要；适量施用适宜比例的氮、磷、钾肥，有利于优质果生产。前期追施氮、磷肥，后期追施钾肥；重视钙、锌、硼等微量元素的使用，叶面喷用微肥等。

苹果矿质元素含量及配比关系与果实细胞壁强度和贮藏期间硬度变化关系密切，对提高果实耐贮性、维持良好的肉质和风味、控制贮藏病具有重要的意义。路超等（2011）以山东省48个果园的红富士苹果为试材，研究了地上部矿质元素和果实品质与土壤元素的相关性关系，结果表明：叶片中和果实中的矿质元素、可溶性糖和可滴定酸含量与土壤中矿质元素间的相关性都较显著；果形指数与13种指标的相关性都较显著；单果重除与土壤有效硼和全盐含量间的相关性达到显著水平外，与其他11种土壤性状指标间的相关性均达到极显著水平，而且均为正相关；果实光洁度与土壤有效硼的相关性显著，与其他指标的相关性均为极显著；果实硬度与土壤有机质和pH大小呈极显著负相关，与有效钙和有效铁含量间呈显著负相关；果实可溶性固形物含量与土壤全盐的相关性最大，达到极显著水平，相关系数达到0.643，因此，山东省果园应当注重中微量元素肥料的施用。于忠范等（2002）在烟台地区选取19个优质富士苹果园，测试叶片矿质元素含量和对应树果实内在品质的关系，发现，果实中可溶性固形物与叶片镁、锰含量呈显著相关，硬度与叶片锰、硼含量呈显著相关，总糖与叶片磷、硼含量呈极显著相关，可滴定酸与叶片磷、钙、铁、硼含量相关，维生素C含量与叶片镁、锰含量相关。

Glenn（1988）以金冠为试材，通过钙液渗透处理发现，钙具有减少果实细胞壁阿拉伯糖和半乳糖含量、增加水溶性糖醛含量的作用，经钙处理的果实贮藏期果胶分解慢，能维持较高的果实硬脆度，耐贮性强。Marmo（1983）分析了旭果实的10种矿质元素发现，钙、磷、钾等元素含量同耐贮性呈正相关。Fallihi（1985）以金矮生为试材分析发现，钙、钾、磷、镁等元素的含量及配比关系与果实大小、风味和耐贮性相关，可作为果实采收期、风味、耐贮性预测的参考指标。Glenn（1990）用钙处理元帅发现，处理浓度与果肉硬度相关系数为0.82，处理后6个月的冷藏果实细胞显微结构与采收时无显著差异，而对照果实细胞已彼此分离，果肉软化。李宝江等（1997）对22个苹果品种果实矿质元素含量分析表明，钙、钾含量高，锰、铜含量低的品种果实肉质好，耐贮藏，具有良好的风味品质。锌含量对果实的风味、肉质和耐贮性影响较小，优质品种中含锌量相对较低。钙处理过的果实ACC合成酶活性受到抑制，减少乙烯的生成，维持核酸、蛋白质的合成能力（Poovaiah，1993；Marcele，1995；Song，1993）。钙处理能够降低膜的透性，提高膜保护酶的活性，防止膜脂过氧化，有利于维持膜的稳定性（关军锋，1999），从而起到延缓果实衰老的作用。采前喷钙或采后果实浸钙可增加果实硬度（Poovaiah等，1988；Glenn等，1990）。钙对果实硬度的影响可能与PG活性及半乳糖醛酸链水解有关（Brady等，1985）。缺钙引起的生理病害达60多种，尤其是苦痘病、水心病的发生与缺钙密切相关

(Koban 等，1984)。在果实膨大期，如果钙的含量低，后期苦痘病的发病率高，因此果实中足够的钙对防止果实发生生理病害是必需的（Ho，1999）。曹富强等（2009）研究表明，钾、氮肥混合施用或单施钾肥对提高果实品质有良好作用。果皮花青苷含量显著高于单施氮肥处理，并能增加果实中糖和酸的含量。单施钾肥处理对果实硬度影响不大。施氮肥过多，显著降低果皮花青苷以及果实中糖的含量，并提高果实酸度增加趋势。

王春枝等（2009）研究了氮、磷、钾不同施肥处理对红富士苹果产量、品质和叶片矿质元素含量的影响，结果表明：对于苹果的产量，钾肥效应最大，其次为氮肥，磷肥最小；对于苹果的单果重，氮肥的效应最大，其次为钾肥，磷肥最小；氮、磷、钾肥的配合施用效果最好。硼是植物必需的微量元素之一，缺硼是农业生产中最为普遍的现象。补充硼肥可以显著提高作物的产量和品质，从而获得巨大的经济效益。由于果树生长的长期性和固地性的特点，所以果树缺硼现象更为普遍。因此在果树的整个生长过程中施用硼肥对于提高果实产量和品质具有重要的作用。硼对果树生长发育具有重要作用。如可以促进糖的运输，抑制酚的形成，调节气孔开张度，提高光合速率，影响植物激素分布等（胡桂娟，1994；张福锁，1993；梁长梅等，2001）。陈艳秋（2000a）在苹果、梨上研究发现硼的含量与果实品质呈正相关。硼可以推迟果实衰老（Poovaiah，1993），提高果实硬度（Poovaiah 等，1988；Glenn 等，1990），增加果实对生理病害的抵抗力（Ho，1999）。张承林等（1994）认为，油菜在低硼低钙条件下，两者没有明确关系，当它们达到中等浓度时，两者存在明显的抑制作用。但也有人认为两者存在相互促进的作用（彭青枝等，1995；Yamauchi，1986）。千火焰（1999）认为硼、钙的相互关系跟硼、钙营养水平和品种关系密切。

硅是地壳中含量仅次于氧的第二大元素。其中，氧占 49%，硅占 31%。它是对动物重要的元素，也参与人体骨骼和相关组织的生长。同时，它对硅藻和木贼目植物也很重要，所有在土壤中生长的植物组织中都有一定的硅。硅对植物体具有某些特殊功能，被公认为是植物体的有益元素（饶立华等，1986；邹邦基，1985）。硅能提高植物对多种胁迫的抗性，能减轻各种生物胁迫，如水稻稻瘟病、白粉病及各种虫害胁迫；硅也能减轻各种各样的非生物胁迫，包括盐害、倒伏、金属毒害、干旱、放射损伤、元素失衡（缓解氮过量、提高磷利用率）。硅能很好地调节植物的光合作用和蒸腾作用。硅元素缺乏时，植物蒸腾作用明显加强，可见缺硅是植物产生凋萎的主要原因之一，充足的硅可以加厚植物细胞壁，降低细胞呼吸速率，减缓植物的凋萎速度（毛知耘等，1997）。公艳等（2012）研究认为，合理施用硅肥，可提高果实单果重、果实硬度和可溶性固形物含量，这与硅是细胞壁的主要组成部分有关，若在生产中配合施用适量钙肥，则效果可能会更好；适宜浓度的硅能够提高平邑甜茶幼苗叶绿素含量，促进植株吸收和转化光能，有利于植物的光合作用，同时还能提高 SOD、POD 和 CAT 酶活性，清除代谢过程中的活性氧，维持叶片细胞结构完整，合成充足的光合同化产物；适宜浓度的硅能够促进平邑甜茶幼苗对地上部的征调能力，提高氮肥利用率，同时还能有助于植株对硝态氮的吸收，促进植株生长发育。

不同树龄和类型的树，植株需肥特点也不尽相同。幼龄期的苹果树以长树为目的，为了促进树体骨架的形成，扩大树冠，达到整形要求，同时要使树早结果、早丰产。每年秋天施基肥时应适当增施磷、钾肥，特别是磷肥，以促进根系发育和花芽分化，尽早开花结果。结果期的树，需要调节生长与结果的关系，为翌年丰产打下基础。追肥分 3 次：①从萌芽到开花前（3 月下旬至 4 月中旬）施速效氮肥，以满足花期所需养分，提高坐果率，促使新梢生长。②开花后（5 月末至 6 月上旬）以施氮肥为主，配合施磷、钾肥，以减少生理落果，促进枝叶生长和花芽分化。③秋季早熟富士品种采收后，立即施入基肥，混加氮、磷、钾复合肥，以增加树体养分积累，提高果树越冬抗寒能力。

苹果树体中矿质元素的总含量，一般不足干物质的 1%，总含量虽少，但在苹果树的生命活动和生长结果中起着重要和多方面的作用。根据烟台市土壤养分状况，示范基地果园施肥时，除有机肥外，还补充施用氮、磷、钾、钙、镁、锌、硼 7 种元素。生产上适合生产高档果品的肥料，包括堆肥、沤肥、沼气肥、绿肥、作物秸秆肥、泥肥、饼肥等农家肥料和有机肥、腐殖酸类肥、微生物肥、有机复合肥、无机（矿质）肥、叶面肥等商品肥料。

2. 沃土壮根、培肥地力

（1）秋季施用基肥。

①秋施基肥注意事项。果树基肥施用的好坏，直接影响来年的产量、质量及生产效益，因而对于基肥的施用应高度重视。苹果树基肥在施用时，要突出重点，抓住关键环节，可取得好的效果。可以参照"五为主"的施肥法。

基肥应以早施为主。苹果树基肥以补充土壤中年度消耗养分，为来年贮备养分为主，通过土壤肥料的补充，进而补充树体被消耗的营养，从而保持树势健壮，提高树体的结果能力。基肥早施，有利于树体吸收，增加树体中的贮存营养，对树体的安全越冬非常有利。同时，在果树施肥作业中，必然会损伤部分根系，早施基肥，由于根系仍处于生长阶段，有利于伤根愈合及产生新根。就基肥施用时间，果农有"九月金、十月银、十一月以后像烂铜"的说法，这是有道理的。苹果根系的生长、呼吸和吸收能力都受到土壤温度的影响，土壤温度还会影响盐类溶解速度、有机物分解和转化以及微生物活动。土壤温度低时，根系呼吸作用降低，也影响水分和矿物质的营养代谢。因此，土壤温度在根系生长中起决定性的作用，当土壤温度适宜时，会形成强大的根系，提高树体吸收养分的能力。一般当土温 0℃ 以上时，苹果根系开始活动，$0 \sim 0.55℃$ 时，开始吸收硝酸盐和铵态氮，并能转化合成有机物；$0.6 \sim 2.5℃$，根系活动加快，$4 \sim 5℃$ 发生新根，$13 \sim 26℃$ 为生长适应温度。秋季 9～10 月地温适宜时，不但有利于根系生长，同时会增加土壤微生物的活动量，加快肥料的分解转化，对养分的吸收也是非常有益的。同时这段时期恰是烟台地区降水相对较集中期，田间土壤湿度较大，有利于土壤营养液流动，对促进树体吸收养分是非常有益的。秋季9～10月果树叶片健全，叶面积大，蒸腾作用旺盛，果树吸收养分的动力强盛，有利于提高树体吸收养分的能力，增加树体养分积累。因而对于早熟富士苹果生产，提倡基肥早施为主，一般应在果实采收后9月底之前及时施入。

基肥应以腐熟的农家肥为主。果园施入充足的有机肥，具有良好的改良土壤作用：a. 给果树提供全面的养分。有机肥是一种完全肥料，含有作物所需要的营养成分和各种有益元素，且养分比例全面，有利于作物吸收。b. 促进土壤微生物繁育。有机肥料含有大量的有机质，是各种微生物生长繁育的地方。据研究，深耕配合施用有机肥，土壤固氮菌比对照增加近一倍，纤维分解菌增加近2倍，其他微生物群落也有明显增加，施有机肥能有效促进土壤的熟化。同时，有机肥在腐解过程中还能产生各种酚、维生素、酶、生长素等物质，能促进作物根系生长和对养分的吸收。c. 提高土壤保肥保水能力。所有的有机肥料都有较强的阳离子代换能力，可以吸收更多的钾、铵、镁、锌等营养元素，防止淋失，提高土壤保肥能力，尤其是腐熟的有机肥保肥能力更明显。此外，有机肥还具有很强的缓冲能力，可防止因长期施用化肥而引起酸度变化和土壤板结，可提高土壤自身抗逆性，保证土壤良好的生态环境。d. 减少养分固定，提高养分有效性。有机肥含有许多有机酸、腐殖酸、羟基等物质，这些物质具有很强的螯合能力，能与许多金属元素如锰、铝、铁等螯合形成螯合物，可减少锰离子对果树的危害。e. 加速土壤团聚体的形成，改善土壤理化性质。有机-无机团聚体是土壤肥沃的重要指标，它含量越多，土壤物理性质越好，土壤越肥沃，保土、保水、保肥能力越强，通气性能越好，越有利于果树根系生长。

基肥应主要施在根群分布区。苹果树的根茎叶均可吸收营养元素，但不同器官吸收营养的原理、吸收能力的高低以及吸收量的多少是有区别的，其中最主要的吸收器官为根，其次为叶，茎（树干）吸收量相当微弱。苹果树根群较庞大，营养主要靠吸收根吸收，但吸收根分布较集中，绝大部分吸收根水平分布在树冠外缘，垂直分布在20～30厘米深处，因而施肥时应以此为主要部位，过深施用是没有必要的，但施用过浅，由于根系具有向肥性，会导致根系向地表生长，对根系的抗冻性及果树对土壤深层水分、养分的利用都不利，所以基肥施用最理想的施用深度为20～30厘米，水平施用以枝展内线为界效果最好。深沟施肥的方法是，在离树干约50厘米远处，向外放射性挖沟，每棵树挖5～6个沟。沟宽50厘米，深20～30厘米，长1.2米左右。挖沟时应避开粗根，细根铲断后要用剪刀将伤口剪平，以利于伤口愈合，发出新根。

基肥应以集中施用为主。就目前的生产实际，果树生产中肥料的供应是偏紧的，大多数地方表现肥料欠缺，在这种情况下，好钢要用在刀刃上，要集中施用，以提高肥料利用率，基肥施用中应以穴施或沟施为主。当然在肥料充足的情况下，也可以进行全园施用，全园施用可增加果树对肥料的吸收点，提高肥料补充效果，而且会刺激根系扩展，扩大根群，提高植株的吸收能力，因而在肥料欠缺时，应以集中施肥为主。

适量施肥为主。在一定范围之内，肥料的多少与增产效果成正相关，但超过此范围，则效果不理想，肥料欠缺时，果树处于饥饿状态，影响成花及坐果，不利于产量提高，而过量施用肥料，则会出现得不偿失的现象。化学肥料的过量施用，还会打破土壤养分平衡，一种肥料的过量施用，会抑制另外一些肥料的吸收，从而使树体表现缺素症，因而要注意适量施肥。有机肥施用时要按肥料养分含量的高低，保证做到生产 1 千克果施用 1～2 千克肥。化学肥料一定要注意按比例施用。苹果幼树期氮磷钾的配比以 1：0.6：1 较适宜。进入结果期后，对磷、钾肥的需求量会显著提高，一般氮磷钾的配比以 1：0.7：1.2 较为适宜。苹果生产中每生产 1 000 千克苹果需施用优质土杂肥 1 000～1 500 千克，补充纯氮 12 千克、五氧化二磷 9 千克、氧化钾 9.92 千克。

②生物有机肥对苹果生产的影响。生物有机肥是确保发展高效农业的关键措施之一，有机肥应用于农业生产中，不仅能使作物获得特定的肥料效应，而且通过补充足量的有机物质给功能微生物提供足够的能源物质，使这些功能微生物在土壤中易于定植和繁殖，充分发挥其促进作物养分吸收、刺激植物生长、拮抗某些土传病害微生物等作用（杨兴明等，2008）。化学肥料的过量投入，易引起土壤有机质含量的降低，导致土壤质量的恶化。在国内的果树生产中，果农为追求产量、大量施用化肥，有机肥用量不足，造成土壤沙化，土传病害加重，影响果树的产量、质量和效益（束怀瑞，2003）。

有机肥中不仅含有果树生长所需要的各种营养元素，而且在其他许多方面均有良好的作用。有机肥中不仅含有苹果生长发育需要的各种必需营养元素，虽然含量与化学肥料相比偏低，但品种全，不仅含有果树生长需要的大量营养元素氮、磷、钾、钙、镁、硫等，还含有果树营养生长所需要的微量元素如锌、铁、硼、锰等。对于协调各种养分元素的供应方面有十分重要的作用。同时，有机肥在养分供应方面较为迟缓，一般不易出现肥害现象，且供应时间长，均衡生长中不易出现脱肥现象。同时，有机肥还可显著改善土壤的物理性质。试验表明，将有机肥与土壤混合后，有机肥中的有机质与土壤中的固体颗粒相互交接，可生成具有较好作用的土壤结构。团粒结构的形成可使土粒间的黏结力下降 2～6 倍，黏着力下降 60%，不仅使果园的农事操作较为省力，而且可大幅度地降低根系的生长阻力，有助于根系的延伸及对养分的吸收利用。

有机肥可提高土壤对养分的缓冲能力，降低肥害，提高肥效。有机肥中的有机物质在分解过程中可产生大量的有机酸和腐殖酸类物质。这些酸性物质不仅能促进土壤中所含的磷、铁、锌等植物必需营养元素的释放，而且还可与施入的尿素、碳酸氢铵等结合、将其吸附于这些酸性物质的表面，降低了土壤溶液中铵离子的浓度，可防止大量施用铵态氮肥较易发生的根系铵中毒现象；同时减少了氮肥的挥发和淋溶损失。吸附固定的氮肥又可在苹果树的生长过程中不断地释放，均衡地供给果树吸收利用；不但提高了肥效，同时还协调了土壤的养分供应。使用有机肥形成的团粒结构，增加了土壤空气含量，提高根系的呼吸，可促进对养分的主动吸收；同时较大的土壤孔隙能较好地渗吸降雨，将雨水转变为土壤水保存于土壤中不仅可防止水土流失，而且可减少灌溉次数。有机肥中所含的有机物质在分解过程中产生的许多分解物具有一定的生理活性，可刺激根系生长，提高根系的吸收能力。

陈伟等（2012）利用海带资源，经过高温发酵制作海藻生物有机肥，研究了海藻有机肥对苹果园土壤微生物生态的影响，结果表明，施用海藻有机肥能显著提高果园土壤中的有机质、全氮、速效钾和速效磷含量，还能显著提高土壤中可培养细菌及放线菌的数量。张林等（2008）以15年生富士苹果为试材，研究了粉煤灰与鸡粪不同配比、不同堆制方法对树体生长、果实品质的影响，结果表明，粉煤灰与鸡粪混合堆制腐熟的效果要好于鸡粪单独腐熟再与粉煤灰混合的效果。田间试验表明，每亩土壤中增施250～1 000千克粉煤灰，能提高苹果叶片中叶绿素的含量，增加单叶重，增加果皮中花青苷含量，降低果实中可滴定酸的含量，对提高果实品质有明显的作用。考虑到重金属在土壤中的富集及长期使用，推荐施用量为每亩500千克粉煤灰。

焦蕊等（2011）以红富士苹果为试材，研究了有机肥施肥方法（放射沟施肥、沟施、穴施、撒施）和施肥量（50千克/株、100千克/株、150千克/株、200千克/株）对果实品质的影响，有机肥施用方法和施肥量对富士苹果果实硬度和可溶性固形物含量有一定影响，单从提高果实品质来看，以放射沟施肥效果最好，撒施效果次之，施肥量为150千克/株比较合理。路克国等（2004）通过不同有机肥对苹果园土壤理化性质和果实品质影响的试验研究，结果表明：生物有机肥可以改善土壤理化性状，增强土壤肥力，提高果实品质；施用生物有机肥后，土壤容重较对照降低12.5%，毛管孔隙度增加9.8%，速效磷、速效钾、全氮、全磷和有机质含量分别比对照高出47.8%、77.1%、35.7%、65.0%、75.8%，优果率（80%）是对照（40%）的2倍。周天华等（2006）研究表明，在施用无机肥的基础上，埋草及施用土杂肥和饼肥的施肥方式能明显提高根系的吸收根和根生长总量，从根系的分布情况看，埋草促使根系向下延伸，分布在41～80厘米土层内的吸收根占总量的45.4%；而未埋草处理，分布在此土层深度内的吸收根只有160根，占总量的27.3%；从树体上部生长状况看，配施土杂肥、饼肥和埋草措施，可明显提高短枝量及亩枝量，增加叶面积系数，有利于树体的生长，可明显提高果实产量和品质，且产量稳定，可避免"大小年"现象。

魏钦平等（2012）采用分根盆栽法，研究了 1/4 根域不同有机肥改良水平（10%、20% 和 30%）对苹果根域土壤矿质养分含量及树体生长和叶片生理特性的影响。结果表明：施用 10%、20% 和 30% 有机肥显著提高了部分根域有机质含量，改善了土壤理化性状；施用 30% 有机肥处理土壤有机质矿化率较大；10% 有机肥处理苹果秋梢基本停长，根系生长量小，叶片光合、蒸腾能力低；30% 有机肥处理苹果秋梢和根系生长量大；20% 有机肥处理秋梢生长比例适中。综合分析，一次性在苹果 1/4 根域施用 20% 有机肥，不仅可以保证树体正常生长，还可以节约有机肥用量。

鸡粪一直是果树生产的重要肥料来源，能够提高土壤有机质含量，改善土壤结构，增加土壤养分，提高土壤肥力水平。但随着集约化养鸡业的发展，越来越多的养鸡场普遍使用饲料添加剂，在促进养鸡业发展的同时，鸡粪中的化学组成也发生了变化，虽然有对果树有用的营养元素，但也残留了许多重金属、抗生素、农药、盐分等有害成分，对果园环境造成污染。近年来，由于鸡粪的使用不合理，造成果园死树和果实苦痘病的大量发生，给果农造成了极大的损失。据检测，鸡粪是一种比较优质的有机肥，含有粗蛋白、粗脂肪、灰分及各种矿物质。有机质含量达 25.5%，纯氮、磷（P_2O_5）、钾（K_2O）的含量约为 1.63%、1.54%、0.085%，鸡粪中还含有多种微量元素，如钙、镁、铜、铁、锌等。通过高温堆肥发酵产生大量的腐殖质，是改良土壤和促进作物生长的优良有机肥料。但由于养鸡业常使用土霉素、金霉素、维吉尼霉素、链霉素、阿维拉霉素、四环素等抗生素类物质。当四环素进入动物体内，经过代谢，有 50%～80% 以原形或其代谢物的形式通过粪便、尿液排出体外。据中国科学院南京土壤研究所刘新程、浙江大学环境资源学院张慧敏等调查研究，鸡粪中普遍含有土霉素、金霉素、四环素残留，施用畜禽粪的农田表层土中土霉素、四环素、金霉素的检出率分别是 93%、88%、93%，施用畜禽粪的农田表层土壤土霉素、四环素、金霉素的残留量分别是未施用畜禽粪农田的 38 倍、12 倍和 13 倍。南开大学环境科学与工程学院的胡献刚等调查研究鸡粪中有磺胺二甲氧嘧啶、土霉素、金霉素、氯霉素、四环素、磺胺甲唑、环丙沙星、呋喃唑酮等多种抗生素残留。同时，鸡粪中还存有鸡场消毒用的火碱残留。鸡粪中残留的抗生素不但杀灭有害的微生物，也杀灭对果树有益的微生物种群；鸡粪中残留的盐分，增加土壤中氯离子的含量，造成土壤次生盐渍化，使土壤板结，不利于果树的生长；残留的火碱，能改变土壤的酸碱度，对果树根系生长不利，长期使用造成果园死树。因此，在施用鸡粪作有机肥，鸡粪必须经过高温发酵腐熟后才能使用，经过发酵，能产生大量的腐殖质，产生有益的微生物种群，杀死鸡粪中的有害虫卵。同一果园不能连续使用鸡粪类生物有机肥，避免鸡粪中含有的盐分、火碱在土壤中积累，使土壤中变得盐碱化。施用鸡粪的果园，应注重钙肥的补充使用，降低果实苦痘病的发生概率。

③生物炭肥及其施用注意事项。生物炭肥是在无氧环境条件下经高温裂解形成的一种有机物质，具有高度的稳定性和较强的吸附性能，能增加土壤碳库容量、保持土壤养分、构筑土壤肥力，在农业领域的应用日益广泛，成为国内外学者研究的焦点，在苹果园中也有较好的应用效果。

制备生物炭的生物质资源广泛存在，包括木质物、农业秸秆、禽畜粪便和其他的废料（Lehmann J，2007）。不合理农业残余物处置，如秸秆焚烧，带来严重环境污染和资源浪费等问题，因此开发利用生物质资源对减轻环境污染和提高资源利用率具有重要意义。巴西亚马逊河流域考古发现，具有生物炭的土壤生产力比周边没有生物炭的要高得多，而且生物炭稳定留存在土壤中（Lehmann J，2007）。有研究结果表明生物炭作为土壤改良剂能够提高作物产量（Steiner C，2007），但也有研究发现生物炭对作物产量的提高没有促进作用（Asai H，2009）。生物炭的主要性质与特点有以下几个方面：a. 生物炭是一种碱性物质。测定结果表明，生物炭含有一定量的碱性物质，pH 一般在 8 以上。生物炭的碱性主要受 3 个方面的影响：一是有机官能团（如-COOH 和-OH）；二是碳酸盐（如 $CaCO_3$ 和 $MgCO_3$）；三是无机碱金属离子（如 Na 和 K）。生物炭表面极性官能团，主要包括羧基、酚羟基、羰基、内酯、吡喃酮、酸酐等，构成了生物炭良好的吸附特性。其中，有机官能团的影响作用在热解过程中随着温度的升高而降低，而碳酸盐和碱金属离子的影响作用则提高。因此，随热解温度的升高，所制备的生物炭 pH 也较高。b. 生物炭具有较高的孔隙度。生物炭肥是一种极轻的固态物质。从微观结构上看，生物炭多由紧密堆积、高度扭曲的芳香环片层组成，X 射线表明其具有乱层结构。生物炭表面多孔性特征明显，因此具有较大的比表面积和较高的表面能。生物炭的孔隙度决定了生物炭表面积的大小。按生物炭孔径的大小可将其孔隙分为小孔隙、微孔隙和大孔隙。大孔隙可以影响土壤的通气性和保水能力，同时也为微生物提供了生存和繁殖的场所；小孔隙可以影响生物炭对分子的吸附和转移。生物炭的孔隙结构能降低水分的渗滤速度，增强土壤对溶液中移动性很强和容易淋失养分元素的吸附能力。c. 生物炭所含营养元素丰富。生物炭是一种含碳的聚合物，表面含有丰富的含氧官能团，使得生物炭具有较高的阳离子交换量，表面呈现出亲水、疏水和对酸碱的缓冲能力。研究表明，生物炭的组成元素主要为碳、氢、氧等，而且以高度富含碳（70%～80%）为主要标志，可以视为纤维素、羧酸及其衍生物、呋喃、吡喃以及脱水糖、苯酚、烷属烃及烯属烃类的衍生物等成分复杂各异的含碳物质构成的连续统一体，其中烷基和芳香结构是最主要的成分。同时，还含有较高的 N、P、K、Ca 和 Mg 含量。但不同材料来源的生物炭的理化性质存在较大差异，不同材料在炭化以后基本保留了原有生物质的孔隙结构，比表面积平均提高了 3.7 倍；孔容积发生了明显变化，总孔体积平均提高了 4 倍，微孔体积平均提高了 3 倍；固定碳量提高了 6～12.6 倍，灰分含量提高 1.3～4.1 倍；不同材料生物炭的平均孔径在 10～30 纳米，pH 7.9～9.8，阳离子交换量 9.1～19 厘摩尔/千克，含有作物生长所需的氮、磷、钾、硫等营养元素和矿质元素。

关于生物炭在农业上的应用研究集中于对作物种类、生物炭种类和生物炭添加量对作物产量、品质和土壤生理生化特性影响方面。生物炭改良土壤理化性质的作用主要表现在 4 个方面：a. 增加土壤孔隙度，改善土壤通气程度。生物炭的多孔结构能够增加土壤孔隙度，降低土壤容重，增强土壤吸附性能，提高土壤保水和保肥能力。土壤增施生物炭后，土壤的容重降低，最高降幅为 12.94%，总孔隙度提高了 9%～13%，通气孔隙度提高了 0.2～2.7 倍。土壤耕层含水量与温度、阳离子交换量、碱解氮、速效磷均有所提高，能显著优化土壤的水、肥、气、热条件。b. 调节土壤 pH，改善土壤营养状况。生物炭能提高土壤有机质电荷密度，从而提高土壤阳离子交换量，生物炭表面可被部分氧化形成羧基、酚基和醌基，还能增大土壤阳离子吸附表面积，这两者其一或共同作用导致生物炭提高土壤阳离子交换量的实现，且随着生物炭在土壤中存在时间的增加，其阳离子交换量也增加。生物炭含有 K、Na、Ca、Mg 等可溶性元素，施入土壤后，能增加土壤盐基饱和度，有效改善土壤 pH，尤其是高温热解生成的生物炭比低温生物炭具有更好的改良土壤 pH 效果。c. 增加土壤微生物种群数量和种类。生物炭在制备时并不含微生物，但施入土壤后，随着土壤中微生物活动、植物生长等过程，生物炭缓慢矿化，出现各种微生物，改变果园土壤土著微生物群落结构，增强土壤中微生物的活性。生物炭的多孔性和巨大表面积能为有益微生物提供生存和繁殖的场所，有效吸附微生物，为其提供附着载体；生物炭能够为微生物提供碳源，还包括 P、C、Na 等多种营养元素和微量元素，微生物的基础呼吸作用、微生物生物量、微生物数量的增长和微生物的功能均随生物炭施入水平的增加呈线性增加。d. 吸附沉淀土壤中的有毒物质。生物炭的多孔结构和表面丰富的含氧官能团，使得生物炭具有较强的吸附有毒物质的能力，并且可以用来修复污染土壤。添加生物炭后，土壤污染物能够有效降低，其中有机物污染物如杀虫剂、多环芳烃、多氯联苯等被吸附后生物有效性降低，降低了其短期风险；无机污染物如重金属，本身难以生物降解，被生物炭吸附后固定在土壤基质中，降低了其环境风险。有研究还表明，生物炭可以与重金属离子发生键合，使重金属形成沉淀物，从而使重金属从有效态向残渣态转变。且不同来源的生物炭具有不同的功能，例如竹炭对土壤中的重金属具有较好的吸附固定作用，但秸秆炭在一定程度上促进重金属的迁移。

同时，生物炭能明显提高作物叶片净光合速率，促进干物质积累，提高产量和品质。在水稻上的研究结果表明，水稻田增施生物炭肥，产量比对照平均提高 21.89%，以每千克干土加 10 克生物炭处理最高，糙米率、精米率、整精米率均显著提高，歪白粒率、歪白度下降。大豆田施用生物炭，能明显提高大豆单株荚数、单株粒数、单株粒重和产量，产量比对照平均提高 10.98%；炭/肥互作可提高大豆叶片净光合速率，增强地上部植株对氮、磷养分的吸收量，促进干物质积累，肥料表观利用率与产量明显提高，其中在常规施肥施用量降低 15%、30%、60%基础上施用生物炭，肥料表观利用率与产量分别比单施等量未加炭的肥料提高 327.87%和 15.99%，比常规施肥的肥料利用率提高 95.09%，产量提高 10.51%，施炭效果明显。无论单施生物炭或炭/肥互作，均对作物生长起到了一定促进效应，产量和品质明显提高。Van 等（2010）研究发现在施肥的碱性钙质土上，以造纸废物为原料高温分解得到的生物炭作为改良剂减少了小麦和萝卜的干物质量；而在施肥酸性铁质土上，同样的生物炭显著增加了小麦和萝卜的干物质量。Chan 等（2007）研究表明在施肥的酸性淋溶土上，生物炭显著增加了萝卜的干物质量。Van 等（2010）研究发现，以造纸废物为原料生产的生物炭作为改良剂施在酸性铁质土上，氮养分的吸收显著增加；而施在碱性钙质土上，氮养分的吸收差异不明显。玉米植株对全氮、全磷的养分吸收量也没有明显的差异。说明生物炭的施入对玉米苗期的养分吸收没有促进作用。Ding 等（2010）研究发现以竹子为原料生产的生物炭施入沙质粉土能影响土壤的氮贮存。Lehmann（2006）研究发现生物炭具有固碳，贮存养分，提高土壤肥力的能力。生物炭对土壤全磷含量、有效磷含量没有显著性的影响可能与小麦秸秆生产的生物炭具有较低磷含量以及生物炭用量低有关。

Van 等（2010）研究发现，以造纸废物为原料生产的生物炭作为改良剂施在碱性钙质土上对土壤 pH 没有明显影响；而在酸性铁质土上增加了土壤 pH 1.5 个单位，达到统计显著。张晗芝等（2010）研究发现在玉米苗期的前 33 天，生物炭（48 吨/公顷）对玉米株高的生长有显著抑制作用，但随着玉米的生长发育，生物炭的抑制作用逐渐消失。收获时（播种后 60 天），生物炭对玉米植株干物质量，N、P 养分的吸收量没有显著影响；生物炭（12 吨/公顷、48 吨/公顷）能显著提高土壤全 N、有机碳质量分数，但对土壤全 P、有效 P、pH 没有显著影响。土壤全 N、有机碳质量分数与生物炭用量（0、2.4 吨/公顷、12 吨/公顷、48 吨/公顷）为显著正相关（$n=12$，$p<0.01$）。在玉米苗期，生物炭增加了土壤有机碳和全氮的含量，但对土壤全 P、有效 P 及 pH 没有影响。在这一时期，生物炭对玉米的生长及养分吸收没有促进作用。关于生物炭的添加量，Lehmann（2006）的研究表明，20%～320%的生物炭添加量能显著提高作物产量，而低于20%的生物炭添加量与对照相比差异并不显著。Chan 等（2007）研究发现以农业残余物为原料制得的生物炭施在酸性淋溶土上，其用量为 50 吨/公顷达到统计显著，而用量 10 吨/公顷时没明显差异。

生物炭作为土壤改良剂能够提高作物产量和提高土壤肥力，但是效应变化很大。在此研究中发现，生物炭用量为 100 吨/公顷时对萝卜的产量没有影响，这是因为生物炭氮的有效性（Chan，2007）。还有研究发现在旱地上不施氮肥的情况下，尽管生物炭提高了土壤的物理性状、P 的有效性和养分吸收的效率，但是生物炭导致植物吸收土壤氮减少，植物产量降低（Asai et al.，2009）。有些研究发现生物炭不利于作物的生长，这可能是因为生物炭具有很高的碳氮比，一部分生物炭的分解导致了氮的固定（Warnock et al.，2007）。每种生物炭具有独有的特征，不同的土壤对生物炭的反应也不相同。因此为保持土壤的可持续效能，不同土壤类型需要特定类型的生物炭（Felipe et al.，2010）。

　　果园施用生物炭肥后，施用生物炭部位的含水量为 8.96%，显著高于其上部和下部土层的含水量，分别是它们的 1.54 倍、3.95 倍，说明生物炭具有很好的保水性，能够为苹果根系的生长提供充足的养分，并且能够起到节水的效果。且生物炭的 pH 显著高于果园土壤的 pH，可以起到提高果园土壤 pH 的作用。土壤中添加生物炭对于促进苹果幼苗根系的生长有很好的效果。生物炭能够显著提高苹果幼苗根系的根长，达到 45 991.31 厘米，是不施用对照的 3.92 倍，是添加堆肥处理的 1.38 倍。生物炭还能显著增加苹果幼苗根系的根尖数，是不施用对照的 2 倍。苹果大树施用生物炭区域的根系是非施生物炭区域根系数量的 3.25 倍，施用生物炭能很好地促进根系的生长以及根系向施肥区域延伸，且有很多新生的豆芽根。

　　相同的条件下，相比土壤一侧，苹果幼苗的根系更加倾向于向生物炭一侧生长。在一侧为土壤一侧为生物炭的情况下，从土壤一侧进行施肥对于促进根长的伸长和根尖数的增加具有更好的效果，从土壤一侧浇水的效果要好于从生物炭一侧浇水，且与浇水量减半相比，正常浇水处理的总根系长度、土壤一侧、生物炭一侧的根系长度均显著提高，分别是它的 1.43 倍、1.56 倍、1.41 倍。土壤中添加生物炭能够较好地促进苹果的生长，可以作为一种很好的土壤改良剂应用于苹果种植中。添加生物炭的处理苹果幼苗的株高和茎粗分别为 42.65 厘米和 0.785 厘米，与不施用的对照相比提高了 73.11% 和 68.45%，比施用堆肥的处理提高了 81.13% 和 67.02%。施用生物炭能够显著增加苹果大树新梢的长度，达到 39.04 厘米，分别是两个对照的 1.42 倍、1.38 倍。施用生物炭也能提高苹果叶片的绿度。施用生物炭的苹果幼苗的 SPAD 值为 48.05，比对照提高了 12.3%。施用生物炭的苹果大树的叶片叶绿素含量与两个对照相比，分别提高了 7.21% 和 5.59%。添加生物炭还能够提高苹果幼苗叶片的全 K 含量。添加生物炭处理的叶片全 K 含量与空白相比提高了 54.69%。生物炭能提高苹果树的新梢开花数，为 5 朵/枝，明显高于两个对照以及施用堆肥的处理。生物炭能明显提高苹果的结果数，每棵树 210 个苹果，与两个对照分别提高了 57.89% 和 18.64%，且差异均达显著水平。

　　炭基肥对于促进苹果的生长也有较好的效果，可以作为一种较好的肥料应用于苹果种植中。施用炭基肥能够有效提高苹果幼苗的株高和茎粗，与空白相比分别提高了 85.70％和 45.49％，与施用化肥和施用控释肥的效果相差不大。施用炭基肥能显著增加苹果新梢长度，且效果稍好于化肥和控释肥，而对枝条粗度的影响均不大。施用炭基肥也能够提高苹果叶片的绿度。施用炭基肥的处理的苹果幼苗叶片内的叶绿素含量，与空白相比提高了 12.6％，施用炭基肥和施用控释肥的效果差异不大。施用炭基肥处理的苹果大树的叶片绿度与对照相比提高了 9.77％，且效果好于施用控释肥的处理。施用炭基肥的处理还能够显著提高叶片内的全 K 含量。与配施相比，但是炭基肥就可以起到很好的效果。施用炭基肥能够有效提高苹果大树的新梢开花数。炭基肥也能明显提高结果数，其每棵树的总果数为 231 个，分别比两个对照提高了 73.68％和 30.51％。

生物炭肥在苹果园中的应用效果。苹果是烟台农业的优势产业，种植面积270 余万亩，每年果园内都会产生大量的修剪枝条、枯枝落叶，没有好的办法处置。生物炭肥的研发，可为果园废弃物提供一种高效无污染的利用方式，实现了农林废弃物的炭化综合利用，可为解决农林废弃物资源化利用开辟一条新的方式路。同时，烟台苹果生产一直实行"产量效益型"，只注重地上部管理，忽视了对根系生长环境、营养状况等的管理。果园长期采用清耕法、大水漫灌和大量施用化学肥料，已导致全市范围的果园土壤发生不同程度的酸化，部分果园土壤pH 低于 5.5，土壤有机质含量也处于偏低状态，土壤板结严重。生物炭肥作为一种微碱性肥料，有利于提高酸性土壤的 pH，增加土壤透气度和微生物种群数量，吸附和沉淀有毒金属元素，提高土壤的保水和保肥能力，从根本上改良土壤的理化性质和生态条件。烟台市农业科学研究院苹果课题组的炭肥试验结果表明，每株盛果期果树施用 2.5 千克稻壳碳＋3.0 千克复合肥，可有效提高富士苹果果实中的可溶性固形物含量，降低可滴定酸含量，提高果实糖酸比，从而提高果实的品质。增施稻壳炭还能缓和复合肥的释放，降低养分消耗，增加枝条的粗度，抑制当年生枝条的旺长，提高花芽分化质量，实现苹果树的丰产稳产。生物炭肥制备技术简单，可以实现枝条在田间地头的炭化，可实现果园废弃物综合利用，有效改善土壤理化性质，增加产量和提升果实品质，具有良好的应用开发前景。

（2）根据树体需肥规律，及时进行土壤追肥。追肥要在施足基肥的基础上施用，主要是及时补充苹果各个生长中心时期对养分的需要，以果树专用肥为主，多用速效性肥料。年追肥量为每 100 千克果施纯 N 0.6～1.0 千克、P_2O_5 0.3～0.4 千克、K_2O 0.5～0.8 千克。土壤施肥时尽量将肥料施入根系吸收根大量分布层内，一般在 20～40 厘米，可采用放射状沟施肥方法。

追肥时期一般在花前花后、果实套袋后和果实膨大期等。花前追肥，以速效氮肥为主，补充树体营养，满足树体开花的营养需求，提高开花质量和坐果率；花前追肥在 3 月上中旬进行，生物有机肥或豆粕 380 千克，中微量元素肥料 40

千克，45％复合肥 190 千克，采用辐射沟法施肥（5～6 条，距树干 0.5 米，长 1.2 米、宽 0.4 米、深 0.3 米），肥土拌匀施入。开花后追肥主要是减少生理落果，此时幼果迅速生长，新梢生长加速，需要大量氮素营养，追肥以 N、P 为主，辅以少量 K 肥。套袋后 6 月上中旬，此时部分新梢已经停止生长，花芽开始分化，追肥对促进花芽分化和果实生长有显著作用，应以氮、磷、钾配合施入。氮、磷、钾的比例，可根据果台副梢的长度决定，如果果台副梢长度小于 10 厘米或没有果台副梢，则应增加氮肥量，如果果台副梢长度大于 20 厘米，则应减少施氮肥量。一般情况下，亩施入 45％复合肥 80 千克、硫酸钾 20 千克，采用辐射沟法施肥，肥土拌匀施入。果实膨大期，需要消耗大量养分，此时追肥有利于提高果实的品质，改善树体营养状况，解决果实膨大和花芽分化对养分需要的矛盾，以 8 月中下旬较适宜，磷、钾肥为主。每次追肥后，均应立即浇一遍透水。

（3）及时补充叶面肥。叶面喷肥，是把肥料溶解在水中，喷布于叶片上或枝干上。叶面追肥可直接被叶片、嫩枝、幼果等的气孔、皮孔、皮层吸收，见效快，肥料利用率高，可以弥补根系吸收的不足，不受新根数量多少和土壤理化特性等因素的影响，迅速补充果树养分，改变树体的营养状况，还可以通过补充锌、铁、硼等元素，防止果树的缺素症，是除基肥、根际追肥外的应急补缺措施。

早熟富士苹果极易发生苦痘病，套袋苹果叶面喷布氨基酸钙对于防止缺钙症的发生具有良好效果，对于易被土壤固定的钙肥、磷肥、铁肥、锌肥，采用叶面喷肥，效果十分明显。但要注意根据根外追肥的目的和时期，选择好肥料种类和浓度；要在温度较低（18～25℃最适），蒸发量小的情况下喷布，以保持肥液的湿润状态，延长叶片的吸收时间，增加叶片吸收量；喷布叶背面，有利提高肥效；掌握好浓度，避免肥害的发生；叶面追肥只是土壤追肥的补充方式，是快速临时性的补充措施，不能从根本上替代土壤追肥。一般情况下，叶面追肥萌芽前喷施 2～3 遍 1％～5％的尿素和 3％～5％的硫酸锌，补充树体营养；开花前喷 2～3 次 0.2％～0.3％的硼砂；果实套袋前喷 2～3 次 0.2％～0.4％硝酸钙。在生长季节，还可在 7 月中旬、8 月中旬和 9 月上旬，叶面喷施 0.10％～0.15％的硼酸（H_3BO_3）、0.3％～0.5％的硅酸钾（K_2SiO_3）或益微 SOD 生物制剂，有助于提高果实的可溶性固形物含量和香气物质种类，提升果实的品质。

3. 科学进行水分管理

水是苹果果实中含量最多的组成成分，与果实的生长发育密切相关，细胞生长的动力膨压就是通过水分关系的平衡建立起来的。水在维持生物大分子、蛋白质、多糖、胶体性质的稳定性中也起着很重要的作用。土壤水分对果实大小的影响分为 2 个时期，在果实发育的早期，果实的增大主要靠果肉细胞的分裂增生，果实水分供应不足会影响果实细胞的分裂，使果实细胞数目减少，从而最终影响果实大小。在果实膨大期，果实的增大主要靠果肉体细胞的快速膨大，此时果实对水分供应很敏感，水分亏缺会严重影响果实最终大小。

相关研究表明，水分和果实裂纹有很大的关系。果树中的水分约 90％以上都来自土壤水分，因此土壤水分与果实裂纹关系密切。果实生长前期，土壤含水量不足，会严重影响细胞的增大，造成果皮细胞的厚膜化；当果实发育后期，久旱逢雨或大水漫灌后，果肉细胞体积增大的速度大大超过果皮细胞增大的速度，加之红富士果皮较薄，就会出现裂果现象。适度水分胁迫会提高果实含糖量（Kobashi 等，2000；Hockema 和 Etxeberria，2001），但在严重水分胁迫下，处理与对照之间没有差异。适度水分胁迫可提高果实含糖量积累的机制是：水分胁迫诱导了果实中 ABA 水平的上升，从而激活山梨醇代谢，促进糖的积累（Kobashi 等，2000）；在水分胁迫下，导致甜橙果实 SS 活力升高和汁液 pH 下降，从而促进果实光合产物的积累（Hockema 和 Etxeberria，2001）；在水分胁迫条件下，通过渗透调节增加了单糖或光合产物向柑橘汁囊的运转（Yakushqi et al.，1996，1998）。

高东华等以红富士苹果为试材，在果实的生长发育期进行土壤含水量的水分处理，研究了不同土壤水分含量对红富士苹果果实裂纹和果实品质的影响，结果表明：80％～85％土壤含水量能够显著提高红富士苹果果实裂纹率和裂纹指数；50％～55％土壤含水量能够显著降低果实裂纹率和裂纹指数。80％～85％土壤含水量能够提高红富士苹果果实大小并增加果实重量；50％～55％土壤含水量能够降低果实大小及其果实重量。50％～55％土壤含水量的果实含水量和有机酸含量最低，而果实硬度和可溶性固形物含量最高；65％～70％土壤含水量的果实含水量最高，而果实硬度和可溶性固形物含量最低；80％～85％土壤含水量的有机酸含量最高。不同土壤含水量对成熟果肉中各矿质元素含量的影响有所不同，钾元素含量随土壤含水量的升高而升高，而钙、铁、锌和锰元素含量随土壤含水量的升高而降低；不同土壤含水量对镁和铜元素含量的影响不明显，果皮中钙元素含量随土壤水分的降低而升高，钾、镁和锰元素田间随土壤含水量升高而升高。不同土壤含水量对果实内 SOD、POD 和 PPO 活性有明显的影响，土壤含水量较高或较低时均能提高果肉中 SOD 活性。但在果皮中，80％～85％土壤含水量的 SOD 活性高于 50％～55％土壤含水量的活性，而果肉和果皮中 POD 和 PPO 活性变化相同，80％～85％土壤含水量的 POD 和 PPO 活性高于 50％～55％土壤含水量的活性。根据研究结果，推论 65％～70％的土壤含水量可以作为生产中最适土壤含水量。

（1）果园灌水。保持土壤水分的稳定供应是生产高档苹果的关键之一，生长季土壤含水量应稳定在田间最大持水量的 60％～80％，地表下 5～10 厘米处的土壤手握可以成团、一触即散为宜。3 月上中旬浇足萌芽水，促进萌芽；开花后

20 天是果实生长发育最旺盛的时期，生长季节根据土壤旱情，结合土壤追肥和秋施基肥，及时灌水；落叶后至封冻前要浇一遍封冻水，对果树安全越冬、减少花芽冻害及促进树体健壮生长均十分有利。

在苹果的年周期中水分的管理应本着"前灌后控"的原则。①萌芽前：在苹果萌芽前后灌水是促进萌芽和新梢生长的关键。②在新梢旺长和幼果膨大期：该期是苹果的水分临界期，一般在苹果开花后 20 天左右，此时缺水将严重导致生理落果和减产，并且影响果实膨大。③果实迅速膨大期：该期也是需水的关键时期，这个时期灌水量要大，以浸透土壤 50 厘米为宜，与果实膨大关系密切。④果实膨大后期至采收前：该期一般不宜过多灌水，否则会影响其品质；该期干旱可引起落果；土壤水分变化剧烈可引起裂果。因此，该期水分管理的核心是保持稳定供应。⑤封冻水：在土壤封冻前灌一次透水，这对苹果安全越冬和树体在休眠期的发育极为有利。

目前果树种植中常见的节水灌溉措施有：管道输水、渠道防渗、喷灌、微灌、隔行交替灌溉、渗灌及膜下灌溉技术等工程节水技术；以及果园生草覆盖，穴贮肥水地膜覆盖技术，应用化学抗旱剂，水肥耦合保肥节水技术和选择抗旱品种及砧木等农艺节水措施。行间沟灌就是在果树行间每隔一定距离开一沟，深20～25 厘米。灌后并待水渗入土壤中再把沟填平；井字形灌溉就是在株行间纵横开沟，使其呈井字形；轮状沟灌适用幼树，即在树冠外缘开一环状沟，并与行间的通沟相连，灌水时由通沟流入各环状沟内。

传统灌水方式追求田间作物根系层充分并均匀湿润。梁宗锁等（1998）根据根冠信息传递理论设计了一种根系分区交替灌溉技术。该技术强调从根系生长空间上改变土壤湿润方式，人为保持根区土壤某个区域干燥，交替使根系始终有一部分生长在干燥或较干燥的土壤中，限制该部分根系吸水，让其产生水分胁迫信号物质 ABA，通过 ABA 控制气孔开度；而另一部分生长在湿润区域的根系吸水，使光合作用维持正常水平，但减少了过多的蒸腾失水。分区交替灌溉还可减少株间全部湿润时的无效蒸腾与蒸发以及总的灌溉用水，也可通过对不同区域根系进行交替干旱锻炼或利用其存在的补偿生长功能刺激根系生长，提高水分和养分利用效率，最终达到不牺牲光合产物积累而大量节水的目的。对于果树可使用隔行交替灌溉方式，从树冠外沿投影处沿树行两侧各挖 1 条深约 15～20厘米、宽 20～30 厘米的排灌沟，灌水时沿苹果树一侧的沟灌足水，在下一次灌水时，只灌上次没有灌过的另一侧沟，实行交替灌溉，使两次灌水之间对苹果根系实行干湿交替、整个果园顺序间隔一条灌水沟供水的灌溉措施。这样根系可以始终有一部分处于水分胁迫状态，另一部分生长在湿润区域，结果是果树植株既不缺水，又有适当浓度的根源信使 ABA 诱导气孔部分关闭，这能够在不牺牲光合产物积累的前提下，减少过多的蒸腾失水，同时也会减少全园充分灌溉时的无效蒸腾和蒸发。另外，干旱复水能刺激根系补偿生长，会有大量新根再生，新生根可以合成大量 CO_2，并能够输送到地上部，对于促进花芽分化有重要意义。

有条件的果园可采用微灌技术：①喷灌：把水喷到空中，成细小的水珠再落到果树和地面上的一种灌溉方式。这种方法适于在各种地形、地势上均能应用，且灌溉较均匀，省工省时；可兼喷药、肥料和植物生长调节剂，特别炎热天气喷水可降温，减轻苹果树的"午休"现象，花期喷水有利降低霜冻对花的危害。②滴灌：是将有压力的水，通过一系列的管道和滴头，把水一滴滴灌入果树根区土壤中的一种灌溉方法。这种灌溉方式使根区土壤均匀地维持湿润，可保持良好通气，是灌溉效果最好的一种方式。喷灌和滴灌都有固定式和移动式两种。前者的管道埋在地下，不能移动，而后者的管道可临时装卸。

（2）做好果园排水。生长季节果园长时间积水，苹果根系的呼吸受到抑制，容易积累各种有害盐类，引起根中毒死亡，严重影响根系和地上部分的生长发育。成龄果园在雨季来临前必须在果园内外挖好各级排水沟，并保持畅通，做好果园的排水工作。雨季要保持园内不见"明水"，受涝果园，要及时排出积水，并通过晾晒树根、中耕松土等方式尽快降低果园湿度、恢复树势。

八、科学的花果管理技术

春季当日平均气温达到 15℃ 以上时，多数苹果品种即开花。不同地区开花早晚主要与当地、当年的气候条件有关。同一地点，因年度间的气候及地势条件差异，花期早晚也不同。品种、枝类不同，开花早晚也有差异。

苹果开花过程可分为花芽膨大期、开绽期、花序分离期、展叶期、初花期、盛花期和谢花期。一朵花从开放到落瓣 2～6 天，一个花序开完 1 周左右，整个花期一般半个月左右。花期长短与温度及湿度有关。气候冷凉，空气湿度大，花期长；高温、干燥则花期短。每个花序的中心花先开，边花顺次开放。在同一株树上，短果枝花先开，中、长枝随后开，腋花芽开花最晚。盛果期树开花较早，幼龄树开花较晚。花朵开放标志着雄蕊的花粉囊和雌蕊的胚囊成熟，进而花粉囊开裂，散出花粉，雌蕊柱头分泌黏液，通过昆虫等媒介把花粉传至柱头，花粉粒落于雌蕊柱头。经过受精的花朵，子房内胚和胚乳开始发育，而形成幼果。

1. 做好花前复剪、合理疏花工作

（1）花前复剪。花前复剪是在花期前进行，是冬季修剪的一种补充措施。当冬季修剪留花芽过多时，进行复剪，可节约营养消耗，有利提高坐果率和果实品质。花前复剪在春季气温稳定回升之后，能清楚辨别叶芽和花芽时进行，主要是调整花芽、叶芽的比例，协调生长与结果的关系，使全树花芽与叶芽枝比例为1：3左右。花量大的树，开花前对串花枝适当回缩，剪掉一部分不充实的花芽，过密花枝适当疏除；花量小的树，有花必保，疏除过多的无花枝。

（2）合理疏花。苹果开花期，如果植株花量较大，可采用合理的疏花措施，节省养分，使苹果树体负载合理，保证开花质量，提高坐果率。疏花是从花序分离到初花期进行，人工疏花要先上后下，先里后外，以疏除整个花序为主，疏除花朵为辅，以留单花为主，双花为辅。可遵循"一留三疏"的原则。一留，留发育健壮良好的中心花；三疏，疏花柄特粗特短、细长的花，疏有分叉的花及连体花，疏病虫花、叶片少的劣质果台花、枝杈花，疏除每花序的边花，只留中心花，小型果可多留 1 朵边花。

2. 进行化学疏花疏果

疏花疏果是苹果生产中提高果实品质的重要措施之一，由于苹果树在自然条件下有过量结果和隔年结果的习性，结果过量时果实的品质往往较差，商品价值低，容易形成隔年结果的恶性循环现象。所以必须通过人为调节才能达到连年优质稳产的栽培目的。早熟富士苹果生产要求严格控制树体负载量，果实分布要求均匀合理，留果过多，果个小，品质差，因此要严格疏果、合理负载，以避免果园丰产不丰收。疏果时期是从盛花后 1 周开始，在谢花后 25～30 天疏完果为宜，疏果的适宜时期有 20 天左右。根据品种、树势和栽培条件，确定留果距离和留果量，壮树、壮枝间距小些，一般 20 厘米左右；弱树弱枝间距稍大，一般 25 厘米。富士、红将军等大型果一般 20～25 厘米留一果，嘎拉、珊夏等小型果 15～20 厘米留一果。疏果时应选留果形端正的中心果，多留中长果枝和果顶向下生长的果，疏去小果、病虫果、梢头果、畸形果和果柄短小且向上生长的果。疏果应在谢花后 20 天完成，尽可能减少养分消耗。每亩留果量 1 万～1.2 万个为宜。

人工疏花疏果是最稳妥的办法，但有以下缺点，费工费时，劳动力成本高，对于大规模的集约化生产，几乎不可能。与之相比化学疏花疏果省工省力，能大大降低生产成本，能在短时间内完成大量任务。所以在劳动力昂贵的发达国家非常重视化学疏花疏果的研究。苹果化学疏花疏果的研究最早始于 20 世纪 30 年代，最初引起研究者注意的是，果农在使用铜制剂防治病虫害时，发现铜制剂导致落花。从此 Auchter 等就用硫酸铜、沥青蒸馏液、石硫合剂等进行疏花试验。当时因为在疏花的同时有药害发生，试验没有达到预期目的。1940 年以发现 NAA（naphthaleneacetic acid）有疏花作用为契机，进入实质性研究，随后取得了诸多成果。

石硫合剂。1950 年日本对石硫合剂进行过详细的研究，1960 年开始进入实际使用。在日本除了西维因外，石硫合剂是使用最广泛的一种。当时主要以红玉、国光、祝光、印度等品种为使用对象，在侧花盛开期到腋芽花落花前喷布 2～3 次，适宜浓度为 100～150 倍。它的缺点：一是在开花期间必须喷布多次才能取得最好的效果，而且适宜喷布的时间短，必须熟悉开花时期；二是因为后来果园管理体制及管理器械发生了变化，大部分果园花期要放蜂，喷布石硫合剂会影响蜂蜜的质量，还会造成喷雾机械（迷雾机）、金属屋顶、汽车等生锈，所以在日本使用石硫合剂越来越少了。

西维因（1 - naphthyl N-methylcarbamate）是 1958 年美国注册的杀虫剂，Batjer 等于 1960 年报道了有疏果的作用，其后又有许多研究证实它是当时最好的疏果剂。其优点是无药害，对果实发育无不良影响，没有疏除过量的危险，使用时期和适宜浓度范围宽，在疏果的同时兼治虫害。因此，它很快在世界各国广泛被应用，并替代了石硫合剂。可是日本的疏花疏果与其他国家不同，要求保留中心果，疏去侧果和腋花果。美国的研究结果并未解决这个问题。因此，日本 1962 年开始对西维因作了更详细的研究，其结果是品种间有差异，对红玉、金冠、祝、旭、印度的疏除效果适度，对元帅系品种有时有疏除过量的危险，而对国光几乎没有疏除效果；喷布浓度以 600～3 600 倍（85％有效成分）都有效，以杀虫剂使用浓度 1 200 倍为标准浓度，治虫与疏果兼用；盛花后 1～4 周喷布都有效，以盛花后 2～3 周喷布效果最好；不发生果锈、畸形果以及药害等；气温对其效果影响不大；疏除效果与果实大小有关，以果实横径为喷布适期的指标，可解决保留中心果问题。以红玉为例，对横径为 11～15 毫米的果实疏除率最高，在中心果横径达到 18 毫米时喷布，中心果不受影响。所以最适宜喷布时期为中心果横径达到 18 毫米。加用界面活性剂提高疏除效果。解决了上述问题后，西维因在日本作为最好的疏果剂被广泛应用。但是进入 1970 年后，红星、红玉等老品种被更新，到 1980 年富士成了主栽品种。但发现西维因对富士系列品种疏除效果不理想。还有类似于西维因的一种氨基甲酸盐 Vydate，对动物的毒性弱于西维因，可以与乙烯利、NAA 等混合使用，但可能会使金冠果面呈黄褐色。

乙烯利通过自身分解，促进内源乙烯的生成，使果柄形成离层导致果实脱落，高浓度（300～450 毫克/升）具有较强疏果作用。Jone 的试验表明乙烯利在红富士盛花期喷布较好，最佳浓度是 800 毫克/升，但高温条件下易疏除过量。Stopar2000 年对乔纳金、金冠等的试验表明，300 毫克/升的乙烯利于中心花开放后喷布能够有效的疏果。此外，也有乙烯利抑制果实生长、导致果实扁平化现象的报道。

含 Ca 化合物。Ca 为果树必需的矿质元素，有利于提高苹果的品质和耐贮性，增强树体的抗逆性。近年来一些含钙制剂被发现有疏花作用。McFerson 等用 ATS（Ammoniumthiosulfate）和 NC99（Calcium 和 Magnesiumbrine 制剂）进行了疏花试验，确认两者都有疏花作用，但后者更有利于有机栽培果园使用。2004 年 Bound 等用 KTS（potassium thiosulphate）以 0.5％、1％和 1.5％的浓度在对红星苹果开花 20％和 80％ 2 个时期进行喷施，发现其疏除效果比乙烯利的效果还要显著；而在对皇家嘎拉苹果的试验中用同样的喷施浓度，喷施时期选开花量在 30％和 80％时，结果发现其所有组合的疏除率都显著优于对照，其中最有效的浓度是 1.5％。曹秋芬等用多种钙化合物对富士等品种苹果进行了疏花试验，证实它们都有不同程度的疏花效果，其中有机酸钙，合适的浓度范围是5～10克/升；在顶芽中心花盛开3天与5天各喷布1次，这样可确保顶芽中心花不受影响，而使顶芽侧花和腋花芽的结果率同时降低，若加用1毫克/升的界面活性剂KP－4714，则能显著提高疏花效果。而氯化钙、硝酸钙在疏花的同时对生长点和幼叶有较严重的药害发生，不适宜直接用于疏花。

　　植物油。植物油这种天然产物，近年来也备受研究者青睐。Stopar发现3%菜油、3%向日葵油、3%大豆油的乳状液对金冠苹果于盛花期喷布均有显著的疏花作用，同时还能提高果实的平均重，但2周后叶片会出现水泡，生长受阻，不过在夏季生长中它会很快恢复。但果实发生黄褐色的症状在该试验和Pfeiffer等的研究中均有发现。但是Ju等报道用3%或5%的玉米油乳状液于始花期进行喷布以上症状均不会出现。

　　关于化学疏花疏果的机理研究，多集中在激素类化合物上，由于研究角度不同，结果存在很大差异。目前有以下几种学说：阻碍花粉管生长说、阻碍养分运输说、刺激乙烯产生说、内源激素失衡说。一般认为NAA疏花是通过阻止花粉管正常生长，果实因受精不良而脱落；NAA疏果是导致树体内源激素代谢和运转紊乱而使幼果脱落。西维因疏果机理主要是使果柄维管束堵塞，阻断幼果发育所需营养物质，造成落果。乙烯利是通过自身分解生成乙烯，从而促进内源乙烯生成，促使果柄形成离层导致果实脱落。二硝基化合物、石硫合剂疏花机理是通过烧伤柱头、花粉，阻止授粉受精导致落花。曹秋芬等在对生长素MCPB-ethyl疏花机理的研究中发现，MCPB-ethyl并不影响花粉萌发以及花粉管在花柱内生长，也不影响花粉管到达胚珠的速度和受精进程，而是通过抑制胚珠组织的发育导致落花落果。NAA疏花疏果与影响树体内激素的变化有关，如Yamamura等研究NAA对柿的疏果机制发现，NAA处理1天后果实的赤霉素类物质活性显著降低，如果处理后再用GA3和GA7追加处理，则会抵消NAA的疏果效果。孟玉平等研究表明钙化合物，如有机酸钙、氯化钙等疏花是通过杀伤柱头和落在柱头上的花粉以及进入花柱上部的花粉管，致使不能受精，导致落果。在开花后到授粉前期间喷布，柱头被杀伤，柱头的乳头细胞和绒毛组织干枯脱落，花粉即使再落到柱头上也不能萌发。授粉后1天喷布，可杀伤柱头和落在柱头上的花粉以及花粉管。其杀伤程度一般只局限于柱头和柱头以下0.5～2毫米，最大可达花柱的1/4。若授粉后48小时以后喷布，即使柱头和靠近柱头的花粉管被杀死，但已经伸入到下部的花粉管仍能继续生长到达子房，完成正常受精。

　　由于有些化学疏花疏果剂本身即为激素物质，一定程度上对果树体内的激素水平发生影响，因而对树体的影响作用明显。Stover等研究表明BA100毫克/升在盛花后20天对Empire苹果进行疏花后，可以增大果个，增加翌年花量并提高果实品质。Stopar疏果试验也表明50、100毫克/升的BA以及5、10、20毫克/升的NAA对嘎拉、金冠在果实9～10毫米喷施后均增加了一级果率和翌年花量。

黄卫东等发现 6 - BA 200 毫克/升能够增大果实，但是喷布不均匀会造成畸形果。而在 Embree 等试验中则发现乙烯利对 Mature Paulared/MM106 苹果树盛花期喷布，不仅有疏花作用，而且还促进了该品种果实的早熟。NAA 有抑制果实生长的现象。

对于早熟富士品种，疏花要于花序分离期开始，至开花前完成，越早越好，一次完成。按每 20～25 厘米留 1 个花序，多余花序全部疏除。疏花时要先上后下，先里后外，先去掉弱枝花、腋花和顶头花，多留短枝花。然后疏除每花序的边花，只留中心花，小型果可多留 1 朵边花。常用的化学疏花剂有石硫合剂、有机钙制剂、橄榄油等；石硫合剂：果农熬制的石硫合剂乳油浓度为 0.5～1 波美度，商品用 45％晶体石硫合剂浓度为 150～200 倍；有机钙制剂适宜喷施浓度为 150～200 倍；橄榄油适宜喷施浓度为 30～50 克/升。在果树盛花初期（即中心花 75％～85％开放）时喷第 1 遍，盛花期（即整株树 75％的花开放时）喷第 2 遍。腋花芽多的品种可以在盛花末期（即全树 95％以上花朵开放时）增喷一次。疏花时，适宜在晴天或阴天的天气条件下喷施，适宜温度 20～28℃，花期白天温度连续低于 10℃或高于 30℃时，建议不进行化学疏花。在首次应用化学疏花疏果时，要进行小规模试验。不同品种对化学疏花疏果剂的敏感程度不同，中心花与边花开放时期间隔较长的品种，较低浓度容易疏除边花，浓度可以适当调低；而中心花与边花开放时期间隔较短的品种，应用浓度要适当调高，同时注意掌握喷施时期。

疏果时期是从盛花后 1 周开始，在谢花后 25～30 天疏完果为宜，疏果的适宜时期有 20 天左右。疏果过早，由于果实太小，疏果技术很难掌握；疏果过晚，又起不到疏果的效果。合理的疏果，能节省大量营养，促进幼果发育和枝叶生长，提高果品产量和质量，而且有利于花芽分化和形成，做到优质丰产稳产，同时，严格控制留果量，防止过量结果。留果量要根据品种的坐果率、大小、树势、树体大小确定。留得太多，果实小，品质劣，商品价值低；留得太少，果实虽大，但产量太低，效益也不好。

疏果时，要根据"留优去劣"的原则进行。先疏除畸形果、小果、病虫果，再根据负载量合理留果，留多叶果，疏少叶果；留侧生、下位果，疏朝上果；留壮枝果，疏弱枝果。疏果次序，应由内到外，从上到下，按枝条顺序逐枝进行，防止漏疏或损伤果实。

疏花疏果技术要因树制宜进行，对于授粉条件好、坐果率高的果园，可以采用先疏花后定果的方法，按照适宜的留果标准，选留壮枝花序后，把多余花序全部疏除，坐果后再定果；对于授粉条件差，坐果率较低的果园，可以采用一次性疏果定果的方法。如果前期疏花疏果时留量过大，到 7 月上中旬时可明显看出超负荷。此时要坚决进行后期疏果。后期疏果不仅不会减产，而且能够提高产量和品质，增加产值。

果树上常用的化学疏果剂有萘乙酸、西维因、萘乙酸钠等。西维因适宜浓度为 2.0～2.5 克/升；萘乙酸适宜浓度为 10～20 毫克/千克；萘乙酸钠适宜浓度为 30～40 毫克/千克。西维因在盛花后 10 天（中心果直径 0.6 厘米左右）喷第 1 遍，盛花后 20 天（中心果直径 0.9～1.1 厘米）喷第 2 遍。萘乙酸和萘乙酸钠在盛花后 15 天（中心果直径 0.8 厘米左右）喷第 1 遍，盛花后 25 天喷第 2 遍。药液要随配随用，尤其石硫合剂等钙制剂不能与任何其他农药混喷。化学疏果以后，根据坐果情况和预期产量，可以再进行一次人工定果。

3. 做好人工和壁蜂授粉工作，保证坐果质量

苹果能否顺利完成授粉受精，与授粉树、温度等因素有关。绝大多数品种自花不孕，需有不同品种为之授粉。选用苹果授粉树，要注意品种间的花期是否一致，或互相重叠期的长短，授粉树应能产生大量可稔性花粉，同一品系的品种间不能互作授粉树。花期温度在 10～25℃时，有利于花粉发芽和花粉管生长；盛开的花在 −3.9～−2.2℃可能受冻，雌蕊在低温下先受冻，雄蕊较耐低温。未受精或受精不良及养分供应不足的幼果则出现落花、落果现象。谢花后未受精的花朵子房未见膨大，首先脱落（落花）；谢花后 15 天左右幼果脱落。主要是受精不良和营养不足；过多的落花落果易造成减产。生产上满足授粉、受精条件可减轻第一次落果，而第二次落果对产量影响较大，应加强树体及地下管理，提高树体的营养水平，及时进行人工疏花疏果，重视治虫保叶，避免因营养不良导致的大量落花落果。在花期喷硼，弱树喷尿素，旱地灌溉，适当重剪等措施都可减轻落果，提高坐果率。

（1）人工授粉。早熟富士苹果品种不具备自花结实能力，需要进行人工和壁蜂授粉。研究结果表明，人工辅助授粉，可显著提高产量和改善果实品质，降低偏斜果率，尤其在花期遇到阴雨、低温、大风及干热风等不良天气，造成严重授粉受精不良时，必须进行人工授粉。实践证明，即使在良好的天气条件下，人工授粉也可以显著提高坐果率和改善果实品质。因此，即使在有足够授粉树的情况下，也应大力推行人工授粉工作。

①花粉采集。在早熟富士品种开花前，选择适宜的授粉品种，采集含苞待放的铃铛花，带回室内。采花时要注意不要影响授粉树的产量，可按疏花的要求进行。采花量根据授粉面积来定。据研究，每 10 千克鲜花能出 1 千克鲜花药；每 5 千克鲜花药在阴干后能出 1 千克干花粉，可供 2～3 公顷果园授粉用。采回的鲜花立即取花药。将两花相对，互相揉搓，把花药接在光滑的纸上，去除花丝、花瓣等杂物，准备取粉。大面积授粉可采用花粉机制粉。

取粉方法有 3 种：一是阴干取粉。将花药均匀摊在光滑洁净的纸上，放在相对湿度 60%～80%、温度 20～25℃的通风房间内，经 2 天左右花药即可自行开裂，散出黄色的花粉。二是家中有火炕的果农，可采用火炕增温取粉。在火炕上垫上厚纸板等物，放上光滑洁净的纸，纸上平放一温度计，将花药均匀摊在上面，保持温度在 22～25℃。一般 1 天左右即可。三是温箱取粉。找一纸箱，箱底铺一张光洁的纸板或报纸，平放温度计，摊上花粉，上面悬挂一个 60～100 瓦的灯泡，调整灯泡高度，使箱底温度保持在 22～25℃，经 24 小时左右即可。干燥好的花粉连同花药壳一起收集在干燥的玻璃瓶中，放在阴凉干燥的地方备用。

②授粉方法。苹果花开放当天授粉坐果率最高，因此，要在初花期，即全树约有 25％的花开放时就抓紧开始授粉。授粉要在上午 9 点至下午 4 点进行。同时，要注意分期授粉，一般于初花期和盛花期授粉两次效果比较好。如果一次授粉，当 60％中心花开放时进行授粉。前期花壮，后期花弱；一般情况下花后 3 天内授粉，坐果率达 60％以上；花后 4～5 天授粉，坐果率为 30％～50％；花后 6 天授粉，坐果率仅为 10％～30％。研究人员探讨了人工点授、喷雾、喷粉等人工授粉方式对红富士苹果坐果率及种子数的影响，结果表明人工点授坐果率最高、种子数最多，喷雾次之，但最具有实际应用价值。

点授：用旧报纸卷成铅笔状的硬纸棒，一端磨细成削好的铅笔样，用来蘸取花粉，也可以用毛笔或橡皮头。花粉装在干净的小玻璃瓶中。授粉时将蘸有花粉的纸棒向初开的花心轻轻一点就行。一次蘸粉可点 3～5 朵花。一般每花序授 1～2 朵。

撒粉：将花粉混合 50 倍的滑石粉或地瓜面，装在两层纱布袋中，绑在长竿上，在树冠上方轻轻振动，使花粉均匀落下。

液体喷粉：果园面积大、人力少，可采用液体喷粉的方法，喷雾器应选用超低量喷雾器，喷时要喷匀、喷细，喷半天后，需用清水清洗喷头，以防堵塞，一株大树需用花粉液 100～150 克，虽然需花粉量较大，但与人工点授相比，可提高授粉效率 5～10 倍。花粉液的配置程序：水加糖加尿素配成"糖尿液"加花粉过滤后（喷前）加硼砂。苹果花粉液配备：水 10 千克加白糖 0.5 千克加水溶硼砂 30 克加尿素 30 克加花粉 25 克。花粉悬浮应随配随用，超过 2～4 小时，花粉便会萌发，影响授粉效果。

（2）壁蜂授粉。苹果园花期放蜂，可以大大提高授粉工效，而且可避免人工授粉对时间掌握不准、对树梢及内膛操作不便等弊端。烟台地区已大面积推广壁蜂授粉，现初步明确专门为果树授粉的壁蜂有 5 种：紫壁蜂、凹唇壁蜂、角额壁蜂、叉壁蜂和壮壁蜂，其中凹唇壁蜂和角额壁蜂在苹果上应用较多。张贵谦等利用蜜蜂为苹果授粉，结果表明与自然授粉相比，蜜蜂授粉的苹果坐果率提高46.8％，畸形果率降低 22.4％，单产提高 14 124 千克/公顷，而利用蜜蜂为金冠苹果授粉与自然授粉差异不显著。何伟志和周伟儒探讨了利用凹唇壁蜂、意大利蜜蜂和人工点授及其不同授粉组合等 6 种传粉方式对苹果授粉效果的影响，结果表明 6 种传粉方式下苹果坐果率均显著高于自然授粉，其中壁蜂与蜜蜂组合授粉的效果最佳，花序坐果率高达 99.6％。

巢管和巢箱制备：要求芦苇管；选择内径为 6～6.8 毫米的芦苇锯成 16～18

厘米长的苇管，一端留节，一端开口，管口应不留毛刺，芦管无虫孔；将管口染成红、绿、黄、白 4 种颜色，各颜色比例为 20：15：10：5。然后将芦苇巢管每 50 支用细绳、细铁丝等捆成一捆备用。

巢箱主要有 3 种，硬纸箱包裹一层塑料薄膜改制而成、木板钉成的木质巢箱和砖石砌成的永久性巢箱。各巢箱体积均为 20 厘米×26 厘米×20 厘米，5 面封闭，1 面开口，留檐长度不少于 10 厘米。巢管排列时先在巢箱底部放 3 捆，其上放一硬纸板，并突出巢管 1~2 厘米，在硬纸板上再放 3 捆巢管，上面再放一硬纸板，在巢箱上部的两个内侧面用石块或木条将纸板和巢捆固定在巢箱中，巢管顶部与巢捆间留一空隙，供放蜂时安放蜂茧盒之用。

蜂巢设置：在释放壁蜂之前，要先设置好蜂巢。蜂巢选背风向阳处设置，要留有活动空间，巢口向南，每隔 20 米放一个，每亩放蜂巢 1.5 个，蜂巢距地面 40~50 厘米，蜂巢上盖防雨板，要超出蜂巢口 10 厘米。在蜂巢附近 1~2 米远，挖一个长 40 厘米、宽 30 厘米、深 30 厘米的土坑，然后铺上塑料布，再装上一半土、一半水，并经常保持坑内半水半泥状态，给壁蜂采泥封茧用。为解决花粉不足的问题，可在蜂巢周围栽一些萝卜等蜜源植物。

放蜂时间和方法：在苹果开花前 3~4 天，将蜂茧装在带有 3 个孔眼的小纸盒里（6.5 厘米大小，可用小药品盒），每盒放 60 头蜂茧，分别放在蜂巢口前。放蜂 5~8 天后检查蜂茧，对没有破茧的成虫要在茧突部位割一个小口以帮助出茧。另外，在放蜂期要防治蚂蚁、雀鸟等天敌为害，防止雨水浸湿蜂巢。

巢管回收与保存：苹果谢花后 20 天收回巢管。过早，花粉团会因水分尚未蒸发而变形，造成卵粒不能孵化和出孵幼虫窒息死亡；过晚，蚂蚁、寄生蜂等天敌害虫会进入巢管取食花粉团和壁蜂卵，一旦被带入室内，会危及壁蜂卵、幼虫、蛹和成虫。收回巢管后要捆好，平挂在通风无污染的空屋横梁上。12 月初剥巢取茧，每 500 个蜂茧装一罐头瓶中常温保存，春季放入冰箱中 0~4℃保存。

壁蜂的授粉能力是普通蜜蜂的 70~80 倍，每亩果园仅需 60~80 头即可满足需要。果园放蜂要注意花期及花前不要喷用农药，以免引起蜂中毒，造成不必要的损失。

4. 科学套袋

20 世纪 90 年代以来，套袋因具有保护果面免受污染、促进着色、改善果实光洁度等优点，成为生产优质高档果品的主要技术措施之一。套袋通过改变果实周围的微域环境（张建光，2005），从而对果实生长发育及品质形成产生影响（李秀菊等，1998；卜万锁等，1998）。套袋能促进成熟期果皮花青苷合成速度和积累量，同时降低了果皮叶绿素的含量，改变了果实显色背景，使果实色泽鲜艳。套袋对苹果果皮花青素合成及 PAL、CHI、DFR 和 UFGT 4 种酶活性均有明显地抑制作用，摘袋后，荔枝中的 UFGT 明显升高，果皮花青素迅速上升，苹果中 CHI 和 UFGT 的活性都迅速上升（王慧聪等，2004；刘晓静等，2009），但 PAL 的活性没有明显变化（Wang et al.，2000）。除此之外，纸袋的质地对果实花青素的合成和积累影响也不同。用白色单层袋、黄色单层袋、无纺布袋、外白内黄双层袋和外黄内黑复合纸袋对杧果进行套袋处理，结果发现，成熟期时白色单层袋的果实外观着色效果最佳，花青素含量最高（武红霞等，2009）。

套袋可减轻风雨、药剂和机械摩擦等不良因素的刺激和损害，能明显提高果面光洁度，使蜡质分布均匀一致，延缓了果皮细胞结构物质老化，使果皮细嫩，果锈减少。Ferree 等（1984）研究认为，套袋使果实水分交换率降低，从而降低了果实表面的紧张压力，防止了表皮细胞的紊乱现象。套袋后抑制了 PAL、PPO、POD 等酶的活性，表皮层细胞分泌蜡质少，木质素合成减少，木栓层的发生和活动受抑制，皮孔少，果点颜色较浅。套袋果实的角质层被覆于表皮细胞的表层上，几乎不进入表皮细胞间，细胞间隙小，排列较有规律；不套袋果的角质层进入表皮细胞间隙，细胞间隙小，果皮老化。王文江等（1996）研究发现，在河北中南部 5 月中旬套袋为宜，红富士果实锈斑少；而 6 月下旬即花后 40～50 天套袋的果实采收时果面较粗糙，蝇粪斑发生率高。李振刚等（2000）用不同袋种试验发现，套双层纸袋、单层纸袋、双层塑膜袋的果实光洁度好，套报纸袋、单层白膜袋、单层紫膜袋的次之，未套袋果光洁度最差。

套袋还可对果实的内在品质产生影响。研究表明，果实套双层袋后总糖含量显著降低，其中蔗糖下降较明显，可滴定酸含量下降较多，糖酸比略有升高（范崇辉等，2004）。王少敏等（1998）的研究也表明，套袋果摘袋后可溶性糖、有机酸含量低于对照果，以蔗糖和山梨醇含量降低最明显，而葡萄糖和果糖含量差异相对较小，表明套袋可能抑制了光合同化物向果内的运输。此外，不同套袋、去袋时间及袋的类型对果实糖类物质含量影响不同。张继祥等（2010）研究表明除内袋时间适当提前可明显提高单果质量、果皮花青苷含量和果实着色面积，而对果实硬度、可溶性固形物和可滴定酸含量的影响差异不显著。

（1）选择优质果袋。优质果袋是生产优质苹果的关键，纸袋的质量直接关系到苹果的质量。套优质纸袋，苹果果面光洁，外观漂亮，优质果率高；而使用劣质纸袋，苹果果面易产生果锈、皱皮及红黑点病等。因此苹果纸袋的选择关系到果园经济效益的高低。如何选择苹果纸袋，要从立地条件、袋的结构质量、生产目的及经济条件等多方面综合考虑。

从果袋的种类来看，烟台地区的市场上主要是双层纸袋。套双层纸袋，果实表皮细嫩，底色嫩白，着色鲜艳且均匀。双层纸袋还可分为一次性摘袋和两次性摘袋。一次性摘除的双层袋，内袋为黑色，外袋为黄褐色，内外袋黏在一起；两次性摘除的双层纸袋，外层多为黄褐色，内层袋为黑色，或者内层袋为涂蜡和超级压光的红色，内外袋不粘连。

目前，苹果纸袋生产厂家较多，品牌也较多，纸袋质量参差不齐。选择纸袋时，要选购有注册商标、优质名牌、厂家担保，并在本地应用效果较好的果袋。

双层纸袋要求外袋纸质能经得起风吹、日晒、雨淋，透气性好、不渗水，遮光性好，纸质柔软，口底胶合好。内袋蜡质质量高、耐高温，日晒后不易融化，且涂蜡均匀；袋口要有扎丝，内外袋相互分离。

选用纸袋时，要做好"三看"：一看纸袋上有无商标、生产厂家；二看纸袋的抗水性和透气性；三看纸袋的外观质量，不开胶、不掉丝，通气孔、排水口适中。而果袋质量的好坏可参照以下几个方面进行自我鉴定：①看果袋用纸遮光能力。把袋撑圆对着光看纸袋遮光程度，遮光好的纸袋，苹果脱绿好、底色白，摘袋后果实上色好，颜色鲜艳；遮光差的果袋，果面不脱绿，摘袋后果面上色差，即使上色，果面色泽也不均匀，颜色不鲜艳。②看纸袋的防水渗透能力。用水浇注纸袋，若水在纸袋上形成水珠滚动，表明纸袋吸水性差，防水性好；若水在纸袋上弥散，表明纸袋吸水性强，防水性差。纸袋的防水渗透能力决定纸袋耐雨水冲刷的强度，防水差的纸袋，遇雨淋刷时，纸袋易湿，紧贴果面，容易产生果锈。③看纸袋的透气性。把纸袋密封在盛满开水的杯口上，若纸面冒气，表明纸袋通透性好；若纸面不冒气，表明纸袋透气性差。纸袋的透气性不同程度地影响着果实的病害发生和果面的光洁度。④看纸袋的透气孔。把纸袋撑圆，看下边的透气孔是否畅通，畅通的果袋质量较好，不通则不能用。⑤看纸袋的韧性。把纸袋泡在水盆里湿透后，用手揉搓几下，不易破碎的纸袋质量较好。

（2）套袋时期与方法。

①套袋时期。苹果套袋在生理落果后进行，红色品种套袋时间一般在花后35～40天开始，6月上中旬之前结束；黄色品种和绿色品种套袋时间在花后10～15天开始，同一园片应在一周内套完。套袋时间最好选择晴天上午10时至下午日落前2个小时。异常高温的中午不宜套袋，否则会发生幼果日烧。

②套袋方法。选定幼果后，手托纸袋，先撑开袋口，使袋底两角的通风放水孔张开，袋体膨起，然后纵向开口向下，将幼果轻轻放入袋内，使果柄置于纵向开口基部，幼果悬于袋内，再从袋口两侧依次折叠袋口于切口处，将捆扎丝反转90°，扎紧袋口于折叠处。不要将叶片和副梢套入袋内，不要将捆扎丝缠在果柄上。套袋操作顺序是先树冠上，后树冠下，先冠内，后冠外，防止碰落幼果。

（3）套袋前果园管理注意事项。苹果谢花后到套袋前的病虫害防治是全年的防治中心和重点，苹果一般从谢花后30～35天开始套袋，在此期间幼果迅速膨大，多数病虫害也进入快速繁殖期，幼果很容易遭受病虫害的侵染危害。套袋前如果打不好药，幼果果面带有病菌、害虫，套袋后，由于袋的遮挡，药剂不能直接喷到果面上，幼果上的病虫害就会繁殖为害果实，造成果实的红黑点病、轮纹病等病害以及康氏粉蚧危害的黑点等。同时这个时期是防治一些虫害的关键时期，如红蜘蛛、白蜘蛛、潜叶蛾等虫害，此时期世代整齐防治容易。所以谢花后至套袋前的药剂防治很关键，套袋前最好喷药3次。

第一次用药，在谢花后7～10天开始，主要防治轮纹病、炭疽病、褐斑病、锈病、霉心病等病害，红蜘蛛、白蜘蛛、卷叶蛾、绿盲蝽等害虫。该时期苹果果面比较幼嫩，对药剂很敏感，如果用药不当，很容易出现果锈、果皮粗糙等药害。因此在药剂选择上应该注意安全、颗粒比较细的药剂。杀菌药剂可选用43%戊唑醇4 000倍液［花露红期喷戊唑醇或者近期没有降雨药剂也可用60%吡唑嘧菌酯·代森联（百泰）1 500倍液］，杀虫剂可选用甲氧虫酰肼，杀螨剂可选用三唑锡、达螨灵、唑螨酯。

第二次用药，在第一次药后7~10天后喷，主要防治轮纹病、炭疽病、褐斑病、红点病、黑点病以及蚜虫、康氏粉蚧、潜叶蛾、棉蚜等虫害，杀菌剂用43%戊唑醇悬浮剂4 000倍液（如近期无降雨可用70%甲基硫菌灵800倍+80%代森锰锌800倍液）；杀虫剂可选吡虫啉（或氟啶虫胺腈）加灭幼脲（或杀铃脲），如需防治康氏粉蚧用25%噻嗪酮可湿性粉剂1 500倍液。杀螨剂可选哒螨灵（或三唑锡、螺螨酯、唑螨酯）。

第三次用药，在第二次药后7~10天，主要防治轮纹病、炭疽病、褐斑病、黑点病等病害以及棉蚜、潜叶蛾、康氏粉蚧等虫害。70%甲基硫菌灵800倍液+代森锰锌（大生）800倍液［如这一时期有雨，改用43%戊唑醇悬浮剂4 000倍液，或10%苯醚甲环唑（世高）可湿性粉剂2 500倍液］；杀虫剂可选用吡虫啉和灭幼脲（或杀铃脲）。

套袋前喷药时，要做到喷药细致、均匀，叶片正反面、幼果、枝干要全面均匀着药。为了使果面光洁，药剂最好选用水剂、悬浮剂和可湿性粉剂，不用对果面有刺激性的药剂。喷头要远离幼果果面，喷头雾化要好，机械压力不可过大，喷头与幼果的距离要达到50厘米以上。严禁喷施含硫黄、福美类以及铜制剂、劣质的杀菌剂、乳化不良的杀虫剂。为降低苹果苦痘病的发生率，套袋前的3遍药最好都添加补钙的药品，因为钙元素是不易移动的元素，不能从梢叶移动到果实中，幼果期喷施钙肥直接喷到果面上，有利于幼果对钙的吸收，有效地防止苦痘病的发生。配药时，混药顺序为先兑杀菌剂，再兑杀虫剂，最后兑叶面钙肥。

同时，套袋前要切实加强水肥管理工作。谢花后是新梢大量生长和果实细胞分裂的旺盛期，肥水条件对影响果实大小和果形至关重要。苹果谢花后如果天气干旱，无有效降雨，可以结合浇水追肥，因为苹果开花坐果以及幼果和新梢生长都需要消耗大量的氮元素，追肥以氮肥为主，配合磷、钾肥，有利于提高苹果坐果率，促进幼果迅速生长。5月下旬也是苹果根系又一次生长高峰期，套袋前果园可以浇一遍水+冲施肥，有利于促进根系、枝条、果实生长发育及花芽分化，既可保证今年苹果产量，还可为来年的丰产做好充足的准备。同时，土壤酸化果园，此时可以使用土壤调理剂，改良酸化土壤。

5. 摘袋科学管理，促进着色

（1）摘袋。在烟台地区早熟富士品种一般于采收前10~15天摘袋；套膜袋的苹果无需摘袋，可带袋采收直接出售或贮藏。摘袋顺序：先冠内，后外围；先摘郁密树，后摘透光树。果实摘袋后及时垫果，防止枝叶对果面的磨损。单层纸袋和内、外层连体袋，在上午 12 时前和下午 4 时后，将袋撕成伞形条状罩在果实上，4～6 天后，再全去掉。双层纸果袋摘袋时要区分内袋的颜色：内层为红色的双层纸袋，先去掉外层袋，经过 5～7 个晴天后，于上午 10 时至下午 4 时去掉内层袋，以避免果面温差变化过大；如遇阴雨天，摘除内袋的时间应向后推迟；内层为黑色的双层袋，先将外袋底部撕开，取出内层黑袋，再将外袋撕成条状罩在果实上，经过 6～7 天后，再去掉外袋。

（2）铺反光膜。为使树冠中、下层果实萼洼周围充分着色，在果实着色期，修整树盘，铺设银色反光膜。每行于树冠下离主干 0.5 米处顺行向每边各铺一幅宽 1 米的反光膜，株间两边各一幅，而后将反光膜边缘用土石块等压实。铺反光膜宜在内袋摘除后 3～5 天进行。铺膜期间，应经常清除膜上的树叶和尘土，保持膜面干净，提高反光效果。果实采收前 1～2 天，将反光膜收起洗净晾干，无破损者第二年可再次使用。

（3）摘叶转果。摘叶是生产上改变源库关系常用的技术措施。对着生一个果实的苹果茎或短枝进行完全摘叶处理，结果导致处理果实的 SDH 活力、山梨醇含量和淀粉含量下降。将经 D/G 处理果实的皮层组织培养在 200 毫摩尔/升的山梨醇或葡萄糖缓冲液中，重新获得了失去的 SDH 活力，对照果皮层组织培养在上述缓冲液中时，SDH 活力保持不变。这表明苹果果实的 SDH 活力受摘叶影响碳水化合物供给的措施调节，特异的碳水化合物如山梨醇或葡萄糖可能是调节 SDH 活力的信号分子（Archbold，1999）。在番木瓜中，摘除 75% 叶片明显延迟了新花开放、降低坐果率和果实 TSS，而 50% 摘叶处理则没有影响。在 168 天的试验期内，持续去除老叶也降低坐果率、果重和 TSS。张继祥（2010）研究表明摘除果实周围 15 厘米、30 厘米和 45 厘米以内的叶片后，果实周围的光照环境得到了明显的改善，分别比摘叶前分别增加了 70%、95% 和 115%；摘除果实周围 30～45 厘米以内的叶片有利于果皮着色和花青苷的积累；而对枝条贮藏营养和第二年的萌芽率无显著影响。王雅倩等（2012）以长富 2 号苹果为试材，研究了苹果采收前不同摘叶程度对冠层光照、果实品质和 1 年生枝条淀粉和氮含量的影响，结果表明：随着摘叶程度加大，树冠相对光照强度有所提高，果实的可溶性固形物、可滴定酸、维生素 C 和花青苷含量有明显改善；摘叶还能显著提高果皮色度，且 30% 摘叶处理效果优于 15%。

摘袋后视果实的着色情况适时摘叶、转果。早熟富士苹果着色主要靠直射光，在散光条件下着色不良，所以，在除袋后应该将影响果实着色的枝叶及时去除，摘叶的同时将果实的阴面转向阳面，生产全红果。摘叶时，以摘除果台上及贴于果面上的叶片为主，新梢叶片尽量保留。内袋摘除后，先摘除贴果叶片和距离果实 5 厘米的范围的遮光叶（保留叶柄），3 天后摘除离果实 15～30 厘米效果最好，如果摘叶大于果实周围 30 厘米，果实重量降低，并且对第二年开花有影响。

转果的时期，摘袋 4～5 天后进行第一次转果，9～10 天进行第二次转果。转果应选在阴天及多云的天气进行或在晴天早晨和下午进行。避免在中午转果，以防止日灼。对于下垂果，因为果实转过后不容易固定住，可用透明胶带粘在附近合适枝上固定。

九、果园病虫害综合防控关键技术

苹果病虫害防控要坚持"预防为主，综合防治"的原则，按照病虫害的发生规律和特点，以农业和物理防治为基础，重视生物防治，科学使用化学防治手段，达到既有效控制病虫危害，又确保果品质量安全的目的。

1. 农业防治

通过田间管理，合理降低林间杂草量，促进苹果树生产，减少病虫害滋生和提高病虫害抵抗力，进而降低病虫害发生率。田间管理内容主要为果树修剪、刮皮清园以及疏花疏果等。果树修剪常年可以进行，通过除去不必要枝条，改善通风透光条件，增强树体的抗逆能力；同时除去病弱枝，有效控制病虫害滋生环境，降低病虫害发生率。落叶后，彻底清除病残枝、落叶、病（僵）果，集中深埋或焚烧，消灭其中的虫源和病源，减少病虫害越冬基数；树干绑草把或诱集带，诱集越冬害虫，早春害虫出蛰前，将其解下销毁；冬季封冻前和早春树干涂白，减轻日灼、冻害兼防天牛和木蠹蛾。

2. 物理防治

春季土壤解冻后，在树盘周围覆盖薄膜，阻隔红蜘蛛和桃小食心虫等越冬害虫出土；杀虫灯防治病虫害是利用昆虫趋光性，将病虫集中到一起，并杀死病虫的一种方法。杀虫灯通过放出一种引诱害虫的光波，害虫被这种光波所吸引而朝着杀虫灯的位置集中，然后通过物理方法将其杀死，进而减少林间虫口基数，达到预防病虫害的目的。每 30～50 亩果园安装 1 盏频振式杀虫灯，诱杀桃小食心虫、金纹细蛾、苹小卷叶蛾和金龟子等多种害虫；使用诱蝇器诱杀果蝇，使用捕虫黄板防治蝇类、蚜虫和粉虱类害虫等；糖醋溶液诱杀是利用害虫对甜味、酸味的趋向性诱杀害虫，可以在果园内悬挂糖醋液罐诱杀金龟子，清晨和傍晚振动树体捕杀，是一种经济有效的害虫诱杀方法，也可以在苹果园内大面积推广使用。

3. 生物防治

每个害虫都有天敌，如草蛉是螨类的天敌，赤眼蜂是苹果卷叶虫的天敌等，在病虫害高发期，可以通过引进病虫天敌的方法，达到消灭害虫的目的，进而避免发生病虫害的目的，采用该方法可在害虫天敌繁衍和生长期减少化学药物的使用，防治对天敌产生危害。通过果园种草改善果园生态环境，招引、保护、繁殖及利用小花蝽、瓢虫、草青蛉、捕食性蓟马等天敌，达到以虫治虫，保持生态平衡；冬季采用树干基部捆草把或种植越冬作物、园内堆草或挖坑堆草等措施，为蜘蛛、小花蝽、食螨瓢虫等提供良好的栖息环境，增加越冬量。人工释放赤眼蜂、瓢虫、草蛉等天敌，防治害螨类、蚜虫类、梨小食心虫等害虫。利用性诱剂扰乱昆虫的交配信息，减少繁衍，减少昆虫的虫口密度。在果园周围种植忌避或共生植物，达到驱赶害虫的目的。应用生物源和矿物源农药防治害虫，常用的主要有植物源杀虫剂苦参碱、印楝素、烟碱等，昆虫生长调节剂有灭幼脲、杀铃脲、捕虱灵等，农抗类杀虫剂有阿维菌素、浏阳霉素、多杀菌素、华光霉素，农抗类杀菌剂有多抗霉素、中生菌素、农抗120、阿米西达、农用链霉素等，矿物源农药如敌死虫乳油、机油乳油、波尔多液、石硫合剂、硫悬浮剂等。

4. 早熟富士果园主要病虫害

和普通富士一样，早熟富士苹果园的主要病害有苹果轮纹病、干腐病、炭疽病、腐烂病、苹果锈病、褐斑病、炭疽叶枯病等，主要虫害有苹果红、白蜘蛛、金纹细蛾、蚜虫、绿盲蝽、康氏粉蚧、苹果棉蚜以及食心虫等。下面介绍几种主要病虫害的防治方法。

（1）苹果轮纹病、干腐病。以前这两种病害被认为是两种不同菌源引起的病害，经过国家苹果产业技术体系病虫害防控研究室岗位专家多年的研究，认为苹果轮纹病和干腐病是一种真菌引起的病害，在不同的环境条件下表现出不同的症状。在湿润的气候条件下表现为轮纹病，在水分胁迫条件下表现为干腐病。轮纹病菌既危害枝干，也危害果实。多雨年份发病重。侵染枝干造成枝干瘤状突起，使树干表皮不光滑，显得十分粗糙；侵染果实造成烂果。病菌在树干上的病瘤内越冬，有潜伏侵染的特性。病菌在幼果期侵入，在果实生长发育后期发病。幼果期如果有降雨，病菌即可侵染幼果。病菌的侵染时期从5月下旬至9月上旬，侵染高峰期集中在6月上旬至8月中旬，此间每遇降雨，必有病菌侵染果实。干腐病主要危害衰老的弱树和定植后管理不善的幼树。干旱年份发病重。定植幼树如果管理不好，长时间不发芽，就会在枝干上形成暗褐色至黑褐色病斑，沿树干逐渐扩大，严重时幼树枯干死亡。大树受害，多在枝干上散生表面湿润、不规则的暗褐色病斑，病部溢出浓茶色黏液。随着病势发展，病斑不断扩大，被害部分逐渐失水，成为明显凹陷黑褐色干斑。当温、湿度适宜时，病菌分生孢子器产生大量的分生孢子随风雨传播，侵染枝干形成干腐病斑或轮纹病瘤，侵染果实造成轮纹烂果。干腐病斑上的分生孢子器产生分生孢子的数量远远大于轮纹病瘤上的产孢量。

对苹果轮纹病和干腐病的防治要采取综合措施。

①物理防治。一是选用抗轮纹病砧木。烟台市农业科学研究院选育出的烟砧1号砧木，枝干光滑、皮孔稀、小，伤口愈合快，高抗苹果轮纹病，用烟砧1号作高干中间砧的12年生富士苹果树干光滑，很少长瘤，不用刮树皮。二是强壮树体。轮纹病菌是一种寄生性较弱的寄生菌，树势衰弱，病菌容易入侵，弱树最

易感病。因此，生产中应采取各种措施，强壮树势，提高树体抗病力。果园增施有机肥，尤其生物有机肥，能有效增加土壤有益微生物，提高土壤有机质含量，改善根系生存环境，提高根系吸收能力。合理施用无机肥料，注重中微量元素的施入，配合活力素灌根，做到均衡施肥，避免单施三元素复合肥；果园适时灌水，防止土壤特别干旱引起叶片萎蔫，从而阻止干腐病的出现。三是减少环剥环割。环剥虽然有利于成花、坐果，但每年枝干环剥，易使树势衰弱，抗病性降低，因此，生产中尽量轻环剥，逐步做到不环剥。四是减少病原。冬春季节，及时刮除轮纹病瘤和干腐病斑，带出果园集中烧毁。修剪时，对干腐病枝彻底剪除。夏季修剪时，剪除的枝条，不要留在果园内，因为枝条在干枯失水过程中易感染干腐病菌，产生大量孢子在果园中传播；尽量不要用新鲜的苹果枝作开角支棍，以防支棍干枯失水过程中染上干腐病菌，形成新的侵染源。五是调理土壤。土壤酸化条件下，游离态的锰离子含量高，根系因吸收锰离子过量而造成锰中毒，锰中毒的苹果树更容易感染轮纹病。酸化的土壤条件下，土壤板结，透气性差，根系缺氧，生长不良，滋生真菌性、细菌性根部病害，造成烂根，从而导致地上部生长势减弱，轮纹病、干腐病等病害危害加重。因此，酸化土壤要多施有机肥，少施化肥，特别是少施氮肥；施用硅钙镁肥料（土壤调理剂）调节土壤酸碱度。六是养成良好的修剪习惯。修剪时，剪口要低、平，不要留橛。剪口下的橛，干枯失水过程中，很易受干腐病菌侵染，形成新的菌源。而干腐病斑的产孢量比轮纹病瘤大很多，剪口的死橛上的干腐病斑，雨季产生孢子，随雨水向下传播，橛下的枝条易被病菌侵染，形成新的病斑或病瘤。

②化学防治。全树细致喷药，杀死致病菌源。轮纹病菌来自于枝干，轮纹病菌分生孢子在生长季节的6~8月是传播和侵染的高峰，因此，不仅在休眠期要全树枝干喷药，生长季也要全树枝干喷施杀菌剂，以杀死枝干上轮纹病菌或干腐病菌。轮纹病菌是弱寄生菌，果树枝干受冻后，更容易侵入树体，因此，防止果树冻害发生，有利于轮纹病的防控。对幼旺树，于11月下旬进行树干涂白，预防冻害。涂白剂的配置比例为生石灰10千克、硫黄粉1千克、食盐0.2千克，加水调成糊状，涂抹树干。

（2）苹果锈病。近几年苹果锈病在烟台一些苹果主产区发生严重。主要危害苹果叶片，也危害叶柄和果实。是一种转主寄生菌，在苹果树上形成性孢子和锈孢子，在桧柏上形成冬孢子。危害严重的园片一个叶子上有十几个病斑，严重影响叶片的功能甚至造成落叶。4月份的温度和降雨是病害流行的重要条件。

防治方法：铲除苹果园附近的桧柏树。如不能铲除，应于冬季剪除桧柏上的菌瘿，集中烧毁；3月上中旬在桧柏上喷3波美度的石硫合剂，抑制冬孢子萌发产生冬孢子；抓住苹果花前和花后两个关键时期，喷药防治。药剂选择43%的戊唑醇4 000倍液、10%的苯醚甲环唑2 000倍液。

（3）苹果炭疽叶枯病。苹果炭疽叶枯病是由炭疽病菌（*Glomerella cingulata*）

引起的病害，主要侵染叶片和果实，导致叶片大面积坏死干枯，果实表面出现大量红色坏死斑点。发病初期叶片出现黑色坏死病斑，病斑边缘模糊，在高温、高湿条件下，病斑扩展迅速，1~2 天可蔓延至整张叶片，整张叶片变黑坏死。发病叶片失水后呈焦枯状，随后脱落。当环境条件不适宜时，病斑停止扩展，在叶片上形成大小不等的枯死斑，病斑周围的健康组织随后变黄，病重叶片很快脱落，当病斑较小、较多时病叶的症状酷似褐斑病。果实发病仅形成直径 2~3 毫米圆形坏死斑，病斑凹陷，周围有红色晕圈。以菌丝体在落叶上越冬，也可以在被害枝条上越冬，5 月份降雨后，开始产生孢子，通过风雨传播。6~7 月高温多雨季节是炭疽叶枯大量发生的季节。树势强发病轻，树势弱发病重，树冠内膛重外围轻。发病速度快，短时间内造成果树大量落叶，落叶严重的果园当年形成二次花，次年绝产。潜育期短，室内测定的最短潜育期为 72 小时，病原菌侵染后无法通过喷施内吸治疗剂防治。病原菌产孢量大，流行速度快，短时间内可造成大量落叶，具有突发性。病菌孢子能够随气流传播，传播距离远，外地传来的菌源同样可导致严重发病，实际生产中需要大面积联合防治才能取得较好效果。对防治药剂要求高，病原菌的产孢和侵染都需要降雨，降雨开始 24 小时以后，病菌才开始大量产孢和侵染，保护性杀菌剂必须能耐 72 小时以上的雨水冲刷，才能有较好的保护效果；而内吸性杀菌剂对其防效很差。苹果炭疽菌叶枯病的防治，仅从化学药剂防治，很难达到预期的目的，要坚持预防为主、综合防治的方针。

①农业措施。冬季或早春，彻底清园，清理病虫枝果及落叶，刮除树干各种病原物，集中烧毁。追施有机肥，强化树体管理，提高对病害的抵御能力；在做好冬剪的同时，加强夏季的修剪，以改善光照、合理负载为前提，及时疏除有碍通风透光的枝条，使田间通风透光良好；修整灌排水设施，保证能及时灌水或排水，防止早期或雨期对果树造成生理为害。病害发生后要及时清除落叶和病果，带出果园外做灭菌处理。

②化学防治。根据青岛农业大学李保华教授研究结果，叶枯炭疽菌孢子的传播和侵染都离不开雨水，降雨是病原侵染的必要条件，而且病菌孢子以直接侵染为主，侵染量大。在所试验的内吸杀菌剂中，只有吡唑醚菌酯和咪鲜胺在病菌侵染早期有一定的防治效果，但最高的防治效果仅 67.8%；炭疽叶枯病的潜育期很短，在适宜条件下接种 48 小时后就能发病，绝大多数病斑在 4 天显示症状。病原菌侵染后，既没有用药的时间，也没有理想的防治药剂。因此，炭疽叶枯病不适合采用在病原菌侵染后内吸治疗的防治措施，只能采取雨前喷药保护或定期喷药保护的措施。根据近几年的试验结果，对炭疽叶枯病的防治，应该从苹果落花后的 20 天，就开始用药保护，直到 9 月中旬气温明显下降后结束。防治药剂以波尔多液为主，采用波尔多液与吡唑醚菌酯为主要有效成分的药剂，或肟菌·戊唑醇等药剂交替使用，一般情况下每 10~15 天 1 次，保证每次降雨前都有药

剂保护叶片和枝条。同时，波尔多液不能用有机铜制剂替代。

（4）红蜘蛛。包括苹果红蜘蛛、山楂红蜘蛛。是为害苹果树的主要害螨，每年都有发生，如果防治不及时，就会造成果树提前落叶。苹果红蜘蛛以卵在枝干和芽鳞痕上越冬，山楂红蜘蛛以雌成螨在树干上越冬。果树发芽后，山楂红蜘蛛越冬雌成螨开始出蛰，在果树展叶后开始产卵。苹果红蜘蛛在苹果萌芽期，日平均气温在10℃时越冬卵开始孵化。4月下旬苹果的开花期是越冬卵的孵化盛期。5月上旬苹果的谢花期是越冬代成虫发生盛期。5月上中旬苹果谢花后1周左右是第1代卵孵化盛期。所以，在苹果开花前和谢花后是药剂防治苹果红蜘蛛的关键时机。高温干旱有利于害螨的发生。因此，红蜘蛛的防治应抓住早期防治，控制虫口数量，不让害螨有快速繁殖的基础。

防治红蜘蛛要抓住两个关键时期：一是越冬成螨出蛰期和越冬卵孵化盛期（果树花芽萌动期）。防治效果较好的杀螨剂有20％螨死净悬浮剂2 000倍液和15％的哒螨灵乳油2 000倍液。二是麦收前害螨数量增殖期。这个时期可用15％哒螨灵乳剂2 000倍液和1.8％阿维菌素乳油4 000倍液。

（5）二斑叶螨。因体色为黄白色又叫白蜘蛛，以雌成螨在树体根颈处、树上翘皮裂缝处、杂草根部、落叶和覆草下越冬。寄主范围广，食性杂，能为害各种果树、农作物、蔬菜及杂草。繁殖速度快，平均单雌产卵量为100粒，最高可达900粒。温度越高，繁殖周期越短，因此高温干旱年份容易爆发。抗药性强，一般杀红蜘蛛的药剂对二斑叶螨防效不好。3月下旬至4月中旬，二斑叶螨越冬雌成螨开始出蛰，7月螨量急剧上升，进入大量发生期，其发生高峰为8月中旬至9月中旬。

防治方法：二斑叶螨越冬前，在根颈处覆草，并于次年3月上旬，将覆草或根颈周围20厘米范围内的杂草收集、烧毁，可大大降低越冬基数。刮除树干上的老翘皮和粗皮，消灭其中的越冬雌成螨；药剂选用1.8％的齐螨素4 000倍液，可与杀卵的药剂如20％的螨死净2 000倍液配合使用效果更好。

（6）绿盲蝽。绿盲蝽的若虫和成虫以刺吸式口器为害果树的幼叶、嫩梢和花果，为害幼果，以刺吸孔为中心，果面凹凸不平，周围果肉木栓化，似果点爆裂，随果实膨大，果面上形成$2\sim3$厘米^{2}锈疤和瘤子，严重影响果实的外观质量。绿盲蝽在烟台地区每年发生$4\sim5$代，以卵在果树顶芽鳞片内和果园杂草等含水分较高的组织内越冬，翌年3月下旬至4月上旬越冬卵开始孵化，先为害果树的嫩叶，4月中下旬是若虫盛发期，是防治的关键时期。

人工防治：冬前或3月上旬清除果园的杂草，消灭越冬卵；化学防治：3月下旬至4月上旬越冬卵孵化期、4月中下旬若虫生发期、5月上旬谢花后3个时期，结合防治其他害虫，喷药防治。药剂可选择48％毒死蜱乳油1 500倍液，2.5％功夫2 000倍液。

（7）金纹细蛾。金纹细蛾是严重为害苹果叶片的潜叶蛾类害虫。主要以幼虫潜于叶内取食叶肉。被害叶片上形成椭圆形的虫斑，表皮皱缩，呈筛网状，叶面拱起。虫斑严重时布满整个叶片，可使叶片功能丧失，容易引起苹果树提早落叶。金纹细蛾1年发生5代，以蛹在被害叶片中越冬。翌年开春苹果发芽时成虫羽化，各代成虫发生盛期为第一代，在5月下旬到6月上旬；第二代在7月上旬；第三代在8月上旬；第四代在9月中下旬。后期世代重叠。最后1代的幼虫于10月下旬在被害叶的虫斑内化蛹越冬。以上5个时期是防治金纹细蛾的关键期。

防治方法：①人工防治：清除枯枝落叶，能消灭在此越冬的蛹，减少来年的发生数量。②化学防治：化学防治的关键时期在各代幼虫孵化期，以防治第二代和第三代幼虫为主。常用药剂有25%灭幼脲悬浮剂1 000～2 000倍液，50%蛾螨灵乳油1 500～2 000倍液，50%辛脲乳油1 500～2 000倍液。

（8）苹果苦痘病。苹果苦痘病主要是因为树体生理性缺钙引起的，修剪过重，偏施、晚施氮肥，树体过旺及肥水不良的果园发病重。果实生长期降雨量大，浇水过多，都易加重病害发生。症状在果实近成熟时开始出现，贮藏期继续发展。病斑多发生在近果顶处，即靠近萼洼的部分，而靠近果肩处则较少发生。病部果皮下的果肉先发生病变，而后果皮出现以皮孔为中心的圆形斑点，这种斑点，在绿色或黄色品种上呈浓绿色，在红色品种上则呈暗红色，而且病斑稍凹陷。后期病的部位果肉干缩，表皮坏死，会显现出凹陷的褐斑，深达果肉2～3毫米，有苦味。轻病果上一般有3～5个病斑，重的60～80个，遍布果面。

苹果苦痘病的防治：①增施有机肥，提高土壤有机质含量，改善土壤结构，增加土壤透气性和保水、保肥能力，为根系生长发育提供良好的环境，提高根系对钙的吸收能力。②改良酸化土壤，土壤酸化影响根系的生长和对钙的吸收，利用土壤调理剂改良土壤酸碱度，促进根系对钙的吸收。③土壤补钙。3月份根系第一次生长高峰前，每亩施用硝酸钙20～25千克。④叶面补钙。苹果套袋前、摘袋后叶面喷施钙肥。⑤合理负载，避免果实过大，如果果实膨大期雨水大，果实膨大过快，适当补充钙肥，减轻苦痘病发生。

5. 烟台地区苹果主要病虫害综合方式技术方案

为更好做好烟台地区苹果主要病虫害的防控，烟台市农业科学研究院烟台苹果综合试验站联合国家苹果产业技术体系病虫害防控研究室的岗位专家，研究制定了烟台地区主要病虫害防治试验方案，根据烟台地区的气候特点和病虫害实际发生情况，有针对性地开展药剂防治筛选研究。经连续多年的试验研究，试验园内，苹果腐烂病、轮纹病、褐斑病等主要病害以及苹小卷叶蛾、害螨等虫害得到有效的防治，取得良好的效果。现将国家苹果产业技术体系烟台地区苹果病虫害防控试验园的苹果综合防控技术方案及药剂总结如下，供烟台及周边地区果农参考使用（表5-1）。

表 5 - 1　烟台地区苹果主要病虫害综合方式技术方案

施药时期	防治对象	防治方法
发芽前	轮纹病、腐烂病、苹小卷叶蛾、害螨	1. 结合冬剪，去除病虫残枝、死枝和僵果； 2. 为了防止病毒病在株间的传播，先修剪健株，后修剪病株，可用修剪工具消毒液对工具进行消毒； 3. 刮除腐烂病斑，根据情况，刮面要超出病部 1 厘米左右，对病斑伤口和剪锯口可用甲硫萘乙酸、腐殖酸铜或百菌清进行涂抹或贴膜保护； 4. 刮除病翘皮后全树枝干喷药，药剂用复方多菌灵 500 倍液，或 25％戊唑醇 2 500 倍液，或 30％戊唑·多菌灵（福连）600 倍液，或 5 波美度的石硫合剂； 5. 对上一年苹果棉蚜严重的果园喷施毒死蜱，可兼治鳞翅目害虫、金龟子等或者使用棉蚜药带根部处理，或者使用噻虫嗪颗粒剂灌根处理，替代毒死蜱 注：4 和 5 中的杀菌剂和杀虫剂也可以结合花露红期的病虫害防治
花露红期	苹果锈病、绿盲蝽、害螨	1. 苹果锈病严重的果园，如有降雨，及时喷 43％戊唑醇 4 000 倍液； 2. 杀虫剂用 40％毒死蜱 1 200 倍液，防治绿盲蝽及其他害虫
谢花后 7～10 天	斑点落叶病、轮纹病、苹小卷叶蛾、害螨	1. 杀菌剂用 60％吡唑嘧菌酯·代森联（百泰）1 500 倍液； 2. 杀虫剂可选用甲氧虫酰肼； 3. 杀螨剂可选用三唑锡、达螨灵、唑螨酯； 4. 可根据需要加补钙剂
谢花后 14～20 天	斑点落叶病、轮纹病、锈病、黄蚜、康氏粉蚧	1. 杀菌剂用 43％戊唑醇悬浮剂 4 000 倍液（如近期无降雨可用 70％甲基硫菌灵 800 倍液＋80％代森锰锌 800 倍液）； 2. 杀虫剂可选吡虫啉（或氟啶虫胺腈）加灭幼脲（或杀铃脲），如需防治康氏粉蚧用 25％噻嗪酮 WP1 500 倍液； 3. 杀螨剂可选哒螨灵（或三唑锡、螺螨酯、唑螨酯）； 4. 可根据需要增加补钙剂
谢花后 21～30 天	斑点落叶病、轮纹病、二代金蚊细蛾、害螨	1. 70％甲基硫菌灵 800 倍液＋代森锰锌（大生）800 倍液［如这一时期有雨，改用 43％戊唑醇悬浮剂 4 000 倍液，或 10％苯醚甲环唑（世高）WG2 500 倍液］； 2. 杀虫剂可选用吡虫啉和灭幼脲（或杀铃脲）； 3. 可根据需要增加补钙剂
6 月 20 日前后	褐斑病、轮纹病	1. 杀菌剂：80％代森锰锌（大生）800 倍液。若雨水多，用波尔多液，配比为硫酸铜：生石灰：水＝1：2～3：200～240； 2. 此时主要以防病为主，如螨类和害虫有严重危害趋势可加杀虫剂和杀螨剂
7 月上旬	褐斑病、轮纹病、害螨类、三代金纹细蛾	1. 杀菌剂可用 43％戊唑醇悬浮剂 4 000 倍液； 2. 杀虫剂可选灭幼脲（或杀铃脲）； 3. 杀螨剂可选哒螨灵或唑螨酯

（续）

施药时期	防治对象	防治方法
15～20 天后	褐斑病、轮纹病	1. 杀菌剂使用 1∶2∶20 倍波尔多液，配比为硫酸铜∶生石灰∶水＝1∶2～3∶200～240； 2. 如没有严重危害的害虫，此次杀虫剂可省去。杀虫剂可选用灭幼脲、阿维菌素等中的一种。杀螨剂可选用三唑锡、螺螨酯、唑螨酯中的一种
8月中旬	褐斑病、轮纹病、二代桃小食心虫	1. 杀菌剂使用 1∶2∶200 倍波尔多液，配比为硫酸铜∶生石灰∶水＝1∶2～3∶200～240； 2. 如没有严重危害的害虫，此次杀虫剂可省略； 3. 但对于不套袋的果园，此时需要加杀虫剂（如桃小灵）防治二代桃小食心虫
摘袋前（9月初）	褐斑病、轮纹病	1. 杀菌剂使用 10％苯醚甲环唑（世高）2 000 倍液； 2. 如没有严重危害的害虫，此次杀虫剂可省略
摘袋后	褐斑病、轮纹病	一般年份不必用药，若遇较大雨，可用 10％苯醚甲环唑（世高）2 000 倍液
采收后	增强树势，防治腐烂病，预防冻害，防治棉蚜、螨类等	1. 秋施肥，根据树龄每亩施有机肥 2～4 米³； 2. 喷施代森胺水剂 400 倍液或喷布 5 波美度石硫合剂； 3. 如有棉蚜危害可加毒死蜱，树干涂白

病虫害防治技术方案使用注意事项：①方案中的药剂按照说明书中的稀释倍数进行使用，并注意不同药剂的交替使用，以免苹果病菌和害虫对农药产生抗药性。②苹果园无论采用套袋栽培或不套袋栽培，每次喷药时都应该将药液均匀覆盖枝干及主干，以达到防治枝干病害的目的。③在苹果生长期，避免喷洒毒死蜱和菊酯类农药，如果要喷洒的话，可在发芽前喷 1 次，谢花后尽量不喷。对于鳞翅目害虫，尽量使用昆虫生长调节剂进行防治，以减少对天敌的伤害。

十、适期采收，提高果实糖度和风味

牛瑞敏等（2006）研究了不同采收期对红富士苹果贮藏品质的影响，分别于盛花期后 168 天、171 天、174 天、177 天、181 天和 183 天采果，冷藏中定期测定几种指标的变化，结果表明，采收期不影响呼吸峰出现的时间，但影响峰值高低，早采的果实失水严重；晚采的果实硬度下降快且腐烂率高；适期采收的果实可溶性固形物、有机酸及维生素 C 含量变化幅度小，失水及腐烂少，用于长期贮藏的洛川红富士最佳采收期在盛花期后 171～177 天，采收时硬度≥8.4 千克/厘米²，可溶性固形物含量≥13.8％。李猛等（2011）研究了不同采收期对嘎拉苹果采后果实品质的影响，分别于盛花期后 110 天、117 天、124 天和 131 天采果，在室温条件下定期测定几项品质指标的变化，盛花期后 117 天以前采收的果实果皮亮度好但着色程度差，盛花后 124 天采收的果实果皮和果肉的色度均较好，盛花后 124 天采收的果实可溶性固形物、可滴定酸变化较小，失水少，商品品质较好，盛花后 117～124 天为嘎拉果实的最佳采收期。

王赵改等（2011）分析了粉红女士苹果成熟过程中硬度、可溶性固形物含量、可滴定酸含量、内源乙烯含量和淀粉指数的变化，并制作了碘-淀粉染色图谱。结果表明，在苹果成熟过程中组织淀粉染色指数显著增加，淀粉染色指数与果实硬度和可滴定酸含量呈显著负相关，与可溶性固形物含量和内源乙烯含量呈显著正相关；淀粉染色指数为 5.0 时，粉红女士苹果达到园艺学成熟度，是判断其采收期的可靠依据。贾晓辉等（2010）研究了华红苹果采收期对果实贮藏性的影响，结果表明：华红苹果适宜采收期参考指标为果实发育期 180～185 天，果实硬度 7.10～7.30 千克/厘米²，可溶性固形物含量高于 13.0％，平均单果重 230.0 克以上，淀粉染色范围占果面的 1/2 左右，此时采收的果实常温贮藏不超过 30 天，冷藏不超过 4 个月，果实食用品质良好。

1. 早熟富士采收期的确定

苹果采收的早晚直接影响产量、品质及贮藏性。若采收过早，果实发育不完全，果个轻，外观色泽差，含糖量低，品质差；若采收过晚，果肉发绵快，抗病能力低，不耐贮藏。只有适期采收，才能达到果实的食用品质最佳，贮藏寿命最长，从而获得较高的收益。确定适宜采收期方法有如下几种。

（1）按照果实的成熟度。一般认为适期采收的成熟度为：果个充分长成，果实底色由绿转为黄绿色，果面呈现该品种特有的颜色，果肉坚密不软，具有一定风味，种子变褐，果梗离层产生，采摘容易。

（2）按照果实的生长期。同果区同一品种从谢花期至成熟期果实生长发育的天数相对稳定。据研究，中熟品种如新红星的成熟期为盛花后 140～150 天，首红为盛花后 133～143 天，晚熟品种红富士为盛花后 170～180 天。

（3）按照果实的用途。一般采后直接销售或短期贮藏的果实，宜在食用成熟度采收；作为长期贮藏运输的果实，宜在接近成熟时采收。气调贮藏的果实较冷藏果实采收略早，冷藏果实较普通贮藏略早。

根据本实验的研究结果，从早熟富士品种可溶性固形物、可溶性糖等几个方面的理化指标和香气成分比较，综合分析建议长期贮藏的早熟富士品种，在烟台地区的适宜采收期为 9 月 15～22 日。果实平均单果重 240 克以上，果形指数 0.85 以上，果面光洁，色相、色调一致，着色面积 80％以上，果肉松脆多汁，可溶性固形物含量 14.5％以上，风味浓郁。

2. 采收注意事项

采果要保证果实完整无损，特别是套袋苹果果皮嫩，采摘时更应注意。同时要防止折断果枝，以保证来年丰产丰收。①采收人员必须剪短指甲或戴上手套，树下应铺一塑料薄膜；②采收为人工手采，严禁粗放采摘，并防止拉掉果柄；③采收时应先下后上，先外后内进行，且多用梯凳，避免脚踩踏枝干碰落芽叶，以保护枝组；④手掌将果实向上轻轻托起或用拇指轻压果柄离层，使其脱离；⑤采下果实后，将过长果柄剪除一部分，避免刺伤果实，再用网套包裹果实，以避免挤压伤；⑥盛放果实的篮子或果筐等内侧用棉质布或帆布等柔软物内衬。采收袋用帆布制成，上端有背带，下端易开口，果实采满袋后打开下部袋口，集中放入田间包装箱。

参 考 文 献

白鸽，郭玉蓉，陈磊，等，2015. 苹果着色与冷藏期间多酚及相关酶活性的关系 [J]. 食品科学 (6)：246-250.

班清风，2016. 乔纳金苹果采后酚类物质变化规律研究 [D]. 泰安：山东农业大学.

蔡德龙，钱发军，邓挺，等，1995. 硅肥对苹果生长产量及品质影响的研究 [J]. 地域研究与开发，14 (2)：64-66.

曹富强，辛绍刚，2007. 不同钾、氮水平对红富士苹果品质的影响 [J]. 河北林业科技，5 (10)：11-14.

曹景珍，张引平，李振岗，2005. 红富士苹果不同树形、冠层部位的果实品质评价分析 [J]. 山西果树，3：3-5.

柴东岩，窦建乔，2000. 红富士苹果化学疏花疏果初探 [J]. 河北林业科技 (4)：11-12.

常志隆，2004. 植物的硅素营养及硅肥的推广应用 [J]. 潍坊学院学报，4 (2)：25-26.

陈铭，孙富臣，刘更另，1993. 含硫及含氯化肥对湘南水田土壤酸度和养分有效性的影响 [J]. 热带亚热带土壤科学，2 (4)：189-194.

陈汝，王金政，薛晓敏，等，2015. 有机无机肥配施对苹果树体结构及果实品质的影响 [J]. 山东农业科学，47 (2)：68-71.

陈修会，陈振峰，张雷，等，2002. 昂林苹果引种栽培初报 [J]. 山西果树，1：10.

陈修会，陈振峰，朱飞，等，2001. "清明" 苹果引种观察初报 [J]. 中国果树 (3)：50.

陈选阳，陈凤翔，袁照，等，2001. 甘薯脱毒对一些生理指标的影响 [J]. 福建农业大学学报，30 (4)：449-453.

陈艳秋，曲柏宏，牛广才，2000. 苹果梨果实矿质元素含量及其品质效应的研究 [J]. 吉林农业科学，25 (6)：44-48.

程明芳，金继运，李春花，等，2010. 氯离子对作物生长和土壤性质影响的研究进展 [J]. 浙江农业科学，1：12-14.

程玉琴，韩振海，徐雪峰，2003. 苹果病毒及其脱毒检测技术研究进展 [J]. 中国农学通报，19 (1)：72-74.

崔艳涛，孟庆瑞，王文凤，等，2006. 安哥诺李果皮花青苷与内源激素酶活性变化规律及其相关性 [J]. 果树学报，23 (5)：699-702.

邓晓云，王国平，2002. 梨病毒病研究新进展 [J]. 果树学报，19 (5)：321-325.

杜国荣，杜俊杰，2004. 果树病毒病与脱毒技术综述 [J]. 山西果树，101 (5)：36-37.

杜社妮，耿桂俊，白岗栓，2012. 苹果树冠不同部位采样对果品品质分析的影响 [J]. 北方园艺，13：8-12.

杜宗绪，张洪，张兆欣，2006. 国内外有机果品生产技术概述 [J]. 安徽农业科学，34 (7)：1334-1335.

范旭东，董雅凤，张尊平，等，2009. 3 种苹果潜隐病毒多重 RT-PCR 检测体系的建立 [J]. 园艺学报，36 (12)：1821-1826.

冯志宏，王春生，王亮，等．晋南地区红富士苹果贮后品质劣变的原因及防范措施［J］．保鲜与加工，2013，13（5）：56-58.

傅友，董文成，赵永波，2003.苹果新品种昌红的选育及特征特性［J］．华北农学报，18：91-92.

高方胜，王明友，潘恩敬，等，2011.红富士苹果不同树形冠层光照参数与果实品质产量关系的研究［J］．中国果树，1：14-17.

高文胜，2010.苹果优良品种新红将军和阳光嘎拉［J］．西北园艺，2：52-53.

高彦，肖宝祥，白海霞，等，2005.苹果新品种'玉华早富'［J］．果农之友，10：13-14.

葛世康，2007.苹果采收适期的确定［J］．果农之友，9：39.

公丽艳，孟宪军，刘乃侨，等，2014.基于主成分与聚类分析的苹果加工品质评价［J］．农业工程学报，30（13）：276-285.

宫国钦，衣淑玉，宫美英，等，2008.烟台市果树花期霜冻的危害及防御［J］．烟台果树（2）：1-2.

郭宝林，杨俊霞，孙文彬，等，1994.新红星苹果化学疏花疏果的效应［J］．中国果树（1）：23-24.

郝璐，叶婷，陈善义，等，2015.我国北方部分苹果主产区病毒病的发生与检测［J］．植物保护，41（2）：158-161.

何近刚，冯云霄，程玉豆，等，2016.采后1-MCP和MAP处理对'红富士'苹果冷藏和货架期品质的影响［J］．食品科学，37（22）：301-306.

洪霓，2003.发状病毒属病毒研究进展［J］．武汉大学学报，49（2）：271-276.

胡桂娟，1994.苹果叶片叶绿素含量和淀粉滞留量对光合作用的影响［J］．山东农业科学，2：45-50.

黄春辉，俞波，苏俊，等，2010.'美人酥'和'云红梨1号'红皮砂梨果实的着色生理［J］.中国农业科学，43（7）：1433-1440.

黄华康，2002.马铃薯脱毒对一些生理指标的影响［J］.中国马铃薯，16（3）：137-139.

黄玉溢，江泽普，黄卓忠，1997.酸性水稻土长期施用氯化铵的效应研究［J］.广西农业科学（2）：78-80.

贾建新，蔡德龙，2011.硅肥对改善农作物品质研究及新进展［C］//2011新型肥料研发与新工艺、新设备研究应用研讨会：45-50.

贾少武，2011.介绍几个我国选育的早熟富士品种［J］．果农之友，11：6-7.

姜日光，李元军，张振英，等，2004."早熟富士王"苹果的选育研究报告［J］．河北果树，2：5-7.

姜中武，刘志坚，张振英，等，1996.早熟富士优质丰产栽培技术总结［J］．烟台果树，4：13-16.

姜中武，于青，刘美英，等，2010.苹果新品种华美在烟台地区的引种表现［J］．烟台果树，3：18-19.

姜中武，2012.烟台苹果生产现状［J］．烟台果树，2：50-51.

姜中武，2015.烟台苹果品质提升与调控［M］．北京：中国农业出版社.

姜中武，束怀瑞，陈学森，等，2009.苹果不同品种高位嫁接'红露'对其果实品质的影响

[J]．园艺学报，36（1）：1-6.

蒋明，曹家树，2007. 查尔酮合成酶基因 [J]．细胞生物学杂志，29（4）：525-529.

解钰，吴鹏豹，漆智平，等，2012. 王草产量和品质对生物炭浓度梯度的响应 [J] 广东农业科学，1：133-138.

金三林，朱贤强，2013. 我国劳动力成本上升的成因及趋势 [J]．经济纵横，2：37-42.

兰焕茂，温吉华，高坤金，1996. 应用反光膜提高红富士苹果着色试验 [J]．北方果树，3：15.

李宝江，林桂荣，崔宽，1994. 苹果糖酸含量与果实品质关系 [J]．沈阳农业大学学报，25（3）：279-283.

李宝江，林桂荣，刘凤君，1997. 矿质元素含量与苹果风味品质及耐贮性的关系 [J]．果树科学，12（3）：141-145.

李保国，顾玉红，郭素平，等. 2001 苹果果实若干性状的花粉直感规律研究 [J]．河北农业大学学报，2004，27（6）：34-37.

李宏建，徐贵轩，宋哲，等．不同采收期对凉香苹果果实贮藏品质的影响 [J]．河南农学科学，2010，40（6）：106-110.

李焕如，2000. 苹果采收适期及方法 [J]．新疆农业科技，3：38.

李慧峰，车根，李林光，2009. 起垄栽培对苹果根系构型的影响 [J]．落叶果树，4：4-5.

李慧峰，王海波，李林光，等，2011. 套袋对"寒富"苹果果实香气成分的影响 [J]．中国生态农业学报，4.

李敏，刘国成，吕德国，等．2005. 有机钙制剂制剂对甜樱桃花果疏除效应的研究 [J]．辽宁农业科学（3）：24-25.

李明，郝建军，2005. 寒光苹果果实成熟期色素、糖、酸和激素含量的变化 [J]．吉林农业科学，2：55-57.

李明立，孙炳香，魏凤彩，等．1990. 无病毒苹果树生长量对比实验研究 [J]．山东农业大学学报，21（2）：81-84.

李天忠，浅田武典，韩振海，等．2004. 苹果部分品种的授粉结实性研究 [J]．园艺学报，31（6）：794-796.

李天忠，张志宏，2008. 现代果树生物学 [M]．北京：科学出版社．

李廷轩，王昌全，马国瑞，等，2002. 含氯化肥的研究进展 [J]．西南农业学报，15（2）：86-91.

李文慧，牛建新，2006. 苹果病毒的研究现状 [J]．北方果树，4：3-5.

李岩，孙山，高华君，2001. 不同中间砧组合对新红星苹果果实品质的影响 [J]．河北果树（2）：10.

李元军，姜中武，苏佳明，等，2009. 果树春季霜冻发生规律与防控技术 [J]．烟台果树，2：47-48.

李祖章，陶其骧，范业成，刘光荣，1991.，氯浓度容量对红壤性稻田水稻影响的研究 [J]．江西农业学报，3（2）：160-163.

梁博文，樊连梅，王永章，等，2014. 土壤局部改良结合矮砧集约栽培对老苹果园更新效果的影响 [J]．园艺学报，41（S）：2583.

梁成林，赵玲玲，宋来庆，等.2014.5种苹果砧木实生苗携带病毒情况检测分析［J］.果树
　　学报，31（6）：1164-1169.

梁和，石伟勇，马国瑞，等，2000.叶面喷硼对柑橘硼钙、果实生理病害及耐贮性的影响
　　［J］.浙江大学学报，26（5）：509-512.

梁俊江，2015.胶东地区苹果老果园连作障碍及更新改建对策［J］.中国园艺文摘，10：196-197.

梁长梅，温鹏飞，2001.根外施硼对新红星苹果树光合速率年变化的影响［J］.山西农业大
　　学学报，21（1）：45-47.

廖明安，冷怀群，1993.苹果无病毒与带病毒幼树某些内含物及生育的差别［J］.中国果树
　　（2）：6-8.

廖明安，冷怀琼，1999.病毒对苹果生理生化及生长结果的影响［J］.果树科学，16（1）：4-8.

林建材，赵胜亭，宋秀英，等，2010.烟台苹果质量安全管理及追溯查询系统的设计与实现
　　［J］.山东农业科学，10.

刘灿盛，1987.元帅系苹果品质与气候条件关系的研究［J］.园艺学报，14（2）：73-79.

刘国荣，陈海江，徐继忠，等，2007.矮化中间砧对红富士苹果果实品质的影响［J］.河北
　　农业大学学报，30（4）：24-26.

刘和，赵彩平，秦国新，等，2006.脱毒苹果树叶片矿质营养元素含量变化研究［J］.山西
　　农业科学，34（2）：39-43.

刘惠平，苏卫东，王思棣，等，2003.SH6苹果矮化中间砧栽培试验［J］.中国果树（5）：4-6.

刘建新，2003.苹果脱毒苗与常规苗脂肪酸组成与抗氧化酶活性的比较研究［J］.生物学杂
　　志，20（5）：28-29.

刘利民，孔德静，曹依静，等，2017.中熟苹果新品种"国庆红"的选育［J］.农业科技通
　　讯，9：286-289.

刘美英，宋来庆，于青，等，2012.烟台地区不同嘎啦品种果实经济性状分析［J］.山东农
　　业科学，44（5）：53-55.

刘美英，宋来庆，赵玲玲，等，2013.苹果优良品种瑞维娜在烟台地区的引种结果表现［J］.
　　烟台果树，4：21-22.

刘仁道，黄仁华，吴世权，等，2009.'红阳'猕猴桃果实花青素含量变化及环剥和ABA对
　　其形成的影响［J］.园艺学报，36（6）：793-798.

刘荣荣，2014.不同成熟期苹果品种品质评价与分析［D］.杨凌：西北农林科技大学.

刘守贞，王奎良，2011.烟台苹果产业的发展现状与对策措施［J］.山东农业科学，9：120-122.

刘晓静，冯宝春，冯守千，等，2009.'国光'苹果及其红色芽变花青苷合成与相关酶活性的
　　研究［J］.园艺学报，36（9）：1249-1254.

刘晓月，王文生，傅彬英，2011.植物bHLH转录因子家族的功能研究进展［J］.生物技术
　　进展，1（6）：391-397.

刘亚玲，2012.苹果的适期采收［J］.落叶果树，1：57.

刘养峰，2013.适宜渭北平原区发展的中早熟苹果品种［J］.西北园艺，2：40-41.

刘业好，魏钦平，高照全，等，2004."富士"苹果树3种树形光照分布与产量品质关系的研
　　究［J］.安徽农业大学学报，31（3）：353-357.

刘元勤，刘学才，姜林，等，1997.无病毒乔纳金苹果幼树的生长与结果表现［J］.北方果

树，2：14-16.

刘月英，1997. 几种苹果潜隐性病毒传播途径的研究 [J]. 北方园艺 (4)：33-34.

刘志坚，1997. 从日本苹果品种变革情况看烟台苹果发展趋向（二）[J]. 北京农业，8：15-16.

柳蕴芬，刘莉，段艳欣，等，2010. 光对红肉桃果肉红色形成的影响 [J]. 中国农学通报，26 (13)：308-311.

陆秋农，1980. 我国苹果的分布区划与生态因子 [J]. 中国农业科学 (1)：46-51.

陆秋农，等. 1978. 提高红星苹果质量的研究 [J]. 中国农业科学 (2)：135-141.

路超，王金政，薛晓敏，等，2009. 苹果树冠不同区位果实产量和品质特征及其与枝叶空间分布的关系 [J]. 山东农业科学，7：45-49，52.

栾东红，姜延浩，2008. 龙口市致灾晚霜冻的气候特征分析及预防措施 [J]. 河北农业科学，12 (7)：38-41.

马文哲，燕志晖，魏生强，2012. 玉华早富苹果高光效栽培关键技术 [J]. 安徽农学通报，18 (10)：165-167.

毛知耘，周则芳，石孝均，等. 2000. 植物氯素营养与含氯化肥科学施用 [J]. 中国工程科学，2 (6)：64-66.

毛志泉，沈向，2016. 苹果重茬（连作）障碍防控技术 [J]. 烟台果树，4：26-27.

毛志泉，尹承苗，陈学森，等，2017. 我国苹果产业节本增效关键技术Ⅴ：苹果连作障碍防控技术 [J]. 中国果树 (5)：1-4，14.

孟凡丽，苏晓田，杨伟，等，2009. 不同叶面肥对新嘎拉苹果果实品质的影响 [J]. 北方园艺，(10)：107-109.

孟繁静，2000. 植物花发育的分子生物学 [M]. 北京：中国农业出版社：225-256.

孟玉平，曹秋芬，横田清，等，2002. 钙化合物对苹果疏花疏果的效应 [J]. 果树学报，19 (6)：365-368.

孟玉平，曹秋芬，横田清，2003. 两种疏花剂对苹果授粉受精过程的影响 [J]. 园艺学报，30 (4)：384-388.

聂佩显，薛晓敏，路超，等，2012. 矮化自根砧苹果苗繁育技术 [J]. 河北农业科学，16 (7)：45-47，80.

牛自勉，孙俊宝，雷永元，2005. "晋富1号"苹果新品种选育 [J]. 山西果树，5：3.

牛自勉，王贤萍，孟玉萍，等，1996. 不同砧木苹果品种果肉芳香物质的含量变化 [J]. 果树科学，13 (3)：153-156.

潘海发，徐义流，张怡，等，2011. 硼对砀山酥梨营养生长和果实品质的影响 [J]. 植物营养与肥料学报，17 (4)：1024-1029.

彭永波，徐月华，2015. 苹果老果园更新改造栽培技术 [J]. 烟台果树，2：39-41.

乔雪华，郭超，邵建柱，等，2013. 八棱海棠种子潜带病毒检测及理化处理对其带毒状况的影响 [J]. 果树学报，30 (3)：489-492.

任向龙，高彦，白海霞，2013. 苹果品种玉华早富及其栽培要点 [J]. 西北园艺，6：39-40.

荣蛟凤，2010. 增施硅肥对大樱桃生理、品质及产量的影响研究 [J]. 中国农业杂志，6：27-29.

沈国新，柴晓玲，吴海平，1997. 桑树的氯营养及氯对桑叶产量和质量的影响 [J]. 浙江农业大学学报，23（3）：313-316.

沈浦，李冬初，高菊生，等.2010. 长期施用含硫与含氯肥料对水稻产量及其构成要素的影响 [J]. 中国农业科学，43（2）：322-328.

施益华，刘鹏，2002. 硼在植物体内生理功能研究进展 [J]. 亚热带植物科学，31（2）：64-69.

石彦召，荣娇凤，苏利，等，2010. 增施硅肥对葡萄生理、品质的影响研究 [J]. 吉林农业，11：98-100.

石彦召，荣娇凤，苏利，等，2011. 增施硅肥对石榴生理、品质的影响研究 [J]. 陕西农业科学，1：49-52.

石用虎，田志安，1988. 国光苹果化学疏花疏果试验 [J]. 中国果树，（4）：25-6，19.

司鹏，乔宪生，崔国才，2011. 含氯肥料施用不当对果园造成的危害及对策 [J]. 果农之友，11：22.

宋凯，魏钦平，岳玉苓，等，2010. 不同修剪方式对"红富士"苹果密植园树冠光分布特征与产量品质的影响 [J]. 应用生态学报，21（5）：1224-1230.

宋来庆，姜召涛，2007. "暖冬"警惕"倒春寒"[J]. 烟台果树，2：55-56.

宋来庆，刘美英，赵玲玲，等，2013. 优良早熟苹果品种瑞缇娜在烟台地区的引种表现 [J]. 山东农业科学，45（7）：118-120.

宋来庆，赵玲玲，刘美英，等，2016. 富士苹果浓红色芽变品种果实品质和香气成分差异分析 [J]. 山东农业科学，48（3）：43-46.

宋来庆，赵玲玲，唐岩，等，2013. '烟富3号'苹果不同采收期果实品质和香气物质含量分析 [J]. 山东农业科学，45（11）：47-49.

宋来庆，于青，等，2010. 苹果新品种'早红'在鲁东地区的引种表现及栽培技术要点 [J]. 山东农业科学，11：103-104.

宋来庆，赵玲玲，刘美英，等，2015. 红富士苹果芽变选种及育成新品种 [J]. 烟台果树，4：6-7.

宋来庆，赵玲玲，刘美英，等，2016. 早熟富士系苹果品种'凉香'在烟台地区的引种评价 [J]. 中国果菜，4：35-36.

宋世志，宋来庆，赵玲玲，等，2016. 烟台地区早熟富士苹果发展现状与对策 [J]. 烟台果树，1：30-31.

宋于洋，王炳举，王雪莲，等，1999. 花帅苹果化学疏花疏果的效应 [J]. 石河子大学学报（自然科学版），3（2）：97-100.

宋哲，李天忠，徐贵轩，2008. "富士"苹果着色期果皮花青苷与果实糖分及相关酶活性变化的关系 [J]. 中国农学通报，24（4）：255-260.

宋治军，等.1994. 现代分析仪器及测试方法 [M]. 西安：西北大学出版社.

苏渤海，范崇辉，李国栋，等，2008. 红富士苹果改形过程中不同树形光照分布及其对产量品质的影响 [J]. 西北农林科技大学学报（自然科学版），36（1）：158-162.

苏佳明，段小娜，于强，等，2009. 红将军苹果的脱毒与检测技术研究 [J]. 华北农学报，24（增刊）：93-96.

苏佳明，段小娜，于强，等，2009. 烟台市主要果树病毒调查与检测鉴定初报［J］. 山东农业科学，9：54-56.

苏青青，2014. 富士苹果贮藏期间果实品质的研究［D］. 杨凌：西北农林科技大学.

苏睿，张学文，董坤，等，2014. 中国苹果授粉研究现状［J］. 中国农学通报，30（34）：1-5.

苏壮，董翔云，韩晓日，等.1997. 含氯肥料长期施用对土壤理化性质的影响［J］. 沈阳农业大学学报，28（2）：116-119.

孙承锋，朱亮，周楠，等，2015. 基于多元分析的11种烟台中、晚熟品种苹果香气成分比较［J］. 现代食品科技，31（9）：268-277.

孙共明，刘利民，杨振宇，2016. 苹果中熟新品系09-1的选育［J］. 中国果树，5：91-93.

孙燕霞，宋来庆，刘美英，等，2013. 有机栽培富士苹果果实品质和香气成分分析［J］. 山东农业科学，45（10）：63-65.

唐敏，2012. 运用超低温技术脱除梨离体植株潜隐病毒研究［D］. 武汉：华中农业大学.

唐岩，姜中武，宋来庆，等，2010. 优良早熟苹果新品种——信浓红［J］. 烟台果树，4：20.

唐岩，宋来庆，孙燕霞，等，2014. 叶面喷施硼肥对富士苹果品质和香气成分的影响［J］. 山东农业科学.46（1）：70-72.

唐岩，宋来庆，孙燕霞，等，2014. 叶面喷施硅酸钾对富士苹果品质的影响［J］. 落叶果树，46（4）：11-13.

田建保，程恩明，张耀文，等，2004. 苹果芽变新品种"红锦富"选育［J］. 山西果树，6：3-4.

田世恩，陆书桥，李熙胜，等，2007. 苹果病毒病的危害现状与防治对策［J］. 烟台果树，4：38-39.

田长平，王延玲，刘遵春，等，2010.1-MCP和NO处理对黄金梨主要贮藏品质指标及脂肪酸代谢酶活性的影响［J］. 中国农业科学，43（14）：2962-2972.

田忠岐，王永义，1988. 西维因对金冠苹果的疏花疏果效应［J］. 果树科学，5（4）：182.

万青艳，2001. 早熟富士新品种昌红栽培技术［J］. 山西果树，3：38-39.

王传增，张艳敏，徐玉亭，等，2012. 苹果香气SPME-GC/MS萃取条件优化［J］. 山东农业科学，44（7）：116-120.

王春燕，魏绍冲，姜远茂，等，2012. 施硼处理对苹果植株不同形态硼含量及果实品质的影响［J］. 山东农业科学，44（3）：68-71.

王国平，刘福昌，2002. 果树无病毒苗木繁育与栽培［M］. 北京：金盾出版社.

王国平，刘福昌，1990. 苹果病毒病害的研究进展［J］. 农牧情报研究，2：18-25.

王国平，刘福昌，王焕玉，等，1993. 苹果、葡萄、草莓病毒病与无病毒栽培［M］. 北京：中国农业出版社.

王国平，2004. 果树病毒检测与脱除技术的研究进展［J］. 华中农业大学学报，6：685-691.

王海波，陈学森，辛培刚，等，2007. 几个早熟苹果品种香气成分的GC-MS分析［J］. 果树学报，24（1）：11-15.

王海波，陈学森，张春雨，等，2008. 两个早熟苹果品种不同成熟阶段果实香气成分的变化

［J］．园艺学报，35（10）：1419-1424．

王海宁，葛顺峰，姜远茂，等，2013．砧木嫁接的富士苹果幼树 13C 和 15N 分配利用特性比较［J］．园艺学报，40（4）：733-748．

王焕玉，1991．苹果病毒的研究［J］．中国果树，4：15-17．

王惠聪，黄旭明，胡桂兵，等，2004．荔枝果皮花青苷合成与相关酶的关系研究［J］．中国农业科学，37（12）：2028-2032．

王际轩，刘志，谢休华，等，2000．苹果无病毒树的生长和结果表现［J］．园艺学报，27（3）：157-160．

王际轩，1994．苹果脱毒技术的研究与应用［J］．北方果树，2：2-4．

王家喜，王少敏，高华君，2002．国外苹果新品种引进观察［J］．果树学报，19（1）：43-47．

王建新，牛自勉，李志强，等，2011．乔砧富士苹果不同冠形相对光照强度的差异及对果实品质的影响［J］．果树学报，28（1）：8-14．

王建勋，马少岐，李海瑞，2018．苹果病虫害防治的原则和关键技术［J］．现代园艺，7：67．

王金政，薛晓敏，陆超，2010．我国苹果生产现状与发展对策［J］．山东农业科学（6）：117-119．

王丽琴，唐芳，张静，等，2003．苹果矮化砧对 14C-同化物运输分配的影响［J］．核农学报，17（3）：212-214．

王丽荣，郝海艳，李霞，2007．不同砧木对红富士苹果幼树生育影响的研究［J］．山西科技，6：114-115．

王利芬，朱军贞，2011．反光膜对果实品质影响的研究进展［J］．北方园艺（15）：228-230．

王菱，等，1992．气象条件对苹果品质影响的分析［J］．中国农业气象，13（4）：15-19．

王少敏，孙山，陈凤友，等，2001．苹果新品种红将军的性状特征及栽培技术［J］．中国农学通报，17（1）：77-78．

王淑贞，张静，闫英，等，1993．苹果采收适期与果实生物学指标的相关研究［J］．落叶果树，3：5-12．

王孝娣，史大川，宋烨，等，2005．有机栽培红富士苹果芳香成分的 GC-MS 分析［J］，园艺学报，32（6）：998-1002．

王学府，孟玉平，曹秋芬，等，2006．苹果化学疏花疏果研究进展［J］．果树学报，23（3）：437-441．

王引权，古勤生，陈建军，等，2004．葡萄病研究进展［J］．果树学报，21（3）：258-263．

王永奇，赵玲玲，李元军，等，2013．烟台地区脱毒苹果园植株长势和产量效益分析［J］．山东农业科学，45（9）：59-61．

王志华，王文辉，姜云斌，等．2010．采收期对澳洲青苹苹果采后品质及虎皮病的影响［J］．保鲜与加工，10（6）：10-14．

王中华，汤国辉，李志强等．5-氨基乙酰丙酸和金雀异黄素促进苹果果皮花青素形成的效应［J］．园艺学报，2006，33（5）：1055-1058．

王中英，1995．果树病毒病及脱毒［J］．世界农业，10：32-34．

王壮伟，2003. 苹果潜隐性病毒的检测与脱除技术研究［D］. 南京：南京农业大学.

魏建梅，范崇辉，郑玉良，2006. 套袋对苹果果实品质影响的研究进展［J］. 河北果树，5：2-4.

魏钦平，程述汉，唐芳，等，1999. 红富士苹果品质与生态气象因子关系的研究［J］. 应用生态学报，10 (3)：289-292.

魏钦平，鲁韧强，张显川，等.2004. 富士苹果高干开心形光照分布与产量品质的关系研究［J］. 园艺学报，31 (3)：291-296.

魏宗梅，许雪峰，李天忠，等.2007. 叶面喷施硼酸对苹果果实硼和钙含量的影响［J］. 园艺学报，34 (5)：1111-1116.

魏宗梅，2004. 硼、钙对苹果果实发育的调控机制初探［D］. 北京：中国农业大学.

吴亚维，向青云，杨华，等，2010. 红富士苹果树冠不同部位果实品质评价［J］贵州农业科学，38 (7)：167-170.

伍克俊，苟永平，1997. 大樱桃脱毒苗与带毒苗移栽的对比观察结果［J］. 甘肃农业科技，11：25-26.

武红霞，王松标，石胜友，等，2009. 不同套袋材料对红杧6号杧果果实品质的影响［J］. 果树学报，26 (5)：644-648.

项殿芳，宋金耀，刘永军，等，1994. 脱毒对苹果苗木生长的影响［J］. 河北农业技术师范学院学报，8 (3)：7-11.

肖宝祥，高彦，陈继州，等，2004. 中晚熟富士苹果新品种——弘前富士［J］. 西北园艺，8：29.

徐贵轩，宋哲，何明莉，2008. 有机果品苹果产业化生产关键技术［J］. 北方果树 (6)：43-44.

徐胜利，李新民，陈小青，等，2000. 红富士苹果光照分布特性与产量品质效益空间分布的关系［J］. 新疆农业科学，1：12-17.

许宝峰，李成，孙建设，2014. 低温贮藏和成熟度对王林苹果香气成分的影响［J］. 食品研究与开发，35 (13)：140-143.

许宝峰，2014. 采收期和贮藏方式对富士和王林苹果货架期品质的影响研究［D］. 保定：河北农业大学.

许秀美，邱化蛟，周先学，等，2001. 植物对磷素的吸收、运转和代谢［J］. 山东农业大学学报（自然科学版），32 (3)：397-400.

许志茹，李春雷，崔国新，等，2008. 植物花青素合成中的 MYB 蛋白［J］. 植物生理学通讯，44 (3)：597-604.

薛建平，张爱民，盛玮，等，2004. 安徽药菊脱毒苗与非脱毒苗生理生化的比较研究［J］. 中国中药杂志，29 (6)：514-517.

薛晓敏，路超，王金政，2010. 红富士苹果化学药剂疏花疏果试验［J］. 山东农业科学，11：79-81.

薛晓敏，王金政，路超，等，2013. 红将军苹果的化学疏花疏果试验［J］. 落叶果树，5 (5)：7-9.

薛晓敏，王金政，王孝友，等，2013. 果形剂在"新红星"苹果上的应用效果研究［J］. 北方园艺，20：28-30.

闫树堂，徐继忠，2005. 不同矮化中间砧对红富士苹果果实内源激素、多胺与细胞分裂的影响 [J]. 园艺学报，32（1）：81-83.

阎振立，张全军，过国南，等，2007. 产地和砧木对华冠苹果芳香物质及风味的影响 [J]. 果树学报，24（3）：263-267.

杨博，司春爱，2009. 0.1%噻苯隆制剂在苹果上的应用研究 [J]. 西北园艺，2：44-46.

杨建民，周怀军，王文凤，2000. 果树霜冻害研究进展 [J]. 河北农业大学学报，23（3）：54-58.

杨俊，姜正旺，王彦昌，2010. 红肉猕猴桃DFR基因的克隆及表达分析 [J]. 武汉植物学研究，28（6）：673-681.

杨少华，王丽，穆春，等，2011. 蔗糖调节拟南芥花青素的生物合成 [J]. 中国生物化学与分子生物学报，27（4）：364-369.

杨巍，伊凯，刘志，等，2004. 中晚熟苹果新品种——凉香 [J]. 中国果树，1：38-40.

杨振英，薛光荣，李玉华，1994. 草莓无病毒苗栽培增产效果显著 [J]. 山西果树，4：16-17.

姚玉新，翟衡，赵玲玲，等，2006. 苹果果实酸/低酸性状的SSR分析 [J]. 园艺学报，33（2）：244-248.

叶修祺，刘素英，吴继芳，1990. 山东省霜冻灾害及防御对策 [J]. 山东农业科学，5：46-52.

伊凯，刘志，王冬梅，等，2005. 苹果新品种—望山红的选育 [J]. 果树学报，22（4）：430-431.

伊凯，隋洪涛，2003. 日本富士苹果及其变异品种 [J]. 北方果树，5：32-35.

衣淑玉，史淑一，宫国钦，2008. 果树开花期霜冻的危害及预防 [J]. 落叶果树，4：52-54.

阴启忠，崔建华，1993. 如何做到苹果的适期采收 [J]. 落叶果树，3：52.

殷海善，石莎，秦作霞，2012. 劳动力成本上升对农业生产的影响 [J]. 山西农业科学 40（9）：1003-1005.

尹承苗，王玫，王嘉艳，等，2017. 苹果连作障碍研究进展 [J]. 园艺学报，44（11）：2215-2230.

于强，李庆余，王义菊，2015. 脱毒烟富3在重茬果园建园应用效果研究 [J]. 烟台果树，1：16-17.

于青，刘美英，宋来庆，等，2010. 烟台市苹果病毒病的发生与防治 [J]. 山东农业科学，6：86-88.

余冬冬，刘永清，王国平，2003. 柑橘衰退病毒研究进展 [J]. 果树学报，20（3）：224-229.

余优森，等，1988. 渭北黄土高原苹果优质气候带分析 [J]. 自然资源学报，3（4）：312-321.

余优森，等，1990. 苹果含糖量与温度关系研究 [J]. 中国农业气象，11（3）：34-37.

曾伟光，熊庆娥，邓群仙，等，2001. 草莓脱毒苗的生长结果与产量效应研究 [J]. 四川农业大学学报，19（3）：228-230.

查养良，张新社，2006. 噻苯隆对苹果果实纵向生长的影响 [J]. 陕西农业科学，4：47，58.

张安宁，王长君，薛晓敏，等，2009. 硅元素对超红桃果实发育的影响［C］. 中国园艺学会桃分会第二届学术年会论文集，6：216-221.

张博，辛广，李铁纯，2008. 固相微萃取气质联用分析红王将苹果香气成分［J］. 食品科学，29（10）：520-521.

张超，李红涛，张招喜，2009. 我国发展有机苹果的必要性［J］. 果农之友，2：6-7.

张春岭，刘慧，刘杰超，等，2017. 不同品种和成熟度苹果汁品质及贮藏稳定性研究［J］. 食品研究与开发，38（3）：198-201.

张春云，周会玲，张维，2013. 热处理对红富士苹果虎皮病和贮藏效果的影响［J］. 西北农林科技大学学报（自然科学版），41（6）：117-123.

张光伦，1994. 生态因子对果实品质的影响［J］. 果树科学，11（2）：120-124.

张晗芝，黄云，刘钢，等，2010. 生物炭对玉米苗期生长、养分吸收及土壤化学性状的影响［J］. 生态环境学报，19（11）：2713-2717.

张洪胜，苏佳明，于强，等，2012. 苹果脱毒苗在果园更新改建中的作用［J］. 烟台果树，2：29.

张洪胜，2014. 打造烟台苹果产业转型升级的3.0版［J］. 烟台果树，1：7-8.

张虎平，牛建新，马兵钢，等，2003. 中国无病毒果树研究的进展［J］. 石河子大学学报，7（3）：249-254.

张继祥，岳玉苓，魏钦平，等，2010. 除内袋时间及摘叶对红富士苹果果实品质的影响［J］. 应用生态学报，8：56-60.

张建光，李保国，刘玉芳，等，2010. 关于我国有机苹果生产发展的分析与思考［J］. 上海农业学报，26（1）：79-82.

张建光，刘玉芳，施瑞德，2004. 不同砧木上苹果品种光合特性比较研究［J］. 河北农业大学学报，27（5）：31-33.

张建光，刘玉芳，施瑞德，2004. 不同砧木上苹果品种光合特性比较研究［J］河北农业大学学报，27（5）：31-33.

张来振，马玉萍，刘炳慧，等，1995. 含氯化肥对提高芦笋产量和品质的作用［J］. 江苏农业科学（3）：49-51.

张兰，王宏国，2007. 不同成熟期澳洲青苹果实品质测定［J］. 北方园艺，9：41-42.

张兰，王宏国，2007. 不同成熟期瑞连娜苹果品质测定［J］. 安徽农业科学，35（22）：6753-6754.

张丽娜，李梦琪，朱亮，等，2017. 采收期及贮藏期对红将军苹果贮藏品质的影响［J］. 食品研究与开发，38（24）：192-199.

张学英，张上隆，骆军，等，2004. 果实花色素苷合成研究进展［J］. 果树学报，21（5）：456-460.

张雪梅，李保国，赵志磊，等，2009. 苹果自花授粉花粉管生长和花柱保护酶活性与内源激素含量的关系［J］. 林业科学，45（11）：20-25.

张振英，姜中武，2008. 苹果锈果病的发生途径与预防措施［J］. 河北果树（1）：39-40.

张振英，李延菊，崔万锁，等，2013. 增施钾肥对苹果果实及树盘土壤的影响［J］. 山东农业科学，45（8）：97-99.

张振英，宋来庆，刘美英，等，2013. 郁闭果园不同部位光照条件对烟富 3 号苹果果实品质的影响 [J]. 山东农业科学，45（9）：42 - 44.

赵蜂，王少敏，高华君，等，2006. 套袋对红富士苹果果实芳香成分的影响 [J]. 果树学报，23（3）：322 - 325.

赵红军，周润生，张洪梅，1996. 不同苹果品种的花朵出粉率和花粉发芽率的观察 [J]. 落叶果树（6）：18 - 19.

赵玲玲，姜中武，宋来庆，等，2014. 不同砧木对红将军苹果果实品质和香气物质的影响 [J]. 华北农学报（增刊）：156 - 160.

赵玲玲，李元军，慈志娟，等，2014. 稻壳炭肥对富士苹果树体生长和果实品质的影响 [J]. 烟台果树，1：17 - 18.

赵培策，2014. 烟台苹果文化寻根 [J]. 中国果菜（4）：69 - 73.

赵小花，2017. 矮化中间砧苹果苗木培育技术 [J]. 河北果树，1：45.

周军，包军，陈卫平，等，2000. 苹果病毒病在国内的研究现状 [J]. 宁夏农林科技（3）：42 - 44.

周先学，宋来庆，赵玲玲，等，2014. 早熟苹果新品种'华硕'在烟台的引种表现 [J]. 中国南方果树，43（4）：113 - 114.

周修涛，王滨蔚，车鹏燕，等，2011. 植物花粉直感效应及其机理 [J]. 山东林业科技，194（3）：113 - 117.

Aharoni A，De Vos CH，Wein M，et al.，2001. The strawberry FaMYB1 transcription factor suppresses anthocyanin and flavonol accumulation in trans-genic tobacco [J]. The Plant Journal，28：319 - 332.

Ahmad R Bahrami，Zhu-Hui Chen，Robert P Walker，et al.，2001. Ripening-related occurrence of phosphoenolpyruvate carboxykinase in tomato fruit [J]. Plant Molecular Biology，47：499 - 506.

Comeskey D J，Montefiori M，Edwards P J B，et al.，2009. Isolation and structural identification of the anthocyanin components of red kiwifruit [J]. J Agric Food Chem，57：2035 - 2039.

Ejaz Ansari，F. B. Matta，2002. Wilthin effective in thining Mississippi apple [J]. Journal of the American Domoloyical Society，56（3）：144 - 145.

Liebhard R，Kellerhals M，Pfammatter W，et al.，2003.. Mapping quantitative physiological traits in apple（Malus domestica Borkh）[J]. Plant Molecular Biology，52：511 - 526.

Liu H，Liu Y，Yu B，et al.，2004.. Tonoplast vesicles correlate with maintenance of the H^+-ATPase and H^+-PPase activities and enhanced osmotic stress tolerance in wheat [J]. J Plant Growth Regul，23：156 - 165.

Markham KR，Gould KS，Winefield CS，et al.，2000. Anthocyanic vacuolar inclusions：their nature and significance in flower colouration [J]. Phytochemistry，55：327 - 336.

Miller SS，Driscoll BT，Gregerson RG，et al.，1998. Alfalfa malate dehydrogenase（MDH）：Molecular cloning and characterization of five different forms reveals a unique nodule enhanced MDH [J]. Plant J，15：173 - 184.

Moing A，Svanella L，GaudillereM，et al.，1999. Organic acid concentration is little controlled by phosphoenolpyruvate carboxylase activity in peach fruit [J]. Aust J Plant Physiol, 26: 579 - 585.

Montefioril M, Espley RV, Stevenson D, et al., 2011. Identification and characterition of F3GT1 and F3GGT1, two glycosyltransferases responsible for anthocyanin biosynthesis in red-fleshed kiwifruit (*Actinidia chinensis*) [J]. The Plant Journal, 65: 106 - 118.

Mori K, Sugaya S, Gemma H, 2005. Decreased anthocyanin biosynthesis in grape berries grown under elevated night temperature condition [J]. Scientia Horticulturae, 105 (3): 319 - 330.

Muller M L, Irkens Kiesecker U, Rubinstein B, et al., 1996. On the mechanism of hyper-acidification in lemon [J]. J Biol Chem, 271: 1916 - 1924.

Niu Shan-shan, Xu Chang-jie, Zhang Wang-shu, et al., 2010. Coordinated regulation of anthocyanin biosynthesis in Chinese bayberry (*Myrica rubra*) fruit by a R2R3 MYB transcription factor [J]. Planta, 231: 887 - 899.

Shi M Z, Xie D Y, 2010. Features of anthocyanin biosynthesis in pap1 - D and wild-type Arabidopsis thaliana plants grown in different light intensity and culture media conditions [J]. Planta, 231: 1385 - 1400.

Wang Hong-qing, Arakawa O, Motomura Y, 2000. Influence of maturity and bagging on the relationship between anthocyanin accumulation and phenylalanine ammonialyase (PAL) activity in 'Jonathan' apples [J]. Postharvest Biology and Technology, 2 (19): 123 - 128.

Xie DY, Sharma SB, Paiva NL, et al., 2003. Role of anthocyanidin reductase encoded by BANYULS in plant flavonoid biosynthesis [J]. Science, 299: 396 - 399.

Xie ZB, Liu G, Bei QC, et al., 2010. CO_2 mitigation potential in farmland of China by altering current organic matter amendment pattern [J]. Science china earth sciences, 53 (9): 1351 - 1357.

Yamanel T, Jeong ST, Nami GY, et al., 2006. Effects of temperature on anthocyanin biosynthesis in grape berry skins [J]. AJEV, 57 (1): 54 - 59.

You Q, Wang B W, Chen F, et al., 2011. Comparison of antho-cyanins and phenolics in organically and conventionally grown blueberries in selected cultivars [J]. Food Chemistry, 125: 201 - 208.

Zhao LL, Song LQ, Yu Q, et al., 2012. Effects of different dwarf rootstocks on Fruit Quality and Aroma components of Apple Varietry [J]. Journal of Bulgarian mountain agriculture, 15 (6): 1566 - 1581.

致　谢

本专著的相关研究工作，得到以下项目的资助：

国家现代苹果产业技术体系项目烟台综合试验站建设（CARS-28）。

山东省泰山学者种业领军人才项目"苹果良种选育与脱毒苗木工厂化繁育"。

山东省 2018 年重点研发计划（科技合作）项目（2018GHZ005）。

山东省科技领军人才创新工作室建设项目（2018—2020）。

山东省农业科学院农业科技创新工程项目——胶东特优果品技术创新（CXGC2018F08）。

烟台市科技计划项目"烟台地区中早熟富士系苹果新品种选育开发"，编号 2015 ZBLGS010。

图书在版编目（CIP）数据

烟台地区早熟红富士苹果高效栽培技术／姜中武主
编 . —北京：中国农业出版社，2018.12
ISBN 978-7-109-25173-1

Ⅰ.①烟… Ⅱ.①姜… Ⅲ.①苹果－果树园艺 Ⅳ.
①S661.1

中国版本图书馆 CIP 数据核字（2019）第 008473 号

中国农业出版社出版

（北京市朝阳区麦子店街 18 号楼）

（邮政编码 100125）

责任编辑 吴丽婷 李昕昱

北京中兴印刷有限公司印刷 新华书店北京发行所发行
2018 年 12 月第 1 版 2018 年 12 月北京第 1 次印刷

开本：700mm×1000mm 1/16 印张：11.5 插页：2
字数：250 千字
定价：56.00 元
（凡本版图书出现印刷、装订错误，请向出版社发行部调换）